高等院校互联网+新形态创新系列教材·计算机系列

# Oracle 11g PL/SQL 编程技术与开发实用教程 (第 2 版)(微课版)

高 晶 章 昊 曹福凯 编著

U0378153

清華大學出版社
北京

## 内 容 简 介

　　本书为 Oracle 数据库应用开发人员提供了 SQL 使用指南和 PL/SQL 编程技术，通过学习，读者不仅可以掌握 SQL 和 PL/SQL 基础知识，而且可以掌握 Oracle 11g SQL 和 PL/SQL 的许多高级特征。本书配套资源包括讲解微视频、所有范例程序源代码，对教师用户同时附赠电子课件和习题答案。

　　本书可作为高等院校、高等职业学校计算机相关专业或 Oracle 11g 培训班的教材，也可作为各类高级数据库编程人员的参考书。本书的编写既考虑到 SQL 和 PL/SQL 的初学者，也兼顾到有经验的 PL/SQL 编程人员。

**图书在版编目(CIP)数据**

　　Oracle 11g PL/SQL 编程技术与开发实用教程：微课版/高晶，章昊，曹福凯编著. —2 版. —北京：清华大学出版社，2022.6

　　高等院校互联网+新形态创新系列教材·计算机系列

　　ISBN 978-7-302-60634-5

　　Ⅰ. ①O… Ⅱ. ①高… ②章… ③曹… Ⅲ. ①关系数据库系统—高等学校—教材 ②SQL 语言—程序设计—高等学校—教材 Ⅳ. ①TP311.138

　　中国版本图书馆 CIP 数据核字(2022)第 064573 号

责任编辑：桑任松
封面设计：李　坤
责任校对：李玉茹
责任印制：宋　林
出版发行：清华大学出版社
　　　　　网　　址：http://www.tup.com.cn, http://www.wqbook.com
　　　　　地　　址：北京清华大学学研大厦 A 座　　　　邮　编：100084
　　　　　社 总 机：010-83470000　　　　　　　　　邮　购：010-62786544
　　　　　投稿与读者服务：010-62776969, c-service@tup.tsinghua.edu.cn
　　　　　质量反馈：010-62772015, zhiliang@tup.tsinghua.edu.cn
　　　　　课件下载：http://www.tup.com.cn, 010-62791865
印 装 者：北京嘉实印刷有限公司
经　　销：全国新华书店
开　　本：185mm×260mm　　　印　张：22　　　　字　数：535 千字
版　　次：2020 年 11 月第 1 版　2022 年 6 月第 2 版　印　次：2022 年 6 月第 1 次印刷
定　　价：69.00 元

产品编号：094818-01

# 前　言

Oracle 公司是世界排名前列的国际大型企业。Oracle 数据库是世界领先、性能优异的大型数据库管理系统，其广泛地应用在金融、通信、航空等领域。目前虽然有多种数据库管理系统可供用户选择，但 Oracle 数据库以其处理并发数据量极大，极高的可靠性、安全性和可扩展性，受到了广大高端用户的青睐。早期 Oracle 数据库主要应用于 UNIX 操作系统，影响了它的广泛应用。自从 Oracle 公司提供了基于 Windows 平台的 Oracle 以后，Oracle 数据库在国内外占领了更为广泛的应用市场。近年来，随着国内中小企业对数据库可靠性、安全性要求的提高，基于 Windows 平台的 Oracle 数据库服务器获得了广泛关注。对 Oracle 数据库管理和开发人员的数量需求也不断增加，素质要求不断提高。本书适用于 Oracle 数据库管理和开发的初学者，也适用于有一定基础的管理和开发人员。凡是想学习 SQL 语句或利用 PL/SQL 提高 Oracle 数据库管理和开发能力的人士，都可以从本书获得帮助。

本书共分为 12 章，各章主要内容如下。

第 1 章　Oracle 基础介绍：初步认识 Oracle，介绍 Oracle 11g 数据库的安装、启动和关闭。

第 2 章　SQL 语句、函数基本操作：介绍 Oracle 内置的 SQL 函数。

第 3 章　SQL 单表查询：介绍 SELECT 语句在一个表中进行数据检索的使用方法。

第 4 章　SQL 子查询与集合操作：介绍使用子查询与集合操作进行复杂数据检索的方法。

第 5 章　SQL 连接查询：介绍从连接查询结果中筛选出其中一部分数据的方法。

第 6 章　数据控制语言与数据定义语言：介绍数据控制语言(Data Control Language，DCL)与数据定义语言(Data Definition Language，DDL)。数据控制语言完成授予和收回用户对数据库的使用权限。数据定义语言完成建立、修改，删除表、视图、索引等功能。

第 7 章　数据操纵语言(DML)与事务处理：主要介绍对数据库进行数据的增、删、改功能的数据操纵语言。

第 8 章　SQL*Plus 基础简介：介绍 SQL*Plus 系列产品的使用。

第 9 章　PL/SQL 编程基础：介绍 PL/SQL 程序设计。

第 10 章　PL/SQL 记录集合应用：介绍 PL/SQL 复合数据类型及使用。

第 11 章　PL/SQL 高级应用：介绍 PL/SQL 的应用程序结构，如子程序(过程和函数)、包和触发器等。

第 12 章　项目实践——人力资源管理信息系统：介绍系统软件开发过程，讲解设计方法，即需求分析、总体设计、功能模块设计、数据库设计。

总之，本书对 Oracle 软件的安装、SQL 函数、PL/SQL 程序设计，以及 Oracle 数据库的体系结构、服务器结构、Oracle 数据库文件等均进行了全面的讲解。

　　本书由华南理工大学的高晶、章昊、曹福凯老师编写，其中，高晶负责编写第 1、3、8～12 章，章昊负责编写第 2、4、5 章，曹福凯负责编写第 6、7 章。本书为教育部产学合作协同育人项目(项目编号：202101307004)。

　　由于编者水平有限，本书难免有不足之处，敬请广大专家学者批评、指正。

编　者

# 目录

# 第 1 章

Oracle 基础介绍

**本章要点**

(1) 认识数据库的基本概念。
(2) Oracle 数据库的安装与配置。

**学习目标**

(1) 掌握 Oracle 数据库系统的特点。
(2) 掌握 Oracle 11g 的新特性。

# 1.1 数据库概述

数据库技术自 20 世纪 60 年代后期发展起来以后，在计算机应用中得到迅速的发展。目前，数据库技术已经成为信息管理最新、最重要的技术。数据库的特点有：数据结构化、实现数据共享、减少数据冗余和数据独立性。

Oracle 公司是目前世界第二大独立软件公司和世界领先的信息管理软件供应商，Oracle 数据库是著名的关系数据库产品，其市场占有率名列前茅。

## 1.1.1 数据库相关概念

本节主要讲述数据库、数据库管理系统和数据库系统的基本概念。

### 1. 数据库

顾名思义，数据库(Database，DB)是存放数据的仓库。只是这个仓库位于计算机存储设备上，而且数据是按一定格式进行存放的。针对一个具体应用，当人们收集并抽取所需的大量数据之后，应将其保存起来供进一步加工处理。过去人们常常把这些数据以文件的形式存放在文件柜里，而如今随着信息技术的迅猛发展，数据量急剧增加，人们需要借助计算机和数据库技术科学地保存和管理大量、复杂的数据，以便能够充分地利用这些宝贵的信息资源。

### 2. 数据库管理系统

数据库管理系统(Database Management System，DBMS)是位于操作系统与用户之间的一种数据管理软件，它按照一定的数据模型科学地组织和存储数据，同时可以对数据进行高效的获取和维护。

数据库管理系统的主要功能包括以下几个方面。

1) 数据定义功能

数据库管理系统提供数据定义语言(Data Definition Language，DDL)，用户通过它可以方便地对数据库中的数据对象进行定义。

2) 数据操纵功能

数据库管理系统还提供数据操纵语言(Data Manipulation Language，DML)，用户可以使用数据操纵语言操作数据，实现对数据库的基本操作，如查询、插入、删除和修改等。

3) 数据库的运行管理

数据库在建立、运行和维护时，由数据库管理系统统一管理、统一控制，以保证数据的安全性、完整性、多用户对数据的并发使用及发生故障后的系统恢复。例如，数据的完整性检查功能可保证用户输入的数据满足相应的约束条件；数据库的安全保护功能可保证只有赋予权限的用户才能访问数据库中的数据；数据库的并发控制功能使多个用户可以在同一时刻并发地访问数据库中的数据；数据库系统的故障恢复功能使数据库运行出现故障时能够进行数据库恢复，以保证数据库可靠地运行。

4) 提供方便、有效存取数据库信息的接口和工具

编程人员可通过编程语言与数据库之间的接口，进行数据库应用程序的开发。数据库管理员(Database Administrator，DBA)可通过提供的工具对数据库进行管理。

数据库管理员是维护和管理数据库的专门人员。

5) 数据库的建立和维护功能

数据库功能包括数据库初始数据的输入、转换功能，数据库的转储、恢复功能，数据库的重组织功能和性能监控、分析功能等。这些功能通常由一些应用程序来完成。

### 3. 数据库系统

数据库系统(Database System，DBS)是指在计算机系统引入数据库后的系统。一个完整的数据库系统一般由数据库、数据库管理系统、应用开发工具、应用系统、数据库管理员和用户组成。完整的数据库系统结构关系如图 1-1 所示。

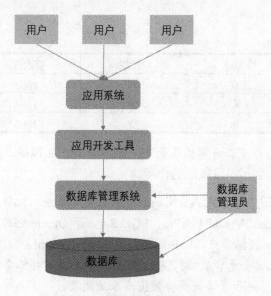

**图 1-1　数据库系统结构关系**

在数据库系统中，硬件平台包括计算机和网络。

计算机：它是系统中硬件的基础平台，目前常用的有微型机、小型机、中型机、大型机及巨型机。

网络：过去数据库系统一般建立在单机上，但是近年来它较多地建立在网络上，从目前形势看，数据库系统今后将以建立在网络上为主，而其结构形式又以客户/服务器(C/S)

方式与浏览器/服务器(B/S)方式为主。

在数据库系统中，软件平台包括操作系统、数据库系统开发工具和接口软件。

操作系统：它是系统的基础软件平台，目前常用的有 UNIX(包括 Linux)与 Windows 两种。

数据库系统开发工具：为开发数据库应用程序所提供的工具，它包括过程性程序设计语言，如 C、C++等，也包括可视化开发工具 VB、PB、Delphi 等，还包括近期与 Internet 有关的 HTML、XML 以及一些专用开发工具等。

接口软件：在网络环境下，数据库系统中数据库与应用程序、数据库与网络间存在着多种接口，它们需要通过接口软件进行连接，否则数据库系统整体就无法运作，这些接口软件包括 ODBC、JDBC、OLEDB、CORBA、COM、DCOM 等。

## 1.1.2　数据库的组成

一个数据库是由一组数据表组成的。表中的每行称为记录，每列称为字段。表是一组彼此相关的记录的组合。例如，一张表包含公司中每位员工的信息。一个记录里有公司一名员工的姓名、地址、薪水等数据。一个字段(或者说一列)是一个记录中一个单独的数据。例如，一名员工的姓名或地址。

表 1-1 就是一个典型的数据表的例子，从表中可以清楚地看到，每个人的信息就是一条记录，而诸如姓名、地址、年龄等信息称为字段。通过记录和字段的对应，我们可以得到唯一的数据值。

表 1-1　数据表示例

| 姓　名 | 地　址 | 年龄/岁 | 薪水/元 | 工龄/年 |
| --- | --- | --- | --- | --- |
| 张三 | 北京 | 29 | 4000 | 4 |
| 李四 | 上海 | 28 | 3500 | 3 |
| 王五 | 广东 | 28 | 3000 | 1 |

此外，数据库中还存在着许多由表衍生出来的对象，如视图、索引等，这些对象对于数据库的管理和维护起到了不可或缺的作用。

提示：在世界范围内得到主流应用的是关系数据库系统，比较知名的如 Microsoft 公司的 Access、Visual FoxPro、SQL Server，Oracle 公司的 Oracle，Sybase 公司的 Sybase 数据库产品，Informix 公司的 Informix 数据库产品，IBM 公司的 DB2 以及完全免费的 MySQL 数据库等。这些数据库产品可以分为桌面关系型数据库系统和网络关系型数据库系统两类。

## 1.1.3　数据库实施

数据库逻辑设计，包括导出 Oracle 可以处理的数据库的逻辑结构，即数据库的模式和外模式。这些模式在功能、性能、完整性、一致性、约束及数据库可扩充性等方面都要满足用户的要求。数据库逻辑设计直接关系到后续应用系统的开发和数据库的性能。良好的数据库逻辑设计将为数据库应用提供最佳支持。

数据库逻辑结构确定以后，在此基础上就可以设计一个有效、可实现的数据库物理结构。数据库物理结构有时也被称为存储结构。物理结构设计常常包括某些操作约束，如响应时间与存储要求等。数据库物理结构设计的主要任务是：对数据库中数据在物理设备上的存放结构和存取方法进行设计。数据库物理结构不仅依赖于具体的计算机系统，而且与选用的数据库管理系统(DBMS)密切相关。

**1．数据库的实现**

根据逻辑设计和物理设计的结果，在计算机上建立起实际数据库结构、装入数据、测试和运行的过程称为数据库的实现。具体步骤如下。

(1) 建立实际的数据库结构。

(2) 装入试验数据对应用程序进行测试，以确认其功能和性能是否满足设计要求，并检查其空间的占用情况。

(3) 装入实际数据，即数据库加载，建立起实际的数据库。

**2．数据库运行与维护**

数据库投入正式运行，标志着数据库设计和应用开发工作的结束与运行维护阶段的开始。本阶段的主要工作如下。

(1) 维护数据库的安全性和完整性：及时调整授权和密码，转储及恢复数据库。

(2) 监测并改善数据库性能：分析评估存储空间和响应时间，必要时进行再组织。

(3) 增加新的功能：对现有功能按用户需要进行扩充。

(4) 修改错误：包括应用程序和数据库中的数据错误。

目前，随着数据库管理系统功能和性能的提高，特别是在关系型数据库管理系统(Relational Database Management System，RDBMS)中，物理结构设计的大部分功能和性能可由关系型数据库管理系统来承担，所以选择一个合适的数据库管理系统，能使数据库物理结构设计变得十分简单。

## 1.2　数据库逻辑设计

本节主要介绍如何规划数据库的逻辑结构。在讲述设计数据库逻辑结构之前，首先介绍关系数据库设计的基本理论。

## 1.2.1　关系数据库设计基础

现实世界的主要对象是实体，它是客观存在并可相互区别的事物。这个"事物"可以指实际的东西，如一个人、一本书、一个零件，也可指抽象的事物，如一次订货、一次借书等，还可以指事物与事物之间的联系。

**1．实体与关系表**

实体是用来描述现实世界中事物及其联系的。把组合在一起的同类事物称为实体集，即性质相同的同类实体的集合。如所有的"课程"，所有的"男学生"，所有的"可征订的杂志"，所有的"杂志"等。这里"同类"的含义是指同一实体集合中的每一个实体具有相同的特征要求。如当需要处理可征订的杂志时，就将可征订的杂志与一般杂志建立为两个实体集合。

用来表示实体某一方面的特性叫属性。例如，一个人的姓名、性别、年龄、职务、专长等，表示了人的 5 个方面的特性。特性是对同类的限定，人们可以根据需要选择其中的某些特性，甚至赋予新的特性，如职工编号。如果把人作为人事管理的对象，可用职工编号、姓名、性别、年龄、职务等特性描述；如果把人作为财务管理的对象，可用职工编号、姓名、基本工资、工龄工资等特性来描述。

实体是通过它的属性来体现的，因此，实体是相关属性的组合。例如，职工编号/10104、姓名/孔世杰、基本工资/2700、工龄工资/800、洗理/50、水电/50、房租/100、实发工资/3700 等属性的组合，表示"孔世杰的工资清单"这样一个实体。

实体是千差万别的，即使是同类实体也各不相同，因而不可能有两个实体在所有的属性上都是相同的。实体集合有一个或一组特殊的属性，能够唯一地标识实体集合中的每一个实体，能将一个实体与其他实体区别开来的属性集叫作实体标识符。例如，在"工资清单"这个实体中，职工编号可作为实体标识符。

在关系数据库 Oracle 中，把实体集表示为表，实体表示为表中的行，属性表示为表中的列。实体标识符表示为关键字或主码。

例如，在一个数据库的学生表中记录了实体"学生"(students)所具有的属性或特性，如学生学号、姓名、性别、出生日期、专业等。这些属性表示为 student_id、name、sex、Date of birth (dob)和 specialty 列。

实体"学生"(students)的具体值由一名学生的所有列中的值组成，每名学生有一个唯一的学生学号(student_id)。该号码可用来区别实体"学生"(students)中的每一名学生。一个表中的每一行表示一个实体或关系的一个具体值。例如，在表 1-2 中，学生学号(student_id)为 10301 的这一行代表学生高山的信息。

表 1-2 "学生"(students)实体及其属性的具体值

| student_id<br>(学生学号) | name<br>(姓名) | sex<br>(性别) | dob<br>(出生日期) | specialty<br>(专业) |
|---|---|---|---|---|
| 10101 | 王晓芳 | 女 | 07-5-1988 | 计算机 |
| 10205 | 李秋枫 | 男 | 25-11-1990 | 自动化 |
| 10102 | 刘春苹 | 女 | 12-8-1991 | 计算机 |
| 10301 | 高山 | 男 | 08-10-1990 | 机电工程 |
| 10207 | 王刚 | 男 | 03-4-1987 | 自动化 |
| 10112 | 张纯玉 | 男 | 21-7-1989 | 计算机 |
| 10318 | 张冬云 | 女 | 26-12-1989 | 机电工程 |

在同一个数据库中，可能还有"课程"(courses)表，其中记录了实体"课程"(courses)所具有的属性或特性，如课程编号、课程名称、学分等。这些属性表示为 course_id、course_name、credit_hour 列。

实体"课程"(courses)的具体值由一门课程的所有列中的值组成，每门课程有一个唯一的课程编号(course_id)。该号码可用来区别实体"课程"(courses)中的每一门课程。一个表中的每一行表示一个实体或关系的一个具体值。例如，在表 1-3 中课程编号(course_id)为 10102 的这一行代表 C++语言程序设计课程的信息。

表 1-3　"课程"(courses)实体及其属性的具体值

| course_id<br>(课程编号) | course_name<br>(课程名称) | credit_hour<br>(学分) |
|---|---|---|
| 10101 | 计算机组成原理 | 4 |
| 10201 | 自动控制原理 | 4 |
| 10301 | 工程制图 | 3 |
| 10102 | C++语言程序设计 | 3 |
| 10202 | 模拟电子技术 | 4 |
| 10302 | 理论力学 | 3 |

**2．实体间的联系**

在一个数据库中，一般具有几个、几十个，甚至上百个实体集合，集合之间不是孤立的，而是有联系的。比如教学(jiaoxue)数据库，其中可能有反映学生信息的实体集合"学生"(students)，反映课程信息的实体集合"课程"(courses)，反映教师信息的实体集合"教师"(teachers)等。一名学生一般要学习多门课程，一名教师可讲授一门或多门课程，这些就反映了学生、教师、课程之间的联系。两个集合之间的联系，即两个属性或两个实体集合之间的联系。设有两个实体集 EA 和 EB 之间具有某种联系，从数据库理论的角度看，它们的联系方式分为一对一联系、一对多联系(多对一联系)、多对多联系三种。

1)　一对一联系

如果实体集 EA 中的任何一个实体当且仅当对应于实体集 EB 中的一个实体，则称 EA 对 EB 是一对一联系，以 $1:1$ 表示。如专业系部与系主任的关系。一个系部只能有一位系主任，反之，一位系主任只能负责一个系部。

2)　一对多联系(多对一联系)

如果实体集 EA 中至少有一个实体对应于实体集 EB 中一个以上实体，则称实体集 EA 对实体集 EB 是一对多联系，以 $1:N$ 表示(反之，实体集 EB 中任一实体最多对应于实体集 EA 中的一个实体，则称实体集 EB 对实体集 EA 是多对一联系，以 $N:1$ 表示)。例如，班级与学生之间的关系。一个班级可以有多名学生，一名学生只能属于一个班级。

3)　多对多联系

如果实体集 EA 中至少有一个实体对应于实体集 EB 中一个以上实体；反之，实体集 EB 中也至少有一个实体对应于实体集 EA 中一个以上实体，则称实体集 EA 对实体集 EB 是多对多联系，以 $N:M$ 表示。例如，学生与课程之间的联系，一名学生可以学习多门课程，多名学生可以学习一门课程。

## 1.2.2　关系数据库规范化

关系数据库中的关系要满足一定的要求，这些要求被称为范式。满足不同程度要求的为不同范式,满足最低要求的称第一范式,简称 1NF。在第一范式中进一步满足一些要求的为第二范式,简称 2NF,以此类推。E. F. Codd 提出了规范化的问题,并给出范式的概念。1971—1972 年,他系统地提出了 1NF、2NF、3NF 的概念,进一步讨论了规范化的问题。1974 年,他和 Boyce 又共同提出一个新的范式概念,即 BCNF。1976 年,Fagin 又提出了 4NF,后来又有人提出了 5NF。

所谓范式是指规范化的关系模式。由于规范化的程度不同,就产生了不同的范式。

规范化的关系数据库有助于消除表中数据的冗余和不一致性。关系数据库的规范化是将表精简为一组列的过程,对于这组列,所有的非关键字列都依赖于主关键字列。否则,在更新时,该数据可能变得不一致。规范化就是在设计数据库时,采用一些特殊规则,避免数据的不一致性和冗余。用 SQL 来处理数据库中的数据,规范化是必须的。如果设计得不好,就很难使用 SQL 来操作数据。为了充分发挥 SQL 的作用,往往要转化到第三范式。规范化的一个简单原则就是:所有的属性必须完全依赖于主关键字列。如果一个设计不符合第三范式,则会引起更新异常(因为相同的数据在多个地方出现);虽然这些异常可用程序来处理,但很难保证数据的一致性。

数据库的设计主要是数据库模式的设计。关系模式的设计将直接影响数据库的质量。关系数据模式中的各个属性之间是相互关联的,它们之间相互依赖、相互制约,构成了一个结构严谨的整体。因此在设计数据库的模式时,必须从语义上分析这些关联。各个属性之间的关联关系称为数据依赖,其包括函数依赖、多值依赖和连接依赖。

在 Oracle 数据库中创建一个表非常容易。但是如何优化设计数据库是最重要的。数据库规范化可以使设计的数据结构更加合理。

### 1. 第一范式

如果一个实体(表)的所有属性都是不可分割的,即表中的每一行和每一列均有一个值,并且永远不会是一组值,则这个表被称为满足 1NF。举例如下。

关系名:students——学生

属性:

student_id——学生学号(主码)

name——学生姓名

sex——学生性别

dob——学生出生日期

SD——学生所在系的名称

SL——学生所住宿舍楼

SH——学生的家庭成员

该表不满足第一范式,因为属性 SH(学生的家庭成员)可以再分解。比如分解为父亲、母亲等。

第一范式定义数据库中不包含任何多值属性,这里是通过一个不符合第一范式的表结构来介绍的。虽然不满足第一范式也有可能建立一个好的数据库,关系理论的研究人员很早就研究出用来支持非第一范式数据库扩充的关系理论,该理论允许数组作为一种数据类型在数据库中使用,这样可以提供比标准关系数据库更高的性能,但需要更复杂的查询语句来检索数据。

利用 Oracle 9i 及以后版本的对象扩展，有两种方法来实现非第一范式的结构——数组引用和嵌套表。很多情况下都非常需要非第一范式的结构。E. F. Codd 几年前发表了关于扩展 SQL 的必要性来支持数组作为数据类型，这需要增加 SQL 的复杂性来支持非第一范式的结构。每一名设计人员是否决定使用这种结构还是一个问题。这种技术需要工具更方便地支持非第一范式结构，并且需要开发人员更容易地掌握。

### 2．第二范式

第二范式允许数据库中用多个属性作为主码，这意味着一些属性依赖于部分主码。理解第二范式和第三范式需要了解函数依赖性的概念。每一个不是关键字一部分的列都依赖于关键字。函数依赖性是一个难以理解的概念，它是一个与数据有关的事物规则。如果属性 B 函数依赖于属性 A，那么，若知道了 A 的值，则完全可以找到 B 的值。这并不是说可以导出 B 的值，而是逻辑上只能存在一个 B 的值。例如，如果知道某人的唯一标识符，如身份证号码，则可以得到此人的身高、职业、学历等信息，所有这些信息都依赖于这个确认此人的唯一标识符。通过非主码属性，如年龄，无法确定此人的身高。从关系数据库的角度来看，身高不依赖于年龄。事实上，这也就意味着主码是实体实例的唯一标识符。因此，在以人为实体来讨论函数的依赖性时，如果已经知道是哪个人，则身高、体重等就都知道了。主码指定了实体中的某个具体实例。

在包括多个码的表中，如果仅函数依赖于码中的一部分来确定信息，则违反了第二范式。举例如下。

关系名：students_grade——学生成绩

主码：student_id、course_id

属性：

student_id——学生学号

course_id——课程编号

grade——成绩

dob——学生出生日期

关系 students_grade 不满足第二范式，因为属性 grade 虽完全函数依赖于主码 student_id、course_id，即只有同时确定了学生学号(student_id)和课程编号(course_id)才能确定成绩(grade)，但属性 dob 仅函数依赖于部分主码 student_id，即只要确定了学生学号就能确定学生的出生日期(dob)。

### 3．第三范式

每个非关键字列都独立于其他非关键字列，并依赖于关键字，第三范式指数据库中不能存在传递函数依赖关系。从实践的角度看，第三范式是指存在一个属性，它所函数依赖的属性既不是主码也不是候选码。违反了第三范式经常会产生严重后果，一旦发现出现了违反第三范式的情况，必须及时予以纠正，因为违反了第三范式意味着数据库设计出现了错误。如果实体或表中不是主码的属性必须函数依赖于主码或候选码，而不依赖于表中任何其他属性，那么肯定是该属性放到了错误的表中或数据模型本身就有缺陷。举例如下。

关系名：students——学生

student_id——学生学号(主码)

name——学生姓名

sex——学生性别

dob——学生出生日期

SD——学生所在系的名称

SL——学生所住宿舍楼

关系 students 主码为 student_id。关系 students 不满足第三范式，因为属性 SL 函数依赖于主码 student_id，但也可从非主码属性 SD 导出，即 SL 是函数传递依赖于 SD。

### 4．Boyce-Codd 范式

规范化规则并不能帮助我们建立好的数据模型，它们所提供的是一种测试手段，可用来检验所建立的数据模型是否正确。规范化规则通常作为一种方法，这种方法可将不良的结构转变为规范化的数据库。范式经常用来创建可能的最好的数据模型和检查其是否违反了规范化规则。在这一点上，有另外一种规范化规则，它有效地将前三种规则结合起来，这一规则称为 Boyce-Codd 范式。该范式可表述为："在表中，可以将其中一列或多列指定为主码，也可以指定其他某些列为候选码，表中也存在着其他属性。不考虑候选码，唯一的函数依赖关系存在于表中每个属性和整个主码之间。"即消除主属性对码的部分和传递函数依赖。任何其他函数依赖性的存在都违反了 Boyce-Codd 范式。

Boyce-Codd 范式是用来考虑规范化的最简单方法。建立数据模型时，用 Boyce-Codd 范式作为标准来评价函数依赖性，如果发现违反了该范式的现象，首先识别出是违反了第一范式、第二范式还是第三范式，这么做主要是为了通知其他开发人员出现了违规现象，相信这样考虑规范化是一种更加直观的方式。

数据库规范化理论就简单介绍到这里，其余范式(4NF、5NF)在这里就不再介绍，感兴趣的读者请参考其他数据库理论方面的书籍。

# 1.3　Oracle 11g 基本简介

1977 年 6 月，Larry Ellison、Bob Miner 和 Ed Oates 在美国共同创办了一家名为软件开发实验室(Software Development Laboratories，SDL)的计算机公司(Oracle 公司的前身)。1979 年，SDL 更名为关系软件有限公司(Relational Software Inc，RSI)。1983 年，为了突出公司的核心产品，RSI 更名为 Oracle。随后，Oracle 软件版本不断更新升级，2007 年 7 月 12 日，Oracle 公司在美国纽约宣布推出 Oracle 11g，这是 Oracle 数据库在全球最流行的数据库新版本。Oracle 11g 有 400 多项功能，经过了 1500 万小时的测试，开发工作量达到 3.6 万人/月。Oracle 11g 继续专注于网格计算，通过由低成本服务器和存储设备组成的网格提供快速的、可扩展的、可靠的数据处理，支持最苛刻的数据仓库、交易处理和内容管理环境。

新版本 Oracle 11g 中的 g 代表 grid，即"网格"的意思，该版本的最大特性就是加入了网格计算的功能。何谓网格计算？网格计算可以把分布在世界各地的计算机连接在一起，并且将各地的计算机资源通过高速的互联网组成充分共享的资源集成。通过合理调度，不同的计算环境可被综合利用并共享。

## 1.3.1 Oracle 版本号的含义

Oracle 产品版本号由 5 部分数字组成，如图 1-2 所示。

图 1-2 Oracle 产品版本号组成

Oracle 版本号各部分含义如下。

- 主发布版本号：是版本的最重要的标识号，表示重大的改进和新的特征。
- 主发布维护号：维护版本号，一些新特性的增加和改进。
- 应用服务器版本号：Oracle 应用服务器(Oracle Application Server)的版本号。
- 构件特定版本号：针对构件升级的版本号。
- 平台特定版本号：标识操作系统平台相关的发布版本。当不同的平台需要相同层次的补丁时，这个数字将会是一样的。

## 1.3.2 Oracle 11g 的新特性

Oracle 11g 可以帮助企业管理企业信息，更深入地洞察业务状况，并迅速自信地做出调整，以适应不断变化的竞争环境，新版本数据库的特性包括以下几个方面。

- 实时应用测试组件缩短变化所需的时间，降低有关风险和成本。
- 提高灾难恢复解决方案的投资回报。
- 增强信息生命的周期管理和存储管理能力。
- 全面回忆数据变化。
- 最大限度地提高信息可用性。
- Oracle 快速文件。
- 更快的 XML。
- 透明地加密。
- 嵌入式 OLAP 行列。
- 连接汇合和查询结果高速缓存。
- 增强了应用开发能力。
- 增强了自助式管理和自动化能力。

提示：Oracle 11g 版本数据库根据用户的需求实现了信息生命周期管理(Information Lifecycle Management)等多项创新。大幅提高了系统性能安全性，全新的 Data Guard 最大化了可用性，利用全新的高级数据压缩技术降低了数据存储的支出成本，明显缩短了应用程序测试环境部署及分析测试结果所花费的时间，增加了 RFID Tag、DICOM 医学图像、3D 空间等重要数据类型的支持，加强了对 Binary XML 的支持和性能优化。

### 1.3.3　在 Windows 下安装 Oracle 11g 的配置要求

Oracle 在 Windows 下的安装相对简单，但硬件配置方面要尽量高一些。数据库安装类型、硬件要求及软件要求如表 1-4～表 1-6 所示。

表 1-4　数据库安装类型

| 安装类型 | 说　明 |
| --- | --- |
| 企业版 | 安装许可的数据库部件，包括除了标准版的所有部件外的附加选件，如数据库配置、管理工作、数据仓库、事务处理等 |
| 标准版 | 安装一组管理工作，包括分布、复制、Web 功能及商业应用 |
| 个人版 | 安装与标准版类似的部件，但只允许单用户使用。此外，不包括真实的应用集群(RAC)等 |

表 1-5　硬件要求

| 硬件要求 | 说　明 |
| --- | --- |
| 物理内存 | 最小为 1GB，建议 2GB 以上 |
| 虚拟内存 | 为物理内存的两倍 |
| 硬盘空间 | 基本安装需要 3.04GB |
| 视频适配器 | 65536 色 |
| 处理器主频 | 1GHz 以上 |

表 1-6　软件要求

| 软件要求 | 说　明 |
| --- | --- |
| 操作系统 | Windows 7/ Windows 8/Windows 10 |
| 网络协议 | 支持 TCP/IP、带 SSL 的 TCP/IP 及命名管理 |

## 上机实训：在 Windows 环境下安装 Oracle 11g

### 实训内容和要求

王雨已经从 Oracle 公司的官方网站(http://www.Oracle.com)下载了 Oracle 11g 的安装包，接下来试着在计算机中安装软件，并进行相关配置的设置。

### 实训步骤

下面对 Oracle 11g 的安装过程进行详细说明。其具体安装过程如下。

(1)　打开数据库安装光盘目录，双击 SETUP.EXE 文件，打开 Oracle 11g 安装向导。

(2)　在如图 1-3 所示的对话框中单击"下一步"按钮，弹出"产品特定的先决条件检查"对话框，如图 1-4 所示，检查软、硬件环境是否满足 Oracle 11g 数据库的安装要求。

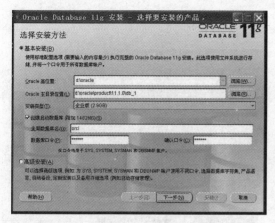

　图 1-3　"选择要安装的产品"对话框　　　图 1-4　"产品特定的先决条件检查"对话框

提示：对图 1-3 所示对话框依次进行如下设置。
- 选择基本安装。
- 指定 Oracle 基位置和主目录位置。
- 选择安装类型(选择企业版)。
- 选择创建启动数据库(也可以在安装完成以后再创建，这里是默认方式)。
- 指定全局数据库名，以及 sys 用户的口令。

(3)　检查通过以后，单击"下一步"按钮，在弹出的对话框中保持默认配置(是与 Oracle 金牌代理客户的链接)完成注册，如图 1-5 所示。然后直接单击"下一步"按钮即可。

(4)　在"概要"对话框中，可以查看所选择的安装类型及详细组件，如果需要改动，可以单击"上一步"按钮来后退修改。如果已经确定好所安装的类型，则可以单击"安装"按钮开始安装，如图 1-6 所示。

　　　　图 1-5　完成注册　　　　　　　　　图 1-6　"概要"对话框

(5) 安装过程中出现进度提示，如图 1-7 所示。

(6) 创建实例，再创建数据库，如图 1-8 所示。

图 1-7　安装过程中的进度提示

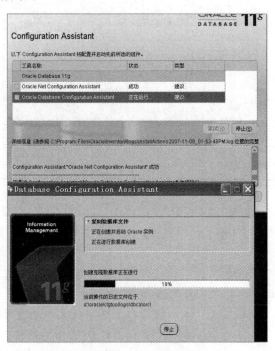

图 1-8　创建数据库

(7) 数据库创建后，配置助手对话框会显示起始数据库的一些信息。要进行账户密码管理，可以单击"口令管理"按钮，如图 1-9 所示。设置完成后，单击"确定"按钮。

(8) 配置成功，弹出的对话框如图 1-10 和图 1-11 所示。

图 1-9　单击"口令管理"按钮

图 1-10　安装成功

(9) 单击"退出"按钮，完成 Oracle 11g 数据库的安装。至此，Oracle 11g 数据库在 Windows 上的安装结束。

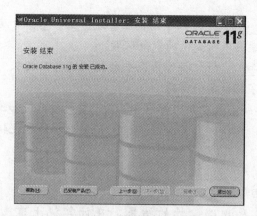

图 1-11　"安装结束"对话框

(10) Windows 操作系统下 Oracle 实例的启动与关闭是以后台服务进程的方式来进行管理的。通过后台服务管理界面，可以进行 Oracle 实例的启动与关闭、Oracle 监听的启动与关闭以及其他(如 OracleDBconsole、JOBScheduel 等)服务的启动与关闭，如图 1-12 所示。

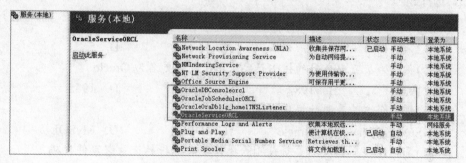

图 1-12　Oracle 实例的启动与关闭

提示：Linux 操作系统也可以安装 Oracle 数据库，有兴趣的读者可参阅其他书籍。

# 本 章 小 结

Oracle 是关系数据库管理系统，系统可移植性好、使用方便、功能强，适用于各类大、中、小、微机环境。它是一种高效率、可靠性好、适应高吞吐量的数据库解决方案。本章初步了解数据库的组成、Oracle 11g 数据库的安装。通过对本章内容的学习，使读者对 Oracle 关系数据库管理系统有了初步的认识与了解。

# 习 题

## 一、填空题

1. 数据管理是指_____。

2. Oracle 数据库系统主要有五个特点：_____、_____、

_____、_____、_____。

3. Oracle 数据库_____可以帮助企业管理企业信息，更深入地洞察业务状况并迅速自信地做出调整，以适应不断变化的竞争环境。

4. _____，标识操作系统平台相关的发布版本。当不同的平台需要相同层次的补丁时，这个数字将会是一样的。

5. _____是版本最重要的标识号，表示重大的改进和新的特征。

6. _____，包括导出 Oracle 可以处理的数据库的逻辑结构，即数据库的模式和外模式。

7. 实体标识符表示为_____或_____。

8. 数据库的设计主要是_____。

9. 根据逻辑设计和物理设计的结果，在计算机上建立起实际数据库结构、_____、测试和运行的过程，称为数据库的实现。

10. _____，标志着数据库设计和应用开发工作的结束与运行维护阶段的开始。

## 二、选择题

1. Oracle 产品版本号由( )部分数字组成。
    A. 2         B. 3         C. 4         D. 5

2. ( )年，为了突出公司的核心产品，RSI 最后更名为 Oracle。
    A. 1982       B. 1983       C. 1984       D. 1985

3. ( )属于网络关系型数据库系统。
    A. SQL Server     B. Oracle     C. DB2     D. MySQL

4. ( )是指在一个插入、更新或删除操作之后运行的记录级事件代码。
    A. 存储过程     B. 事务     C. 触发器     D. 向导

5. ( )是完全网络化的跨平台关系型数据库系统，同时是具有客户机/服务器体系结构的分布式数据库管理系统。
    A. SQL Server     B. MySQL     C. Oracle     D. Access

## 三、上机实验

实验一：内容要求

请试着访问一下 Oracle 公司的官方网站(http://www.Oracle.com)，了解 Oracle 公司的情况，练习下载 Oracle 11g 的产品。

实验二：内容要求

(1) 根据本章介绍的安装过程，练习安装 Oracle 数据库服务器和客户机。

(2) 在客户机端练习运行网络配置助手工具，学习配置网络服务名，并测试其连通性。

# 第 2 章

SQL 语句、函数基本操作

**本章要点**

(1) 认识 SQL。

(2) Oracle 常用的数字函数及其功能。

(3) Oracle 常用的字符函数及其功能。

(4) Oracle 常用的日期时间函数及其功能。

(5) Oracle 常用的转换函数及其功能。

**学习目标**

(1) 掌握 Oracle 数字函数的使用方法。

(2) 掌握 Oracle 字符函数的使用方法。

(3) 掌握 Oracle 日期时间函数的使用方法。

(4) 掌握 Oracle 转换函数的使用方法。

# 2.1 SQL 简介与 Oracle 11g 基本数据类型

SQL 是 Structured Query Language 的英文缩写，即结构化查询语言，它是关系数据库语言，用于建立、存储、修改、检索和管理关系数据库(包括 Oracle)中的数据。SQL 是所有程序和用户用于存取关系数据库(包括 Oracle)中数据的命令集。

SQL 有 6 个特点：非过程化程度高、用户性能好、语言功能强、可提供"视图"数据结构、有两种使用方式、可提供数据控制功能。

SQL 由下面 5 个子语言组成。

- 数据定义语言(Data Definition Language，DDL)。
- 数据查询语句(Query statements，SELECT)。
- 数据操纵语言(Data Manipulation Language，DML)。
- 事务控制语句(Transaction Control statements，TC)。
- 数据控制语言(Data Control Language，DCL)。

## 2.1.1 SQL 的编写规则

(1) SQL 关键字不区分大小写，既可以使用大写格式，也可以使用小写格式，或者混用大小写格式。例如，以下两个 SQL 语句是没有区别的。

```
SQL> SELECT ename, sal, job, deptno FROM emp;
SQL> select ename, sal, job, deptno from emp;
```

(2) 对象名和列名不区分大小写，它们既可以使用大写格式，也可以使用小写格式，或者混用大小写格式。例如，以下两个 SQL 语句也没有区别。

```
SQL> SELECT ename, sal, job, deptno FROM emp;
SQL> select ENAME, SAL, job, deptno from  EMP;
```

(3) 字符值和日期值区分大小写。当在 SQL 语句中引用字符值和日期值时，必须给出正确的大小写数据，否则不能得到正确的查询结果。例如，以下两个 SQL 语句的执行结果是不一样的，因为其 where 子句中的条件不一致。读者可以自行运行这两个语句以进行验证。

```
SQL> SELECT ename, sal, job, deptno FROM emp where ename='SCOTT';
SQL> SELECT ename, sal, job, deptno FROM emp where ename='scott';
```

（4）在应用程序中编写 SQL 语句时，如果 SQL 语句的文本很短，可以将语句文本放在一行上；如果 SQL 语句的文本很长，则须将语句文本分步写到多行上，并且可以通过跳格和缩进方式提高可读性。另外，在 SQL*Plus 中 SQL 语句要以分号结束。示例如下。

● 单行语句文本：

```
Select ename, sal FROM emp;
```

● 多行语句文本：

```
SELECT a.dname, b.ename, b.sal, b.comm, b.job
FROM dept a  RIGHT JOIN  emp b
ON a.deptno=b.deptno AND a.deptno=10;
```

## 2.1.2　Oracle 11g 基本数据类型

所有实例所使用的数据库(jiaoxue)中主要有学生(students)、教师(teachers)、系部(departments)、课程(courses)、学生成绩(students_grade)、成绩等级(grades)等表。建立表包括定义表的结构和添加数据记录。在定义数据表时，必须为它的每一列指定一种内部数据类型。数据类型限定了数据表每一列的取值范围。

数据类型是数据的基本属性，反映了数据的类别。Oracle 11g 主要有 3 种数据类型：基本(Oracle 数据库内部)数据类型、集合数据类型和引用数据类型。基本数据类型在建立数据表时经常使用。集合数据类型主要用于表示像数组那样的多个元素，包括索引表、嵌套表、VARRAY 数组等。引用数据类型以引用的方式定义了和其他对象的关系，存储的是指向不同对象数据表的数据的指针。下面是 Oracle 11g 常用的几种数据类型。

### 1. 字符数据类型

字符数据类型用于存储数据库字符集中的字符数据。字符数据以串格式存储。Oracle 支持单字节和双字节两种字符集，可使用的数据类型如表 2-1 所示。

表 2-1　Oracle 11g 字符数据类型

| 数据类型 | 含　义 |
| --- | --- |
| CHAR | 定长的字符型数据，最大长度可达 255B |
| VARCHAR2 | 变长的字符型数据，最大长度可达 4000B |
| LONG | 存储最大长度为 2GB 的变长字符数据 |
| NUMBER | 存储整型或浮点型数值 |
| FLOAT | 存储浮点数 |

续表

| 数据类型 | 含　义 |
| --- | --- |
| DATE | 存储日期数据 |
| RAW | 存储非结构化数据的变长字符数据，最长为 2KB |
| LONG RAW | 存储非结构化数据的变长字符数据，最长为 2GB |
| ROWID | 存储表中列的物理地址的二进制数据，占用固定的 10B |
| BLOB | 存储多达 4GB 的非结构化的二进制数据 |
| CLOB | 存储多达 4GB 的非结构化的字符数据 |
| BFILE | 把非结构化的二进制数据作为文件存储在数据库之外 |
| UROWID | 存储表示任何类型列地址的二进制数据 |

### 💡 知识要点

(1) CHAR 数据类型。指定定长字符串，必须指定字符串的长度，其默认长度为 1B，其最大长度为 255B。

(2) VARCHAR2 数据类型。指定变长字符串，必须为其指定最大字节数，其最大长度为 4000B。

(3) LONG 数据类型。LONG 数据类型存储变长字符串，其最大长度为 2GB。LONG 数据类型具有 VARCHAR2 数据类型的许多特征，利用它可存储较长的文本串。一个表中最多只能有一个 LONG 数据类型，LONG 数据类型不能索引，也不能出现在完整性的约束中。

#### 2．数字数据类型

(1) NUMBER 数据类型。NUMBER 数据类型用于存储零、正负定点数或浮点数，其最大精度为 38 位。定点数据类型的语法为：NUMBER(P, S)。其中：

● P——总的数字数。精度范围为 1~38。

● S——小数点右边的数字位。精度范围为-84~127。

Oracle 允许指定浮点数，一个浮点数可以有一个小数点。Oracle 支持 ANSI 的 FLOAT 数据类型。

(2) FLOAT 数据类型。有以下两种格式。

● FLOAT——指定一浮点数，十进制精度为 38，二进制精度为 126。

● FLOAT(B)——指定一浮点数，二进制精度为 B，精度 B 的范围为 1~126。

#### 3．DATE 数据类型

DATE 数据类型用于存储日期和时间信息。每一个 DATE 值可存储下列信息：世纪、年、月、日、时、分、秒。如果要指定日期值，必须用函数 TO_DATE()将字符型的值或数值转换成一个日期型的值。日期型数据的默认格式是 DD-MON-YY。如果日期型值中不带时间成分，则默认时间为 12:00:00 am。

#### 4．RAW 及 LONG RAW 数据类型

RAW 及 LONG RAW 数据类型表示面向字节数据(如二进制数据或字节串)，可存储字

符串、浮点数、二进制数据(如图像、数字化的声音)等。Oracle 返回的 RAW 值为十六进制字符值。RAW 数据仅能执行存储和检索，不能执行串操作。

### 5. ROWID 数据类型

ROWID 数据类型是 Oracle 数据表中的一个伪列，它是数据表中每行数据内在的唯一标识。数据库中的每一行(ROW)有一个地址，通过查询伪列 ROWID 获得行地址。该伪列的值为十六进制字符串，该串的数据类型为 ROWID 类型。

### 6. LOB 数据类型

LOB(Large Object)数据类型存储非结构化数据，比如二进制文件、图形文件，或其他外部文件。LOB 可以存储到 4GB 大小。数据既可以存储到数据库中，也可以存储到外部数据文件中。LOB 数据的控制通过 DBMS_LOB 包实现。LOB 数据类型有以下几种。

- BLOB，二进制数据可以存储到不同的表空间中。
- CLOB，字符型数据可以存储到不同的表空间中。
- BFILE，二进制文件存储在服务器上的外部文件中。

### 7. UROWID 数据类型

存储数据库记录行的地址 UROWID(Universal Rowid)，表示一行数据的逻辑地址。一般情况下，索引组织表(IOT)和远程数据库(可以是非 Oracle 数据库)中的表需要用到 UROWID。

# 2.2　数　字　函　数

数字函数接受数字型参数，并且函数的返回值也为数值型。这些参数由表中的数字列或数字型表达式构成。数字函数通过计算得出对应参数(自变量)的函数值。

下面详细介绍 Oracle 内置的各种数字函数及其使用方法。

## 2.2.1　数字函数概述

Oracle 内置的数字函数有很多种，这里介绍常用的数字函数，其他不常用的数字函数可查阅 SQL 参考手册。Oracle 常用的数字函数及其功能概要如表 2-2 所示。

表 2-2　Oracle 常用的数字函数及其功能概要

| 数字函数 | 功能概要 |
| --- | --- |
| ABS(x) | 返回 x 的绝对值 |
| ACOS(x) | 返回 x 的反余弦值 |
| ASIN(x) | 返回 x 的反正弦值 |
| ATAN(x) | 返回 x 的反正切值 |
| ATAN2(x, y) | 返回 x 除以 y 的反正切值 |
| BITAND(x, y) | 返回 x 和 y 按二进制位进行与(AND)操作的值 |
| CEIL(x) | 返回大于或等于 x 的最小整数 |

续表

| 数字函数 | 功能概要 |
|---|---|
| COS(x) | 返回 x 的余弦值，其中 x 为弧度 |
| COSH(x) | 返回 x 的双曲余弦值 |
| EXP(x) | 返回 $e^x$ 的值，其中 e = 2.71828183 |
| FLOOR(x) | 返回小于或等于 x 的最大整数 |
| LN(x) | 返回 x 的自然对数值 |
| LOG(x, y) | 返回以 x 为底 y 的对数值 |
| MOD(x, y) | 返回 x 除以 y 的余数 |
| POWER(x, y) | 返回 x 的 y 次幂 |
| ROUND(x[,y]) | 返回对 x 的第 y 位进行取整的结果。可选参数 y 指定对第几位小数取整。若没有指定 y，则对 x 第 0 位小数取整 |
| SIGN(x) | 若 x 为负数，则返回-1；若 x 为正数，则返回 1；若 x 为 0，则返回 0 |
| SIN(x) | 返回 x 的正弦值，其中 x 为弧度 |
| SINH(x) | 返回 x 的双曲正弦值 |
| TAN(x) | 返回 x 的正切值，其中 x 为弧度 |
| TANH(x) | 返回 x 的双曲正切值 |
| TRUNC(x[, y]) | 返回对 x 的第 y 位进行截断的结果。若没有指定 y，则对 x 第 0 位小数截断 |

## 2.2.2　数字函数示例

2.2.1 小节介绍了各数字函数的功能，下面通过示例分别介绍数字函数的使用方法。

### 1. ABS(x)

函数 ABS(x)的功能是，求 x 的绝对值。

**例 2-1**：求 66 和-66 的绝对值。

```
SQL> SELECT ABS(66), ABS(-66) FROM dual;
```

运行结果：

```
  ABS(66)   ABS(-66)
---------- ----------
       66         66
```

### 2. ACOS(x)

函数 ACOS(x)的功能是，求 x 的反余弦值。其中，$-1 \leqslant x \leqslant 1$，函数 ACOS(x)返回值的单位为弧度。

**例 2-2**：求 ACOS(1)和 ACOS(-1)的值。

```
SQL> SELECT ACOS(1), ACOS(-1) FROM dual;
```

运行结果：

```
  ACOS(1)    ACOS(-1)
---------- -----------
        0  3.14159265
```

### 3. ASIN(x)

函数 ASIN(x)的功能是，求 x 的反正弦值。其中，−1≤x≤1，函数 ASIN(x)返回值的单位为弧度。

**例 2-3：**求 ASIN (0.5)和 ASIN(−0.5)的值。

```
SQL> SELECT ASIN (0.5), ASIN (-0.5) FROM dual;
```

运行结果：

```
 ASIN(0.5)   ASIN(-0.5)
----------  ----------
.523598776  -.52359878
```

### 4. ATAN(x)

函数 ATAN(x)的功能是，求 x 的反正切值。其中，自变量 x 可取任意数字，函数 ATAN (x)返回值的单位为弧度。

**例 2-4：**求 ATAN(5)和 ATAN(−5)的值。

```
SQL> SELECT ATAN (5), ATAN (-5) FROM dual;
```

运行结果：

```
  ATAN(5)     ATAN(-5)
----------  ----------
1.37340077  -1.3734008
```

### 5. ATAN2(x, y)

函数 ATAN2(x,y)的功能是，求 x 除以 y 的反正切值。其中，自变量 x 可取任意数字，自变量 y 可取除 0 以外的任意数字，函数 ATAN2(x, y)返回值的单位为弧度。

**例 2-5：**求 ATAN2(10, 2)和 ATAN2(−5, 1)的值。

```
SQL> SELECT ATAN2(10,2), ATAN2(-5,1) FROM dual;
```

运行结果：

```
ATAN2(10,2)  ATAN2(-5,1)
-----------  -----------
 1.37340077  -1.3734008
```

### 6. BITAND(x, y)

函数 BITAND(x, y)的功能是，返回 x 和 y 按二进制位进行与(AND)操作的值(十进制形式)。其中，自变量 x 和 y 可取任意十进制数字。

**例 2-6：**求 BITAND(15, −1)的值。

```
SQL> SELECT BITAND(15,-1) FROM dual;
```

运行结果：

```
BITAND(15,-1)
-------------
           15
```

### 7. CEIL(x)

函数 CEIL(x)的功能是，返回大于或等于 x 的最小整数。

**例 2-7**：求 CEIL(15)、CEIL(-15)、CEIL(15.3)、CEIL(-15.8)的值。

```
SQL> SELECT CEIL(15), CEIL(-15), CEIL(15.3), CEIL(-15.8) FROM dual;
```

运行结果：

```
 CEIL(15)  CEIL(-15) CEIL(15.3) CEIL(-15.8)
---------- ---------- ---------- -----------
        15        -15         16         -15
```

### 8. COS(x)

函数 COS(x)的功能是，求 x 的余弦值，其中，x 为弧度。

**例 2-8**：求 COS (3.1415926/4)、COS (-3.1415926/4) 的值。

```
SQL> SELECT COS(3.1415926/4), COS(-3.1415926/4) FROM dual;
```

运行结果：

```
COS(3.1415926/4)  COS(-3.1415926/4)
---------------- -----------------
      .707106791         .707106791
```

### 9. COSH(x)

函数 COSH(x)的功能是，求 x 的双曲余弦值。

**例 2-9**：求 COSH (1)、COSH (-1) 的值。

```
SQL> SELECT COSH(1), COSH(-1) FROM dual;
```

运行结果：

```
  COSH(1)    COSH(-1)
---------- ----------
1.54308063 1.54308063
```

### 10. EXP(x)

函数 EXP(x)的功能是，求 $e^x$ 的值，其中，e = 2.71828183。

**例 2-10**：求 EXP(1)、EXP(-1)的值。

```
SQL> SELECT EXP(1), EXP(-1) FROM dual;
```

运行结果：

```
   EXP(1)     EXP(-1)
---------- ----------
2.71828183 .367879441
```

### 11. FLOOR(x)

函数 FLOOR(x)的功能是，返回小于或等于 x 的最大整数。

**例 2-11**：求 FLOOR(15)、FLOOR(-15)、FLOOR(15.3)、FLOOR(-15.8)的值。

```
SQL> SELECT FLOOR(15), FLOOR(-15), FLOOR(15.3), FLOOR(-15.8) FROM dual;
```

运行结果：

```
FLOOR(15)  FLOOR(-15)  FLOOR(15.3)  FLOOR(-15.8)
---------- ----------  -----------  ------------
       15         -15           15           -16
```

### 12. LN(x)

函数 LN(x)的功能是，返回 x 的自然对数值。

**例 2-12**：求 LN (2.71828183)、LN (1)的值。

```
SQL> SELECT LN(2.71828183), LN(1) FROM dual;
```

运行结果：

```
LN(2.71828183)     LN(1)
-------------- ----------
             1          0
```

### 13. LOG(x, y)

函数 LOG(x, y)的功能是，返回以 x 为底 y 的对数值。

**例 2-13**：求 LOG (10, 10)、LOG (2, 8)的值。

```
SQL> SELECT LOG(10, 10), LOG(2, 8) FROM dual;
```

运行结果：

```
LOG(10,10)   LOG(2,8)
---------- ----------
         1          3
```

### 14. MOD(x, y)

函数 MOD(x, y)的功能是，返回 x 除以 y 的余数。

**例 2-14**：求 MOD (10, 5)、MOD (10, 3)的值。

```
SQL> SELECT MOD(10, 5), MOD(10, 3) FROM dual;
```

运行结果：

```
MOD(10,5)  MOD(10,3)
---------- ----------
         0          1
```

### 15. POWER(x, y)

函数 POWER (x, y)的功能是，返回 x 的 y 次幂。

**例 2-15**：求 POWER (2, 3)、POWER (10, 2)的值。

```
SQL> SELECT POWER(2, 3), POWER(10, 2) FROM dual;
```

运行结果：

```
POWER(2,3) POWER(10,2)
---------- -----------
         8         100
```

### 16．ROUND(x[, y])

函数 ROUND(x[, y]) 的功能是，返回对 x 的第 y 位进行取整的结果。若没有指定 y，则对 x 第 0 位小数取整。

**例 2-16**：求 ROUND(15.51)、ROUND(15.49)、ROUND(15.51, 1)、ROUND(15.51,0) ROUND(15.51, -1)的值。

```
SQL> SELECT ROUND(15.51), ROUND(15.49),
  2    ROUND(15.51,1), ROUND(15.51,0), ROUND(15.51,-1) FROM dual;
```

运行结果：

```
ROUND(15.51) ROUND(15.49) ROUND(15.51,1) ROUND(15.51,0) ROUND(15.51,-1)
------------ ------------ -------------- -------------- ---------------
          16           15           15.5             16              20
```

### 17．SIGN(x)

函数 SIGN(x) 的功能是，若 x 为负数，则返回-1；若 x 为正数，则返回 1；若 x 为 0，则返回 0。

**例 2-17**：求 SIGN(10)、SIGN(-10)、SIGN(0)的值。

```
SQL> SELECT SIGN(10), SIGN(-10), SIGN(0) FROM dual;
```

运行结果：

```
  SIGN(10)   SIGN(-10)    SIGN(0)
---------- ---------- ----------
         1         -1          0
```

### 18．SIN(x)

函数 SIN(x) 的功能是，返回 x 的正弦值，其中，x 为弧度。

**例 2-18**：求 SIN (3.1415926/6)、SIN (3.1415926/4)、SIN (3.1415926/3)的值。

```
SQL> SELECT SIN(3.1415926/6),
  2    SIN(3.1415926/4), SIN(3.1415926/3) FROM dual;
```

运行结果：

```
SIN(3.1415926/6) SIN(3.1415926/4) SIN(3.1415926/3)
---------------- ---------------- ----------------
      .499999992       .707106772       .866025395
```

### 19．SINH(x)

函数 SINH (x) 的功能是，返回 x 的双曲正弦值。

**例 2-19**：求 SINH (10)、SINH (-10)的值。

```
SQL> SELECT SINH(10), SINH(-10) FROM dual;
```

运行结果：

```
  SINH(10)  SINH(-10)
---------- ----------
11013.2329 -11013.233
```

### 20．TAN(x)

函数 TAN(x) 的功能是，返回 x 的正切值，其中，x 为弧度。

**例 2-20**：求 TAN (3.1415926/6)、TAN (3.1415926/4)、TAN (3.1415926/3)的值。

```
SQL> SELECT TAN(3.1415926/6),
  2    TAN(3.1415926/4), TAN(3.1415926/3) FROM dual;
```

运行结果：

```
TAN(3.1415926/6) TAN(3.1415926/4) TAN(3.1415926/3)
---------------- ---------------- ----------------
      .577350257       .999999973       1.73205074
```

### 21．TANH(x)

函数 TANH(x) 的功能是，返回 x 的双曲正切值。

**例 2-21**：求 TANH (10)、TANH (–10)的值。

```
SQL> SELECT TANH(10), TANH(-10) FROM dual;
```

运行结果：

```
  TANH(10)   TANH(-10)
---------- ----------
.999999996         -1
```

### 22．TRUNC(x[, y])

函数 TRUNC(x[, y]) 的功能是，返回对 x 的第 y 位进行截断的结果。若没有指定 y，则对 x 第 0 位小数截断。

**例 2-22**：求 TRUNC (15.51)、TRUNC (15.49)、TRUNC (15.51, 1)、TRUNC (15.51,0)、TRUNC (15.51, –1)的值。

```
SQL> SELECT TRUNC(15.51), TRUNC(15.49), TRUNC(15.51,1),
  2    TRUNC(15.51,0), TRUNC(15.51,-1) FROM dual;
```

运行结果：

```
TRUNC(15.51) TRUNC(15.49) TRUNC(15.51,1) TRUNC(15.51,0) TRUNC(15.51,-1)
------------ ------------ -------------- -------------- ---------------
          15           15           15.5             15              10
```

# 2.3　字　符　函　数

　　字符函数接受字符型或数字类型参数，这些参数由表中的列或表达式构成。通过字符函数对输入参数(自变量)处理，得到函数的返回值。

　　下面详细介绍 Oracle 内置的各种字符函数及其使用方法。

## 2.3.1　字符函数概述

　　Oracle 内置的字符函数有很多种，这里介绍常用的字符函数，其他不常用的字符函数可查阅 SQL 参考手册。Oracle 常用的字符函数及其功能概要如表 2-3 所示。

表 2-3　Oracle 常用的字符函数及其功能概要

| 字符函数 | 功能概要 |
| --- | --- |
| ASCII(x) | 返回单个字符 x 的 ASCII 码，或字符串 x 首个字符的 ASCII 码 |
| CHR(x) | 返回 ASCII 码为 x 的字符 |
| CONCAT(x, y) | 将字符串 x 与字符串 y 连接起来，并将连接后的字符串作为结果返回 |
| INITCAP(x) | 将字符串 x 中每个单词的首字母都转换成大写，并将所形成的字符串作为结果返回 |
| INSTR(x, y [, n][, m]) | 在字符串 x 中查找子串 y，确定并返回 y 所在 x 中的位置。可选参数 n 指定查找的起始位置，可选参数 m 指定返回 y 第几次出现的位置；省略参数 n 或 m，均默认其值为 1 |
| LENGTH(x) | 返回字符串 x 中字符的个数 |
| LOWER(x) | 将字符串 x 中的字母转换成小写后作为结果返回 |
| LPAD(x, n [, y]) | 在字符串 x 的左边补充字符串 y，得到总长为 n 个字符的字符串。可选参数 y 用于指定在 x 左边补充的字符串；省略参数 y，默认值为空串 |
| LTRIM(x[, y]) | 从字符串 x 的左边截去包含在字符串 y 中的字符。如果不指定参数 y，则默认截去空格 |
| NVL(x, y) | 如果 x 为 NULL，则返回 y 值；否则返回 x 值。其中，x 与 y 的数据类型必须匹配 |
| NVL2(x, y, z) | 如果 x 不为 NULL，就返回 y 值；否则返回 z 值。其中，x、y、z 三者的数据类型必须匹配 |
| REPLACE(x, y, z) | 将字符串 x 中所具有的子串 y 用子串 z 替换，替换后形成的字符串作为返回值 |
| RPAD(x, n[, y]) | 在字符串 x 的右边补充字符串 y，得到总长为 n 个字符的字符串。可选参数 y 用于指定在 x 右边补充的字符串；省略参数 y，默认其值为空串 |
| RTRIM(x[, y]) | 从字符串 x 的右边截去包含在字符串 y 中的字符。如果不指定参数 y，则默认截去空格 |
| SUBSTR(x, n[, m]) | 返回字符串 x 中的一个子串，这个子串从字符串 x 的第 n 个字符开始，截取参数 m 个字符 |
| TRIM([y FROM] x) | 从字符串 x 的左边和右边同时截去一些字符。可选参数 y 指定要截去的字符；如果不指定参数 y，则默认截去空格 |
| UPPER(x) | 将字符串 x 中的字符转换为大写后所得到的字符串作为函数的返回值 |

## 2.3.2　字符函数示例

2.3.1 小节介绍了各个字符函数的功能，下面通过示例分别介绍字符函数的使用方法。

### 1．ASCII(x)

函数 ASCII(x)的功能是，返回单个字符 x 的 ASCⅡ码，或字符串 x 首个字符的 ASCII 码。

**例 2-23**：求 ASCII('a')、ASCII('A')、ASCII('0')的值。

```
SQL> SELECT ASCII('a'), ASCII('A'), ASCII('0') FROM dual;
```

运行结果：

```
ASCII('a')  ASCII('A')  ASCII('0')
----------  ----------  ----------
        97          65          48
```

**例 2-24**：求 ASCII('X')、ASCII('XYZ')的值。

```
SQL> SELECT ASCII('X'), ASCII('XYZ') FROM dual;
```

运行结果：

```
ASCII('X')  ASCII('XYZ')
----------  ------------
        88            88
```

### 2. CHR(x)

函数 CHR(x)的功能是，返回 ASCII 码为 x 的字符。

**例 2-25**：求 CHR (97)、CHR (65)、CHR (48)的值。

```
SQL> SELECT CHR(97), CHR(65), CHR(48) FROM dual;
```

运行结果：

```
CHR(97)  CHR(65)  CHR(48)
-------  -------  --------
     A        A        0
```

### 3. CONCAT(x, y)

函数 CONCAT(x, y)的功能是，将字符串 x 与字符串 y 连接起来，并将连接后的字符串作为结果返回。

**例 2-26**：求 CONCAT('学生姓名：', '欧阳春岚')的值。

```
SQL> SELECT CONCAT('学生姓名：', '欧阳春岚') FROM dual;
```

运行结果：

```
CONCAT('学生姓名：', '欧阳春岚')
--------------------------------
学生姓名：欧阳春岚
```

### 4. INITCAP(x)

函数 INITCAP(x)的功能是，将字符串 x 中每个单词的首字母都转换成大写，并将所形成的字符串作为结果返回。

**例 2-27**：求 INITCAP ('My name is yZM')的值。

```
SQL> SELECT INITCAP('My name is yZM') FROM dual;
```

运行结果：

```
INITCAP('My name is yZM')
-------------------------
My Name Is Yzm
```

### 5. INSTR(x, y [, n][, m])

函数 INSTR(x, y [, n][, m])的功能是，在字符串 x 中查找子串 y，确定并返回 y 所在 x 中的位置。可选参数 n 指定查找的起始位置，可选参数 m 指定返回 y 第几次出现的位置；省略参数 n 或 m，均默认其值为 1。

**例 2-28**：求 INSTR('XYZABMLNABEF' , 'AB')的值。

```
SQL> SELECT INSTR('XYZABMLNABEF', 'AB') FROM dual;
```

运行结果：

```
INSTR('XYZABMLNABEF', 'AB')
---------------------------
                          4
```

**例 2-29**：求 INSTR('XYZABMLNABEF' , 'AB' , 1, 2)的值。

```
SQL> SELECT INSTR('XYZABMLNABEF', 'AB', 1, 2) FROM dual;
```

运行结果：

```
INSTR('XYZABMLNABEF','AB',1,2)
------------------------------
                             9
```

### 6. LENGTH(x)

函数 LENGTH(x)的功能是，返回字符串 x 中字符的个数。

**例 2-30**：求 LENGTH (' My name is yZM ')的值。

```
SQL> SELECT LENGTH('My name is yZM') FROM dual;
```

运行结果：

```
LENGTH('My name is yZM')
------------------------
                      14
```

### 7. LOWER(x)

函数 LOWER(x)的功能是，将字符串 x 中的字母转换成小写后作为结果返回。

**例 2-31**：求 LOWER (' My name is yZM ')的值。

```
SQL> SELECT LOWER('My name is yZM') FROM dual;
```

运行结果：

```
LOWER('My name is yZM')
-----------------------
my name is yzm
```

### 8. LPAD(x, n [, y])

函数 LPAD(x, n [, y])的功能是，在字符串 x 的左边补充字符串 y，得到总长为 n 个字符的字符串。可选参数 y 用于指定在 x 左边补充的字符串；若省略参数 y，默认其值为空串。

**例 2-32**：求 LPAD('name is YZM', 14, 'My ')的值。

```
SQL> SELECT LPAD('name is YZM', 14, 'My') FROM dual;
```

运行结果：

```
LPAD('name is YZM', 14, 'My')
------------------------------
My name is YZM
```

### 9.　LTRIM(x[, y])

函数 LTRIM(x[, y])的功能是，从字符串 x 的左边截去包含在字符串 y 中的字符。如果不指定参数 y，则默认截去空格。

**例 2-33**：求 LTRIM('student', 'stu')、LTRIM('student')的值。

```
SQL> SELECT LTRIM('student', 'stu'), LTRIM('student') FROM dual;
```

运行结果：

```
LTRIM('student', 'stu'), LTRIM('student')
-----------------------------------------
dent student
```

### 10.　NVL(x, y)

函数 NVL(x, y)的功能是，如果 x 为 NULL，则返回 y 值；否则返回 x 值。其中，x 与 y 的数据类型必须匹配。

### 11.　NVL2(x, y, z)

函数 NVL2(x, y, z)的功能是，如果 x 不为 NULL，就返回 y 值；否则返回 z 值。其中，x、y、z 三者的数据类型必须匹配。

### 12.　REPLACE(x, y, z)

函数 REPLACE(x, y, z)的功能是，将字符串 x 中所具有的子串 y 用子串 z 替换，替换后形成的字符串作为返回值。

**例 2-34**：求 REPLACE('XYZABMLNABEF', 'AB', 'CD')的值。

```
SQL> SELECT REPLACE('XYZABMLNABEF', 'AB', 'CD') FROM dual;
```

运行结果：

```
REPLACE('XYZABMLNABEF', 'AB', 'CD')
-----------------------------------
XYZCDMLNCDEF
```

### 13.　RPAD(x, n[, y])

函数 RPAD(x, n [, y])的功能是，在字符串 x 的右边补充字符串 y，得到总长为 n 个字符的字符串。可选参数 y 用于指定在 x 右边补充的字符串；省略参数 y，其默认值为空串。

**例 2-35**：求 RPAD('My', 14, ' name is YZM')的值。

```
SQL> SELECT RPAD('My', 14, 'name is YZM') FROM dual;
```

运行结果：

```
RPAD('My', 14, ' name is YZM')
------------------------------
My name is YZM
```

### 14．RTRIM(x[, y])

函数 RTRIM(x[, y])的功能是，从字符串 x 的右边截去包含在字符串 y 中的字符。如果不指定参数 y，则默认截去空格。

**例 2-36**：求 RTRIM('student', 'dent')、RTRIM('student')的值。

```
SQL> SELECT RTRIM('student', 'dent'), RTRIM('student') FROM dual;
```

运行结果：

```
RTRIM('student', 'dent'), RTRIM('student')
------------------------------------------
stu student
```

### 15．SUBSTR(x, n[, m])

函数 SUBSTR(x, n[, m])的功能是，返回字符串 x 中的一个子串，这个子串从字符串 x 的第 n 个字符开始，截取参数 m 个字符。

**例 2-37**：求 SUBSTR ('student', 1, 3)、SUBSTR ('student', 2)的值。

```
SQL> SELECT SUBSTR ('student', 1, 3), SUBSTR ('student', 2) FROM dual;
```

运行结果：

```
SUBSTR ('student', 1, 3), SUBSTR ('student', 2)
-----------------------------------------------
stu tudent
```

### 16．TRIM([y FROM] x)

函数 TRIM([y FROM] x)的功能是，从字符串 x 的左边和右边同时截去一些字符。可选参数 y 指定要截去的字符；如果不指定参数 y，则默认截去空格。

**例 2-38**：求 TRIM('A' FROM 'AAUVWXYZAA')的值。

```
SQL> SELECT TRIM('A' FROM 'AAUVWXYZAA') FROM dual;
```

运行结果：

```
TRIM('A' FROM 'AAUVWXYZAA')
---------------------------
UVWXYZ
```

### 17．UPPER(x)

函数 UPPER(x)的功能是，将字符串 x 中的字符转换为大写后所得到的字符串作为函数的返回值。

**例 2-39**：求 UPPER ('Abbb')的值。

```
SQL> SELECT UPPER ('Abbb') FROM dual;
```

运行结果：

```
UPPER ('Abbb')
---------------
ABBB
```

# 2.4　日期时间函数

日期时间函数接受日期时间类型参数，这些参数由表中列或表达式构成。通过日期时间函数对输入参数(自变量)处理，得到函数的返回值。

日期时间数据在 Oracle 数据库中，是以世纪、年、月、日、时、分、秒的形式存储的。日期显示格式默认为"DD-MON-YY"的形式。

下面详细介绍 Oracle 内置的各种日期时间函数及其使用方法。

## 2.4.1　日期时间函数概述

Oracle 内置的日期时间函数有多种，这里介绍常用的日期时间函数，其他不常用的日期时间函数可查阅 SQL 参考手册。

Oracle 常用的日期时间函数及其功能概要如表 2-4 所示。

表 2-4　Oracle 常用的日期时间函数及其功能概要

| 日期时间函数 | 功能概要 |
| --- | --- |
| ADD_MONTHS(x, n) | 返回日期 x 加上 n 个月所对应的日期。n 为正数，则返回值表示 x 之后的日期；n 为负数，则返回值表示 x 之前的日期 |
| CURRENT_DATE | 返回当前会话时区所对应的日期时间 |
| CURRENT_TIMESTAMP[(x)] | 返回当前会话时区所对应的日期时间，可选参数 x 表示精度，如果不指定参数 x，则默认精度值为 6 |
| DBTIMEZONE | 返回数据库所在的时区 |
| EXTRACT(YEAR\|MONTH\|DAY FROM x) | 从日期 x 中选取所需要的年、月、日数据 |
| LAST_DAY(x) | 返回日期 x 所在月份的最后一天的日期 |
| LOCALTIMESTAMP[(x)] | 返回当前会话时区所对应的日期时间，可选参数 x 表示精度，如果不指定参数 x，则默认精度值为 6 |
| MONTHS_BETWEEN(x, y) | 返回日期 x 和日期 y 两个日期之间相差的月数 |
| NEXT_DAY(x, week) | 返回日期 x 后的第一个由 week 指定的星期几所对应的日期 |
| ROUND(x, [fmt]) | 返回日期 x 的四舍五入结果。fmt 可以取'YEAR'、'MONTH'、'DAY' 三者之一 |
| SYSDATE | 返回当前系统的日期时间 |
| SYSTIMESTAMP | 返回当前系统的日期时间(格式与 SYSDATE 不同) |
| TRUNC(x, [fmt]) | 返回截断日期 x 时间数据。fmt 可以取'YEAR'、'MONTH'、'DAY' 三者之一 |

## 2.4.2 日期时间函数示例

2.4.1 小节介绍了各个日期时间函数的功能，下面通过示例，分别介绍日期时间函数的使用方法。

### 1．ADD_MONTHS(x, n)

函数 ADD_MONTHS(x, n)的功能是，返回日期 x 加上 n 个月所对应的日期。n 为正数，则返回值表示 x 之后的日期；n 为负数，则返回值表示 x 之前的日期。

**例 2-40**：求 ADD_MONTHS('08-8 月-2015', 12)的值。

```
SQL> SELECT ADD_MONTHS('08-8 月-2015', 12) FROM dual;
```

运行结果：

```
ADD_MONTHS('08-8 月-2015', 12)
-----------------------------
08-8 月 -16
```

### 2．CURRENT_DATE

函数 CURRENT_DATE 的功能是，返回当前会话时区所对应的日期时间。

**例 2-41**：求 CURRENT_DATE 的值。

```
SQL> SELECT CURRENT_DATE FROM dual;
```

运行结果：

```
CURRENT_DATE
-------------
15-7 月 -08
```

### 3．CURRENT_TIMESTAMP[(x)]

函数 CURRENT_TIMESTAMP[(x)]的功能是，返回当前会话时区所对应的日期时间，可选参数 x 表示精度，取值范围为 0～9 的整数；如果不指定参数 x，则默认精度值为 6。

**例 2-42**：求 CURRENT_TIMESTAMP、CURRENT_TIMESTAMP(3)的值。

```
SQL> SELECT CURRENT_TIMESTAMP, CURRENT_TIMESTAMP(3) FROM dual;
```

运行结果：

```
CURRENT_TIMESTAMP
---------------------------------------------------------------
CURRENT_TIMESTAMP(3)
---------------------------------------------------------------
15-7 月 -08 01.29.19.937000 下午 +08:00
15-7 月 -08 01.29.19.937 下午 +08:00
```

### 4．DBTIMEZONE

函数 DBTIMEZONE 的功能是，返回数据库所在的时区。

**例 2-43**：求 DBTIMEZONE 的值。

```
SQL> SELECT DBTIMEZONE FROM dual;
```

运行结果：

```
DBTIMEZONE
------
+00:00
```

### 5. EXTRACT(YEAR|MONTH|DAY FROM x)

函数 EXTRACT(YEAR | MONTH | DAY FROM x)的功能是，从日期 x 中选取所需要的年、月、日数据。

**例 2-44**：求 EXTRACT(YEAR FROM TO_DATE('08-8-2015' , 'dd-mm-yy'))的值。

```
SQL> SELECT EXTRACT(YEAR FROM TO_DATE('08-8-2015','dd-mm-yy')) FROM dual;
```

运行结果：

```
EXTRACT(YEAR FROM TO_DATE('08-8-2015','DD-MM-YY'))
-------------------------------------------------
                                             2015
```

### 6. LAST_DAY(x)

函数 LAST_DAY(x)的功能是，返回日期 x 所在月份的最后一天的日期。

**例 2-45**：求 LAST_DAY('08-8 月-2015')的值。

```
SQL> SELECT LAST_DAY('08-8 月-2015') FROM dual;
```

运行结果：

```
LAST_DAY('08-8 月-2015')
-----------------------
31-8 月 -08
```

### 7. LOCALTIMESTAMP[(x)]

函数 LOCALTIMESTAMP[(x)]的功能是，返回当前会话时区所对应的日期时间，可选参数 x 表示精度，取值范围为 0～9 的整数；如果不指定参数 x，则默认精度值为 6。

**例 2-46**：求 LOCALTIMESTAMP、LOCALTIMESTAMP(3)的值。

```
SQL> SELECT LOCALTIMESTAMP, LOCALTIMESTAMP(3) FROM dual;
```

运行结果：

```
LOCALTIMESTAMP
--------------------------------------------------------------
LOCALTIMESTAMP(3)
--------------------------------------------------------------
15-7 月 -08 01.33.35.968000 下午
15-7 月 -08 01.33.35.968 下午
```

### 8. MONTHS_BETWEEN(x, y)

函数 MONTHS_BETWEEN(x, y)的功能是，返回日期 x 和日期 y 两个日期之间相差的月数。

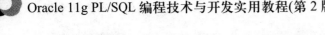

**例 2-47**：求 MONTHS_BETWEEN('31-8 月-2015', '31-1 月-2015')、MONTHS_BETWEEN ('31-1 月-2015', '31-8 月-2015')的值。

```
SQL> SELECT MONTHS_BETWEEN('31-8 月-2015', '31-1 月-2015'),
  2    MONTHS_BETWEEN('31-1 月-2015', '31-8 月-2015') FROM dual;
```

运行结果：

```
MONTHS_BETWEEN('31-8 月-2015','31-1 月-2015')
--------------------------------------------
MONTHS_BETWEEN('31-1 月-2015','31-8 月-2015')
--------------------------------------------
                                           7
                                          -7
```

### 9. NEXT_DAY(x, week)

函数 NEXT_DAY(x, week)的功能是，返回日期 x 后的第一个由 week 指定的星期几所对应的日期。

**例 2-48**：求 NEXT_DAY('08-08 月-2015' , '星期三')的值。

```
SQL> SELECT NEXT_DAY('08-8 月-2015', '星期三') FROM dual;
```

运行结果：

```
NEXT_DAY('08-8 月-2015', '星期三')
---------------------------------
12-8 月 -2015
```

### 10. ROUND(x, [fmt])

函数 ROUND(x, [fmt])的功能是，返回日期 x 的四舍五入结果。fmt 可以取'YEAR'、'MONTH'、'DAY' 三者之一。如果 fmt 取'YEAR'，则以 7 月 1 日为舍入分界；如果 fmt 取 'MONTH'，则以 16 日为舍入分界；如果 fmt 取'DAY'，则以中午 12:00 为舍入分界。

**例 2-49**：求 ROUND(TO_DATE( '01-7-2015', 'dd-mm-yy'),'YEAR')、ROUND(TO_DATE ('30-6-2015', 'dd-mm-yy'), 'YEAR')的值。

```
SQL> SELECT ROUND(TO_DATE('01-7-2015','dd-mm-yy'), 'YEAR'),
  2    ROUND(TO_DATE('30-6-2015', 'dd-mm-yy'), 'YEAR') FROM dual;
```

运行结果：

```
ROUND(TO_DATE('30-6-2015', 'dd-mm-yy'), 'YEAR')
-------------- ---------------------------------
01-1 月 -09     01-1 月 -08
```

### 11. SYSDATE

函数 SYSDATE 的功能是，返回当前系统的日期时间。

**例 2-50**：求 SYSDATE 的值。

```
SQL> SELECT SYSDATE FROM dual;
```

运行结果：

```
SYSDATE
-----------
15-9月 -16
```

### 12. SYSTIMESTAMP

函数 SYSTIMESTAMP 的功能是，返回当前系统的日期时间(格式与 SYSDATE 不同)。

**例 2-51**：求 SYSTIMESTAMP 的值。

```
SQL> SELECT SYSTIMESTAMP FROM dual;
```

运行结果：

```
SYSTIMESTAMP
-------------------------------------------------------------------
15-7月 -08 01.41.13.828000 下午 +08:00
```

### 13. TRUNC(x, [fmt])

函数 TRUNC(x, [fmt])的功能是，返回截断日期 x 时间数据。fmt 可以取'YEAR'、'MONTH'、'DAY' 三者之一。如果 fmt 取'YEAR'，则返回本年的 1 月 1 日；如果 fmt 取'MONTH'，则返回本月的 1 日；如果 fmt 取'DAY'，则返回天的个位为 0(只有个位时不变)的日期。

**例 2-52**：求 TRUNC(TO_DATE('08-8-2015','dd-mm-yy'), 'YEAR')的值。

```
SQL> SELECT TRUNC(TO_DATE('08-8-2015','dd-mm-yy'), 'YEAR') FROM dual;
```

运行结果：

```
TRUNC(TO_DATE('08-8-2015','dd-mm-yy'), 'YEAR')
----------------------------------------------
01-1月 -15
```

# 2.5　转　换　函　数

转换函数接受某种数据类型的参数，将其转换为另一种数据类型作为函数的返回值，从而实现把数值从一种数据类型转换为另一种数据类型的功能。在有些情况下，Oracle 系统可以自动转换数据类型，以达到参与运算的不同类型数据之间的相互匹配。但从程序设计的角度考虑，应该使用转换函数进行数据类型转换，以避免参与运算的数据之间出现数据类型不同或不匹配的情况。

下面详细介绍 Oracle 内置的各种转换函数及其使用方法。

## 2.5.1　转换函数概述

Oracle 内置的转换函数有多种，这里介绍常用的转换函数，其他不常用的转换函数可查阅 SQL 参考手册。Oracle 常用的转换函数及其功能概要如表 2-5 所示。

表 2-5　Oracle 常用的转换函数及其功能概要

| 转换函数 | 功能概要 |
|---|---|
| ASCIISTR(x) | 将字符类型数据 x 转换为一个 ASCII 字符串，其中 x 由任意字符集中的字符组成。字符串 x 中的 ASCII 字符保持不变，而其中的非 ASCII 字符则转换为 ASCII 表示 |
| BIN_TO_NUM(b1[, b2][, b3]…) | 将各位由 b1、b2、b3 等构成的二进制数字转换为 NUMBER 数字(十进制) |
| CAST(x AS type_name) | 将 x 的值从一种数据类型转换为由 type_name 指定的数据类型 |
| CHARTOROWID(x) | 将字符串 x 转换为 ROWID 数据类型 |
| HEXTORAW(x) | 将十六进制数字的字符 x 转换为 RAW 数据类型 |
| RAWTOHEX(x) | 将 x 的值从 RAW 类型转换为 VARCHAR2 类型 |
| RAWTONHEX(x) | 将 x 的值从 RAW 类型转换为 NVARCHAR2 类型 |
| ROWIDTOCHAR(x) | 将 x 的值从 ROWID 类型转换为 VARCHAR2 类型 |
| ROWIDTONCHAR(x) | 将 x 的值从 ROWID 类型转换为 NVARCHAR2 类型 |
| TO_BINARY_DOUBLE(x) | Oracle 10g 新增的函数。将 x 转换为 BINARY_DOUBLE 类型 |
| TO_BINARY_FLOAT(x) | Oracle 10g 新增的函数。将 x 转换为 BINARY_FLOAT 类型 |
| TO_CHAR(x[, format]) | 将 x 转换为 VARCHAR2 字符串。x 取数字或日期时间类型数据，可选参数 format 指定 x 的格式 |
| TO_DATE(x[, format]) | 将字符串 x 转换为 DATE 类型数据。可选参数 format 指定 x 的格式 |

## 2.5.2　转换函数示例

2.5.1 小节介绍了多种转换函数的功能，下面通过示例分别介绍各种转换函数的使用方法。

### 1. ASCIISTR(x)

函数 ASCIISTR(x)的功能是，将字符类型数据 x 转换为一个 ASCII 字符串，其中 x 由任意字符组成。字符串 x 中的 ASCII 字符保持不变，而其中的非 ASCII 字符则转换为 ASCII 表示。

例 2-53：求 ASCIISTR('Oracle 数据库')的值。

```
SQL> SELECT ASCIISTR('Oracle 数据库') FROM dual;
```

运行结果：

```
ASCIISTR('ORACLE 数据库')
-----------------------
Oracle\6570\636E\5E93
```

## 2. BIN_TO_NUM(b1[, b2][, b3]…)

函数 BIN_TO_NUM(b1[, b2][, b3]…)的功能是，将各位由 b1、b2、b3 等构成的二进制数字转换为 NUMBER 数字(十进制)。

**例 2-54：** 求 BIN_TO_NUM(1, 0, 1, 1, 1, 0)的值。

```
SQL> SELECT BIN_TO_NUM(1, 0, 1, 1, 1, 0) FROM dual;
```

运行结果：

```
BIN_TO_NUM(1,0,1,1,1,0)
-----------------------
                     46
```

## 3. CAST(x AS type_name)

函数 CAST(x AS type_name)的功能是，将 x 的值从一种数据类型转换为由 type_name 指定的数据类型。

**例 2-55：** 求 CAST(TO_DATE('08-8-2015','dd-mm-yy')AS VARCHAR2(15))的值。

```
SQL> SELECT CAST(TO_DATE('08-8-2015','dd-mm-yy') AS VARCHAR2(15)) FROM dual;
```

运行结果：

```
CAST(TO_DATE('08-8-2015','dd-mm-yy'))
-------------------------------------
08-8月 -15
```

## 4. CHARTOROWID(x)

函数 CHARTOROWID(x)的功能是，将字符串 x 转换为 ROWID 数据类型。要求字符串 x 必须满足 ROWID 数据类型的格式。

**例 2-56：** 求 CHARTOROWID('BBAFc2AAFAAEEEGFS/')的值。

```
SQL> SELECT CHARTOROWID('BBAFc2AAFAAEEEGFS/') FROM dual;
```

运行结果：

```
CHARTOROWID('BBAFc2AAFAAEEEGFS/')
---------------------------------
BBAFc2AAFAAEEEGFS/
```

## 5. HEXTORAW(x)

函数 HEXTORAW(x)的功能是，将十六进制数字的字符 x 转换为 RAW 数据类型。

**例 2-57：** 求 HEXTORAW('ABCDEF55')的值。

```
SQL> SELECT HEXTORAW('ABCDEF55') FROM dual;
```

运行结果：

```
HEXTORAW('ABCDEF55')
--------------------
ABCDEF55
```

### 6. RAWTOHEX(x)

函数 RAWTOHEX(x)的功能是，将 x 的值从 RAW 类型转换为 VARCHAR2 类型的字符。

**例 2-58**：求 RAWTOHEX('ABCDEF55')的值。

```
SQL> SET SERVEROUTPUT ON
SQL> DECLARE
 2    var VARCHAR2(15);
 3  BEGIN
 4    var := RAWTOHEX('ABCDEF55');
 5    DBMS_OUTPUT.PUT_LINE ('转换结果为: '||var);
 6  END;
 7  /
转换结果为: ABCDEF55
```

PL/SQL 过程已成功完成。

### 7. RAWTONHEX(x)

函数 RAWTONHEX(x)的功能是，将 x 的值从 RAW 类型转换为 NVARCHAR2 类型。

**例 2-59**：求 RAWTONHEX('ABCDEF55')的值。

```
SQL> SET SERVEROUTPUT ON
SQL> DECLARE
 2    var NVARCHAR2(15);
 3  BEGIN
 4    var := RAWTONHEX('ABCDEF55');
 5    DBMS_OUTPUT.PUT_LINE ('转换结果为: '||var);
 6  END;
 7  /
转换结果为: ABCDEF55
```

PL/SQL 过程已成功完成。

### 8. ROWIDTOCHAR(x)

函数 ROWIDTOCHAR(x)的功能是，将 x 的值从 ROWID 类型转换为 VARCHAR2 类型。

**例 2-60**：求 ROWIDTOCHAR('BBAFc2AAFAAEEEGFS/')的值。

```
SQL> SET SERVEROUTPUT ON
SQL> DECLARE
 2    var VARCHAR2(20);
 3  BEGIN
 4    var := ROWIDTOCHAR('BBAFc2AAFAAEEEGFS/');
 5    DBMS_OUTPUT.PUT_LINE ('转换结果为: '||var);
 6  END;
 7  /
转换结果为: BBAFc2AAFAAEEEGFS/
```

PL/SQL 过程已成功完成。

### 9. ROWIDTONCHAR(x)

函数 ROWIDTONCHAR(x)的功能是，将 x 的值从 ROWID 类型转换为 NVARCHAR2 类型。

**例 2-61**：求 ROWIDTONCHAR('BBAFc2AAFAAEEEGFS/')的值。

```
SQL> SET SERVEROUTPUT ON
SQL> DECLARE
  2    var NVARCHAR2(20);
  3  BEGIN
  4    var := ROWIDTONCHAR('BBAFc2AAFAAEEEGFS/');
  5    DBMS_OUTPUT.PUT_LINE ('转换结果为: '||var);
  6  END;
  7  /
转换结果为: BBAFc2AAFAAEEEGFS/
```

PL/SQL 过程已成功完成。

### 10. TO_BINARY_DOUBLE(x)

函数 TO_BINARY_DOUBLE(x)的功能是，将 x 转换为 BINARY_DOUBLE 类型。

**例 2-62**：求 TO_BINARY_DOUBLE(2015)的值。

```
SQL> SELECT TO_BINARY_DOUBLE(2015) FROM dual;
```

运行结果：

```
TO_BINARY_DOUBLE(2015)
----------------------
          2.008E+003
```

### 11. TO_BINARY_FLOAT(x)

函数 TO_BINARY_FLOAT(x)的功能是，将 x 转换为 BINARY_FLOAT 类型。

**例 2-63**：求 TO_BINARY_FLOAT(2015)的值。

```
SQL> SELECT TO_BINARY_FLOAT(2015) FROM dual;
```

运行结果：

```
TO_BINARY_FLOAT(2015)
---------------------
         2.008E+003
```

### 12. TO_CHAR(x[, format])

函数 TO_CHAR(x[, format])的功能是，将 x 转换为 VARCHAR2 字符串。x 取数字或日期时间类型数据，可选参数 format 指定 x 的格式。

**例 2-64**：求 TO_CHAR(sysdate, 'YYYY-MM-DD')、TO_CHAR(2015.0808, '9.9EEEE')的值。

```
SQL> SELECT TO_CHAR(sysdate, 'YYYY-MM-DD'),
  2    TO_CHAR(2015.0808, '9.9EEEE') FROM dual;
```

运行结果：

```
TO_CHAR(SY TO_CHAR(2))
---------- ---------
2015-07-14  2.0E+03
```

### 13. TO_ DATE(x[, format])

函数 TO_ DATE(x[, format])的功能是，将字符串 x 转换为 DATE 类型数据。可选参数 format 指定 x 的格式。

**例 2-65**：求 TO_DATE('2015-8-8 8:00:00', 'YYYY-MM-DD HH12:MI:SS')的值。

```
SQL> ALTER SESSION SET NLS_DATE_FORMAT = 'YYYY-MM-DD HH12:MI:SS';
```

会话已更改。

```
SQL> SELECT TO_DATE('2015-8-8 8:00:00', 'YYYY-MM-DD HH12:MI:SS') FROM dual;
```

运行结果：

```
TO_DATE('2015-8-8 8:00:00', 'YYYY-MM-DD HH12:MI:SS')
----------------------------------------------------
2015-08-08 08:00:00
```

## 上机实训：输出字符串 ASCII 值和字符

### 实训内容和要求

孙洋利用字符串函数编写代码，输出字符串 New Moon 中每个字符的 ASCII 值和字符。

### 实训步骤

输出字符串 New Moon 中每个字符的 ASCII 值和字符的代码如下：

```
SET TEXTSIZE 0
-- Create variables for the character string and for the current
-- position in the string.
DECLARE @position int, @string char(8)
-- Initialize the current position and the string variables.
SET @position = 1
SET @string = 'New Moon'
WHILE @position <= DATALENGTH(@string)
  BEGIN
SQL>  SELECT ASCII(SUBSTRING(@string, @position, 1)),
    CHAR(ASCII(SUBSTRING(@string, @position, 1)))
  SET @position = @position + 1
  END
GO
```

## 本 章 小 结

SQL(结构化查询语言)适用于绝大多数关系数据库。根据函数是对一行还是多行记录进行操作，SQL 函数分为单行函数和多行函数两种。其中，单行函数每次只对一行记录进行操作，并得到一行返回结果；多行函数每次可以对多行记录进行操作，但得到一行返回结果。SQL 单行函数主要有 5 种，分别为数字函数、字符函数、日期时间函数、转换函数和正则表达式函数。多行函数也被称为列函数或分组函数，如求平均值函数 AVG(x)。

　　本章主要介绍了 Oracle 内置的 SQL 函数，在学习了本章内容之后，读者能够了解 SQL 的特点、组成与功能；并且学会使用数字函数、字符函数、日期时间函数和转换函数。

# 习　　题

## 一、填空题

1. SQL 是_____的英文缩写，即结构化查询语言。

2. _____可以作为某个用户的专用数据部分，这样便于用户使用，提高了数据的独立性，有利于数据的安全保密性。

3. PL/SQL 是一种完全可移植的、高性能的事务处理语言，具有_____、_____、_____、_____、_____的特点。

4. CHAR 数据类型指定定长字符串，必须指定字符串的长度，其默认长度为 1 字节，其最大长度为_____字节。

5. 函数 ABS(x)的功能是，求 x 的_____。

6. 函数 ACOS(x)的功能是，求 x 的_____。

7. 函数 ASIN(x)的功能是，求 x 的_____。

8. 函数 ASCII(x)的功能是，返回单个字符 x 的_____，或字符串 x 首个字符的 ASCII 码。

9. 函数 ADD_MONTHS(x, n)的功能是，返回_____。

## 二、选择题

1. VARCHAR2 数据类型指定变长字符串。必须为其指定最大字节数，其最大长度为（　　）字节。

    A. 1000　　　　　B. 2000　　　　　C. 3000　　　　　D. 4000

2. NUMBER 数据类型用于存储零、正负定点数或浮点数，其最大精度为（　　）位。

    A. 35　　　　　　B. 36　　　　　　C. 37　　　　　　D. 38

3. LOB 可以存储到（　　）字节大小。

    A. 1G　　　　　　B. 2G　　　　　　C. 3G　　　　　　D. 4G

4. LOB 数据的控制通过（　　）包实现。

    A. DBMS_LOB　B. BLOB　　　　C. CLOB　　　　　D. BFILE

5. （　　）二进制数据可以存储到不同的表空间中。

    A. DBMS_LOB　B. BLOB　　　　C. CLOB　　　　　D. BFILE

6. ASIN(x)返回时，其中（　　），函数 ASIN (x)返回值的单位为弧度。

    A. $-1 \leqslant x \leqslant 1$　　B. $-2 \leqslant x \leqslant 2$　　C. $-3 \leqslant x \leqslant 3$　　D. $-4 \leqslant x \leqslant 4$

7. （　　）返回 x 的正弦值，其中 x 为弧度。

    A. SIN(x)　　　　B. SINH(x)　　　C. TANH(x)　　　D. TAN(x)

8. ( )返回 x 的双曲正弦值。

    A. SIN(x)        B. SINH(x)        C. TANH(x)        D. TAN(x)

9. ( )返回 x 的正切值,其中 x 为弧度。

    A. SIN(x)        B. SINH(x)        C. TANH(x)        D. TAN(x)

10. ( )返回 x 的双曲正切值。

    A. SIN(x)        B. SINH(x)        C. TANH(x)        D. TAN(x)

## 三、上机实验

实验一: 内容要求

(1) 列出工资在 1000~2000 元的所有员工的 ENAME、DID、SALARY。

(2) 显示 DEPT 表中的部门号和部门名称,并按部门名称排序。

实验二: 内容要求

(1) 列出部门号在 10~20 的所有员工,并按名字的字母排序。

(2) 显示名字中包含 TH 和 LL 的员工名字。

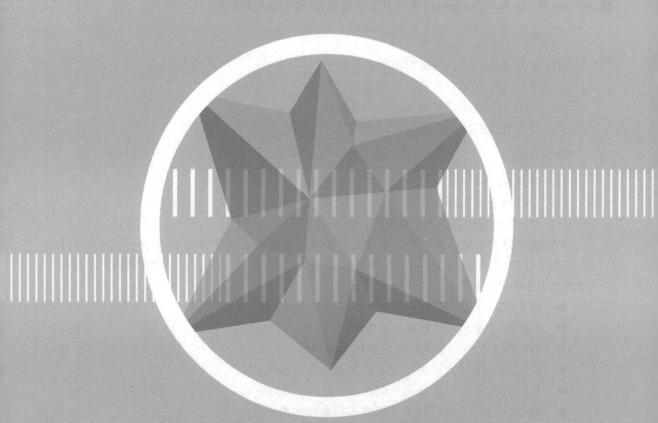

# 第 3 章

SQL 单表查询

**本章要点**

(1) 使用 SELECT 语句进行简单查询。

(2) 使用 SELECT 语句进行条件查询。

(3) 使用 SELECT 语句进行记录排序。

(4) 使用 SELECT 语句进行分组查询。

**学习目标**

(1) 学习 SELECT 语句的功能以及编写方法。

(2) 学习检查表数据库。

(3) 学习 GROUP BY 子句的使用。

SELECT 语句功能强大，语法也比较复杂。完整的 SELECT 语句由 6 个子句构成，分别为 SELECT 子句、FROM 子句、WHERE 子句、GROUP BY 子句、HAVING 子句和 ORDER BY 子句。6 个子句的功能分别如下。

- SELECT 子句，指定要获取表中哪些列数据。
- FROM 子句，指定数据来自哪个(些)表。
- WHERE 子句，指定获得哪些行数据。
- GROUP BY 子句，用于对表中数据进行分组统计。
- HAVING 子句，在对表中数据进行分组统计时，指定分组统计条件。
- ORDER BY 子句，指定使用哪几列来对结果进行排序。

**提示：** SELECT 子句和 FROM 子句是必选项，其余子句为可选项。当在 SELECT 语句中同时包含 WHERE、GROUP BY、HAVING、ORDER BY 等多个子句时，这些子句的使用是有一定顺序的，其中 ORDER BY 必须是最后一条子句。

使用 SELECT 子句和 FROM 子句的简单查询操作语句格式如下：

```
SELECT <*/expression1 [AS alias1],…> FROM table;
```

**提示：** SELECT 子句< >中的内容用于指定要检索的列，星号(*)表示检索所有列，expression 用于指定要检索的列或表达式，alias 用于指定列或表达式的别名。FROM 子句用于指定要检索的表。

为了检索表中指定列的数据，需要在 SELECT 关键字后指定列名。如果要检索一列以上的数据，列名之间需使用 "," (英文逗号)隔开。

# 3.1 条 件 查 询

范例数据库 students 及 teachers 等表中分别只有十几行数据，但在实际应用中，用户的数据量一般很大。因此，在大多数情况下，需要通过使用约束条件来查询显示所需要的数据行。使用 WHERE 子句可以指定约束条件。本节将详细介绍如何使用 SELECT 语句进行条件查询操作。含有 WHERE 子句的 SELECT 语句格式如下：

```
SELECT <*/expression1 [AS alias1],…> FROM table [WHERE condition(s)];
```

其中，WHERE 子句用于指定条件，condition(s)给出具体的条件表达式。当条件表达式返回 TRUE 值时，则会检索相应行的数据；当条件表达式为 FALSE 值时，则不会检索该行数据。表 3-1 所示为 WHERE 子句中使用的比较条件。

表 3-1　WHERE 子句中使用的比较条件

| 比较条件 | 功能描述 | 例　子 |
| --- | --- | --- |
| 算术比较条件 | | |
| = | 等于 | Name='赵迪帆' |
| > | 大于 | Bonus>600 |
| >= | 大于等于 | Bonus>=600 |
| < | 小于 | hire_date <'06-7 月-1994' |
| <= | 小于等于 | Bonus<=800 |
| <>、!= | 不等于 | Bonus<>800 |
| 包含测试 | | |
| IN | 在指定集合中 | department_id IN (101,103) |
| NOT IN | 不在指定集合中 | department_id NOT IN (101,103) |
| 范围测试 | | |
| BETWEEN...AND | 在指定范围内 | Wage BETWEEN 1000 AND 2000 |
| NOT BETWEEN...AND | 不在指定范围内 | Bonus NOT BETWEEN 600 AND 800 |
| 匹配测试 | | |
| LIKE | 与指定模式匹配 | Name LIKE '王%' |
| NOT LIKE | 不与指定模式匹配 | Name NOT LIKE '王%' |
| NULL 测试 | | |
| IS NULL | 是 NULL 值 | hire_date IS NULL |
| IS NOT NULL | 不是 NULL 值 | Bonus IS NOT NULL |
| 逻辑运算符 | | |
| AND | 逻辑与运算符 | Bonus>600 AND Name LIKE '王%' |
| OR | 逻辑或运算符 | Bonus>600 OR Name LIKE '王%' |
| NOT | 逻辑非运算符 | NOT Bonus=600 |

## 3.1.1　单一条件查询

单一条件查询，是指在 WHERE 子句 condition(s)中，同时只使用一个比较符构成查询条件。

### 1. 使用算术运算比较符

算术运算比较符主要有=、<、<=、>、>=、<>。

**例 3-1**：检索 teachers 表中工资大于等于 2000 元的教师信息。

```
SQL> SELECT name, hire_date, title, wage
```

```
2    FROM teachers WHERE wage >= 2000;
```

运行结果:

```
NAME            HIRE_DATE       TITLE       WAGE
--------        --------------  ------      ----------
王彤            01-9月 -90      教授         3000
孔世杰          06-7月 -94      副教授       2700
邹人文          21-1月 -96      讲师         2400
杨文化          03-10月-89      教授         3100
孙晴碧          11-5月 -98      讲师         2500
张珂            16-8月 -97      讲师         2700
齐沈阳          03-10月-89      高工         3100
臧海涛          29-6月 -99      工程师       2400
赵昆            18-2月 -96      讲师         2700
```

已选择 9 行。

**例 3-2:** 检索 students 表中计算机专业的学生信息。

```
SQL> SELECT student_id, name, specialty, dob
  2    FROM students WHERE specialty = '计算机';
```

运行结果:

```
STUDENT_ID  NAME        SPECIALTY    DOB
----------  ----------  ----------   ---------------
    10101   王晓芳       计算机        07-5月 -88
    10102   刘春苹       计算机        12-8月 -91
    10112   张纯玉       计算机        21-7月 -89
    10103   王天仪       计算机        26-12月-89
    10105   韩刘         计算机        03-8月 -91
    10128   白昕         计算机
```

已选择 6 行。

**例 3-3:** 检索 students 表中 1990 年 1 月 1 日以前出生的学生信息。

```
SQL> SELECT student_id, name, specialty, dob
  2    FROM students WHERE dob < '1-1月-1990';
```

运行结果:

```
STUDENT_ID  NAME     SPECIALTY      DOB
----------  -------  ----------     ---------------
    10101   王晓芳    计算机          07-5月 -88
    10207   王刚      自动化          03-4月 -87
    10112   张纯玉    计算机          21-7月 -89
    10318   张冬云    机电工程        26-12月-89
    10103   王天仪    计算机          26-12月-89
    10213   高淼      自动化          11-3月 -87
    10212   欧阳春岚  自动化          12-3月 -89
    10314   赵迪帆    机电工程        22-9月 -89
    10312   白菲菲    机电工程        07-5月 -88
```

已选择 9 行。

### 2. 使用包含测试

包含测试是在 WHERE 子句中使用 IN 条件，IN 条件被用来显示一个组中的成员关系。当有一个满足条件的离散值列表时，会用到 IN 条件。所有这些有效值将被作为一个逗号分隔的列表放入圆括号中。所有这些值必须有相同的数据类型——数字、字符或日期。所有这些值可以是数字、字符或日期类型，混合使用这些类型是不合理的。更确切地说，在测试列的时候，这些值都必须具有相同的数据类型。

有时可以在代码中使用 IN 条件检验 10～50 个不同的值。在这种情况下，使用 IN 条件编写代码要比使用许多等于条件编写代码更有效。本书中的例子无法显示这种有效性，因为它们只检验了 2 到 3 个值。

**例 3-4**：检索 teachers 表中获得奖金为 500 元和 600 元的教师信息。

```
SQL> SELECT name, hire_date, title, bonus
  2    FROM teachers WHERE bonus IN(500,600);
```

运行结果：

```
NAME        HIRE_DATE      TITLE     BONUS
--------    --------------  ------    ----------
邹人文       21-1 月 -96     讲师       600
韩冬梅       01-8 月 -02     助教       500
崔天         05-9 月 -00     助教       500
孙晴碧       11-5 月 -98     讲师       600
车东日       05-9 月 -01     助教       500
臧海涛       29-6 月 -99     工程师     600

已选择 6 行。
```

**例 3-5**：检索 students 表中 1990 年 10 月 8 日及 1989 年 12 月 26 日出生的学生信息。

```
SQL> SELECT student_id, name, specialty, dob
  2    FROM students WHERE dob IN ('08-10 月-1990','26-12 月-1989');
```

运行结果：

```
STUDENT_ID   NAME      SPECIALTY     DOB
----------   --------- ----------    ------------
    10301    高山       机电工程       08-10 月-90
    10318    张冬云     机电工程       26-12 月-89
    10103    王天仪     计算机         26-12 月-89
```

### 3. 使用范围测试

范围测试是在 WHERE 子句中使用 BETWEEN...AND 操作符，用于指定一个范围条件。在 BETWEEN 操作符后指定一个较小的值，在 AND 操作符后指定一个较大的值。BETWEEN...AND 条件可以应用于数字、字符和日期型数据。

**例 3-6**：检索 teachers 表中获得奖金在 500～600 元的教师信息。

```
SQL> SELECT name, hire_date, title, bonus
  2    FROM teachers WHERE bonus BETWEEN 500 AND 600;
```

运行结果：

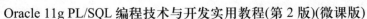

```
NAME        HIRE_DATE       TITLE       BONUS
--------    --------------  ------      ------
邹人文      21-1月 -96      讲师         600
韩冬梅      01-8月 -02      助教         500
崔天        05-9月 -00      助教         500
孙晴碧      11-5月 -98      讲师         600
车东日      05-9月 -01      助教         500
臧海涛      29-6月 -99      工程师       600
```

已选择 6 行。

### 4．使用匹配测试

匹配测试是在 WHERE 子句中使用 LIKE 条件的查询，LIKE 条件被用于数据的查找模式。这些模式是使用通配符指定的，通配符只用于 LIKE 条件。可以使用一种模式来匹配测试任意一种主要数据类型(文本、数字或日期)的一个列。通配符及其功能如表 3-2 所示。

表 3-2　Oracle 通配符及其功能

| Oracle 通配符 | 功能描述 |
| --- | --- |
| %(百分号) | 表示 0 个或多个字符 |
| _(下划线) | 表示单个字符 |

**例 3-7：** 检索 students 表中所有"王"姓的学生信息。

```sql
SQL> SELECT student_id, name, specialty, dob
  2    FROM students WHERE name LIKE '王%';
```

运行结果：

```
STUDENT_ID    NAME        SPECIALTY       DOB
----------    ----------  ----------      ---------------
     10101    王晓芳      计算机          07-5月 -88
     10207    王刚        自动化          03-4月 -87
     10103    王天仪      计算机          26-12月 -89
```

### 5．使用空值测试

空值测试是在 WHERE 子句中使用 IS NULL 条件。空值(NULL)用来在数据库表中表示实际值未知或未确定的情况。注意，必须将这个条件写成"IS NULL"，而不是"= NULL"。这就说明 NULL 是一个未知或未确定的数据，与表中其他数据不同，它没有一个特定值。

> **提示：** 任何数据类型的列，只要没有使用非空(NOT NULL)或主键(PRIMARY KEY)完整性限制，都可能出现空值。在实际应用中，如果忽略空值的存在，将会造成麻烦。

**例 3-8：** 检索 teachers 表中奖金未定的教师信息。

```sql
SQL> SELECT name, hire_date, title, bonus
  2    FROM teachers WHERE bonus IS NULL;
```

运行结果：

| NAME | HIRE_DATE | TITLE | BONUS |
|------|-----------|-------|-------|
| 王晓 | 05-9月 | -07 | |
| 张笑 | 29-9月 | -07 | |
| 赵天宇 | 18-9月 | -07 | |

**例 3-9**：检索 teachers 表中无职称的教师信息。

```
SQL> SELECT name, hire_date, title, bonus
  2   FROM teachers WHERE title IS NULL;
```

运行结果：

| NAME | HIRE_DATE | TITLE | BONUS |
|------|-----------|-------|-------|
| 王晓 | 05-9月 -07 | | |
| 张笑 | 29-9月 -07 | | |
| 赵天宇 | 18-9月 -07 | | |

**例 3-10**：检索 students 表中出生日期未知的学生信息。

```
SQL> SELECT student_id, name, specialty, dob
  2   FROM students WHERE dob IS NULL;
```

运行结果：

| STUDENT_ID | NAME | SPECIALTY | DOB |
|------------|------|-----------|-----|
| 10328 | 曾程程 | 机电工程 | |
| 10128 | 白昕 | 计算机 | |
| 10228 | 林紫寒 | 自动化 | |

## 3.1.2　复合条件查询

3.1.1 小节在 WHERE 子句中使用了一些简单的条件。本节将讨论如何把几个简单条件组合成一个复合条件。当处理包含很多行的表时，使用复合条件能查询到想要的一组特定行。

WHERE 子句中的复合条件将涉及逻辑运算符 AND、OR 和 NOT。如果处理包含一百万或者更多行的大型表，可能需要在 WHERE 子句中使用比较复杂的条件来指定结果表需要的行集合。逻辑 AND 运算和 OR 运算为双操作数逻辑运算符，而 NOT 运算为单操作数逻辑运算符，它们的运算法则如表 3-3～表 3-5 所示。

表 3-3　AND 运算法则

| 表达式 A 的值 | 表达式 B 的值 | A AND B 的值 |
|:---:|:---:|:---:|
| TRUE | TRUE | TRUE |
| TRUE | FALSE | FALSE |
| FALSE | TRUE | FALSE |
| FALSE | FALSE | FALSE |

表 3-4  OR 运算法则

| 表达式 A 的值 | 表达式 B 的值 | A OR B 的值 |
|---|---|---|
| TRUE | TRUE | TRUE |
| TRUE | FALSE | TRUE |
| FALSE | TRUE | TRUE |
| FALSE | FALSE | FALSE |

表 3-5  NOT 运算法则

| 表达式 A 的值 | NOT A 的值 |
|---|---|
| TRUE | FALSE |
| FALSE | TRUE |

注 意：NOT 操作符主要与 BETWEEN…AND、LIKE、IN 以及 IS NULL 结合使用。

下面举例说明在 WHERE 子句中使用这三种逻辑运算符的方法。

### 1．分别使用逻辑运算符

1)  逻辑运算符 AND

逻辑运算符 AND 就是"且"的意思，即由 AND 运算符连接的两个条件必须同时满足，才能获得逻辑真值。例如，查询 SALES 部门的 MANAGER(销售部门经理)的姓名，语句如下所示：

```
SQL> SELECT ENAME FROM SCOTT.EMP,SCOTT.DEPT
  2  WHERE DNAME='SALES'
  3  AND JOB='MANAGER'
  4  AND EMP.DEPTNO=DEPT.DEPTNO;
```

运行结果：

```
ENAME
----------
BLAKE
```

例 3-11：检索 students 表中计算机专业男生的学生信息。

```
SQL> SELECT student_id, name, sex, specialty
  2    FROM students WHERE specialty = '计算机' AND sex = '男';
```

运行结果：

```
STUDENT_ID NAME     SEX    SPECIALTY
---------- -------- ------ ----------
     10112 张纯玉    男     计算机
     10103 王天仪    男     计算机
     10105 韩刘      男     计算机
     10128 白昕      男     计算机
```

2)　逻辑运算符 OR

逻辑运算符 OR 就是"或"的意思，即由 OR 运算符连接的两个条件中只要满足任意一个，即可获得逻辑真值。例如，查询欧洲或者美洲的国家，语句如下所示：

```
SQL> SELECT COUNTRY_NAME FROM SH.COUNTRIES
  2  WHERE COUNTRY_REGION='Europe'
  3  OR COUNTRY_REGION='Americas';

COUNTRY_NAME
----------------------------------------
United States of America
Germany
United Kingdom
The Netherlands
Ireland
Denmark
France
Spain
Turkey
Poland
Brazil

COUNTRY_NAME
----------------------------------------
Argentina

已选择 12 行。
```

**例 3-12：** 检索 students 表中计算机和自动化专业的学生信息。

```
SQL> SELECT student_id, name, sex, specialty
  2    FROM students WHERE specialty = '计算机' OR specialty = '自动化';
```

运行结果：

```
STUDENT_ID NAME    SEX   SPECIALTY
---------- ------- ----- ----------
     10101 王晓芳   女    计算机
     10205 李秋枫   男    自动化
     10102 刘春苹   女    计算机
     10207 王刚     男    自动化
     10112 张纯玉   男    计算机
     10103 王天仪   男    计算机
     10201 赵风雨   男    自动化
     10105 韩刘     男    计算机
     10213 高淼     男    自动化
     10212 欧阳春岚 女    自动化
     10128 白昕     男    计算机
     10228 林紫寒   女    自动化

已选择 12 行。
```

3)　逻辑运算符 NOT

逻辑运算符 NOT 是"非"的意思，即 NOT 运算符后面的条件不满足时获得逻辑真值。例如，查询非欧美国家，语句如下所示：

```
SQL> SELECT COUNTRY_NAME FROM SH.COUNTRIES
  2  WHERE NOT COUNTRY_REGION='Europe'
  3  AND NOT COUNTRY_REGION='Americas';
```

运行结果：

```
COUNTRY_NAME
----------------------------------------
Malaysia
Japan
India
Australia
New Zealand
South Africa
Saudi Arabia

已选择 7 行。
```

**例 3-13**：检索 students 表中不是计算机专业的学生信息。

```
SQL> SELECT student_id, name, sex, specialty
  2    FROM students WHERE NOT specialty = '计算机';
```

运行结果：

```
STUDENT_ID  NAME        SEX     SPECIALTY
----------  ---------   ------  ----------
     10205  李秋枫       男      自动化
     10301  高山        男      机电工程
     10207  王刚        男      自动化
     10318  张冬云       女      机电工程
     10201  赵风雨       男      自动化
     10311  张杨        男      机电工程
     10213  高淼        男      自动化
     10212  欧阳春岚      女      自动化
     10314  赵迪帆       男      机电工程
     10312  白菲菲       女      机电工程
     10328  曾程程       男      机电工程
     10228  林紫寒       女      自动化

已选择 12 行。
```

**2. 组合使用逻辑条件**

在逻辑运算符 AND、OR、NOT 中，NOT 优先级最高，AND 其次，OR 最低。并且它们的优先级低于任何一种比较操作符。这三个逻辑运算符如果要改变优先级，则需要使用括号。

**例 3-14**：检索 students 表中计算机专业的女生，机电工程专业的男生的学生信息。

```
SQL> SELECT student_id, name, sex, specialty FROM students
  2    WHERE specialty = '计算机' AND sex = '女'
  3       OR specialty = '机电工程' AND sex = '男';
```

运行结果：

```
STUDENT_ID    NAME      SEX     SPECIALTY
----------  ----------  ------  ----------
     10101    王晓芳      女       计算机
     10102    刘春苹      女       计算机
     10301    高山        男       机电工程
     10311    张杨        男       机电工程
     10314    赵迪帆      男       机电工程
     10328    曾程程      男       机电工程

已选择 6 行。
```

**例 3-15**：检索 teachers 表中不是工程师，并且 2002 年 1 月 1 日前参加工作，工资低于 3000 元的教师信息。

```
SQL> SELECT name, hire_date, title, bonus, wage FROM teachers
  2     WHERE NOT title = '工程师'
  3          AND hire_date < '1-1月-2002' AND wage < 3000;
```

运行结果：

```
NAME        HIRE_DATE      TITLE     BONUS      WAGE
--------  -------------  --------  ---------  ----------
孔世杰      06-7月 -94     副教授      800       2700
邹人文      21-1月 -96     讲师        600       2400
崔天        05-9月 -00     助教        500       1900
孙晴碧      11-5月 -98     讲师        600       2500
张珂        16-8月 -97     讲师        700       2700
车东日      05-9月 -01     助教        500       1900
赵昆        18-2月 -96     讲师        800       2700

已选择 7 行。
```

# 3.2  记 录 排 序

执行 SELECT 语句时，若没有指定显示查询结果数据行的先后顺序，此时会按照表中数据插入的先后顺序来显示数据行。但在实际应用中，经常需要按特定的顺序排列数据。使用含有 ORDER BY 子句的 SELECT 语句可以达到此目的。其语句格式如下：

```
SELECT <*/expression1 [AS alias1],…> FROM table [WHERE condition(s)]
[ORDER BY expression1 [ASC | DESC],…];
```

其中，ORDER BY 子句的 expression 用于指定排序所依据的列或表达式，ASC 关键字指定进行升序排序(默认)，DESC 关键字指定进行降序排序。

## 3.2.1  按单一列排序

按单一列排序，是指 ORDER BY 子句的 expression 只指定一个列或一个表达式。

### 1. 升序排序

升序排序，是按照 ORDER BY 子句的 expression 指定的列或表达式的值，从小到大排列数据行。在 Oracle 数据库中，当按升序排序时，如果所指定的排序列包含有 NULL 值的记录行，那么这些记录行会排列在最后面。

例 3-16：按工资由小到大的顺序检索 teachers 表。

```
SQL> SELECT name, hire_date, title, bonus, wage
  2    FROM teachers ORDER BY wage ASC;
```

运行结果：

| NAME | HIRE_DATE | TITLE | BONUS | WAGE |
| --- | --- | --- | --- | --- |
| 王晓 | 05-9月 -07 | | | 1000 |
| 张笑 | 29-9月 -07 | | | 1000 |
| 赵天宇 | 18-9月 -07 | | | 1000 |
| 韩冬梅 | 01-8月 -02 | 助教 | 500 | 1800 |
| 崔天 | 05-9月 -00 | 助教 | 500 | 1900 |
| 车东日 | 05-9月 -01 | 助教 | 500 | 1900 |
| 臧海涛 | 29-6月 -99 | 工程师 | 600 | 2400 |
| 邹人文 | 21-1月 -96 | 讲师 | 600 | 2400 |
| 孙晴碧 | 11-5月 -98 | 讲师 | 600 | 2500 |
| 张珂 | 16-8月 -97 | 讲师 | 700 | 2700 |
| 孔世杰 | 06-7月 -94 | 副教授 | 800 | 2700 |
| 赵昆 | 18-2月 -96 | 讲师 | 800 | 2700 |
| 王彤 | 01-9月 -90 | 教授 | 1000 | 3000 |
| 杨文化 | 03-10月-89 | 教授 | 1000 | 3100 |
| 齐沈阳 | 03-10月-89 | 高工 | 1000 | 3100 |

已选择 15 行。

例 3-17：按工资由小到大的顺序检索 teachers 表(升序排序可省略 ASC)。

```
SQL> SELECT name, hire_date, title, bonus, wage
  2    FROM teachers ORDER BY wage;
```

运行结果：

| NAME | HIRE_DATE | TITLE | BONUS | WAGE |
| --- | --- | --- | --- | --- |
| 王晓 | 05-9月 -07 | | | 1000 |
| 张笑 | 29-9月 -07 | | | 1000 |
| 赵天宇 | 18-9月 -07 | | | 1000 |
| 韩冬梅 | 01-8月 -02 | 助教 | 500 | 1800 |
| 崔天 | 05-9月 -00 | 助教 | 500 | 1900 |
| 车东日 | 05-9月 -01 | 助教 | 500 | 1900 |
| 臧海涛 | 29-6月 -99 | 工程师 | 600 | 2400 |
| 邹人文 | 21-1月 -96 | 讲师 | 600 | 2400 |
| 孙晴碧 | 11-5月 -98 | 讲师 | 600 | 2500 |
| 张珂 | 16-8月 -97 | 讲师 | 700 | 2700 |
| 孔世杰 | 06-7月 -94 | 副教授 | 800 | 2700 |
| 赵昆 | 18-2月 -96 | 讲师 | 800 | 2700 |
| 王彤 | 01-9月 -90 | 教授 | 1000 | 3000 |
| 杨文化 | 03-10月-89 | 教授 | 1000 | 3100 |
| 齐沈阳 | 03-10月-89 | 高工 | 1000 | 3100 |

已选择 15 行。

### 2．降序排序

降序排序，是按照 ORDER BY 子句的 expression 指定的列或表达式的值，从大到小排列数据行。在 Oracle 数据库中，当按降序排序时，如果所指定的排序列包含 NULL 值的记录行，那么这些记录行会排列在最前面。

另外，如果在 SELECT 子句中为列或表达式指定了别名，那么当执行排序操作时，既可以使用列或表达式进行排序，也可以使用列或表达式的别名进行排序；如果列名或表达式名称较长，那么使用列位置序号排序可以缩短排序语句的长度。下面两个例子，分别说明了使用列序号和列别名进行排序的方法。

**例 3-18**：按学生姓名降序检索 students 表(使用列序号)。汉字排序，按其拼音对应的英文字母的顺序进行。

```
SQL> SELECT student_id, name, specialty, dob
  2    FROM students ORDER BY 2 DESC;
```

运行结果：

```
STUDENT_ID   NAME       SPECIALTY   DOB
----------   --------   ---------   -------------
     10201   赵风雨      自动化       25-10 月-90
     10314   赵迪帆      机电工程      22-9 月 -89
     10311   张杨        机电工程      08-5 月 -90
     10318   张冬云      机电工程      26-12 月-89
     10112   张纯玉      计算机       21-7 月 -89
     10328   曾程程      机电工程
     10101   王晓芳      计算机       07-5 月 -88
     10103   王天仪      计算机       26-12 月-89
     10207   王刚        自动化       03-4 月 -87
     10212   欧阳春岚    自动化       12-3 月 -89
     10102   刘春苹      计算机       12-8 月 -91
     10228   林紫寒      自动化
     10205   李秋枫      自动化       25-11 月-90
     10105   韩刘        计算机       03-8 月 -91
     10213   高淼        自动化       11-3 月 -87
     10301   高山        机电工程      08-10 月-90
     10128   白昕        计算机
     10312   白菲菲      机电工程      07-5 月 -88
```

已选择 18 行。

**例 3-19**：按出生日期降序检索 students 表(使用列别名)。

```
SQL> SELECT name AS "姓名", dob AS "出生日期"
  2    FROM students ORDER BY "出生日期" DESC;
```

运行结果:

```
姓名          出生日期
----------  --------------
白昕
林紫寒
曾程程
刘春苹        12-8 月 -91
韩刘          03-8 月 -91
李秋枫        25-11 月-90
赵风雨        25-10 月-90
高山          08-10 月-90
张杨          08-5 月 -90
张冬云        26-12 月-89
王天仪        26-12 月-89
赵迪帆        22-9 月 -89
张纯玉        21-7 月 -89
欧阳春岚      12-3 月 -89
王晓芳        07-5 月 -88
白菲菲        07-5 月 -88
王刚          03-4 月 -87
高淼          11-3 月 -87

已选择 18 行。
```

## 3.2.2 按多列排序

按多列排序,是指 ORDER BY 子句的 expression 指定一个以上列或表达式。查询结果中的数据行首先按 expression 指定的第一个列进行排序,然后根据 expression 指定的第二个列进行排序,以此类推。

例 3-20:按专业、姓名升序检索 students 表。

```sql
SQL> SELECT student_id, name, specialty, dob
  2    FROM students ORDER BY specialty, name;
```

运行结果:

```
STUDENT_ID  NAME        SPECIALTY   DOB
----------  ----------  ----------  ---------------
     10312  白菲菲       机电工程     07-5 月 -88
     10301  高山         机电工程     08-10 月-90
     10328  曾程程       机电工程
     10318  张冬云       机电工程     26-12 月-89
     10311  张杨         机电工程     08-5 月 -90
     10314  赵迪帆       机电工程     22-9 月 -89
     10128  白昕         计算机
     10105  韩刘         计算机       03-8 月 -91
     10102  刘春苹       计算机       12-8 月 -91
     10103  王天仪       计算机       26-12 月-89
     10101  王晓芳       计算机       07-5 月 -88
     10112  张纯玉       计算机       21-7 月 -89
```

| | | | |
|---|---|---|---|
| 10213 | 高淼 | 自动化 | 11-3 月 -87 |
| 10205 | 李秋枫 | 自动化 | 25-11 月-90 |
| 10228 | 林紫寒 | 自动化 | |
| 10212 | 欧阳春岚 | 自动化 | 12-3 月 -89 |
| 10207 | 王刚 | 自动化 | 03-4 月 -87 |
| 10201 | 赵风雨 | 自动化 | 25-10 月-90 |

已选择 18 行。

**例 3-21**：按专业升序、姓名降序检索 students 表。

```
SQL> SELECT student_id, name, specialty, dob
  2    FROM students ORDER BY specialty, name DESC;
```

运行结果：

| STUDENT_ID | NAME | SPECIALTY | DOB |
|---|---|---|---|
| 10314 | 赵迪帆 | 机电工程 | 22-9 月 -89 |
| 10311 | 张杨 | 机电工程 | 08-5 月 -90 |
| 10318 | 张冬云 | 机电工程 | 26-12 月-89 |
| 10328 | 曾程程 | 机电工程 | |
| 10301 | 高山 | 机电工程 | 08-10 月-90 |
| 10312 | 白菲菲 | 机电工程 | 07-5 月 -88 |
| 10112 | 张纯玉 | 计算机 | 21-7 月 -89 |
| 10101 | 王晓芳 | 计算机 | 07-5 月 -88 |
| 10103 | 王天仪 | 计算机 | 26-12 月-89 |
| 10102 | 刘春苹 | 计算机 | 12-8 月 -91 |
| 10105 | 韩刘 | 计算机 | 03-8 月 -91 |
| 10128 | 白昕 | 计算机 | |
| 10201 | 赵风雨 | 自动化 | 25-10 月-90 |
| 10207 | 王刚 | 自动化 | 03-4 月 -87 |
| 10212 | 欧阳春岚 | 自动化 | 12-3 月 -89 |
| 10228 | 林紫寒 | 自动化 | |
| 10205 | 李秋枫 | 自动化 | 25-11 月-90 |
| 10213 | 高淼 | 自动化 | 11-3 月 -87 |

已选择 18 行。

# 3.3　分　组　查　询

查询结果中的数据可以是原表整个列中数据的分组统计值。比如要统计不同专业的学生人数、教师的平均工资、教师的工资总和等，通过使用列函数、GROUP BY 子句和 HAVING 子句来共同完成此类操作。

含有 GROUP BY 子句和 HAVING 子句的 SELECT 语句格式如下：

```
SELECT <*/expression1 [AS alias1],…> FROM table [WHERE condition(s)]
[GROUP BY expression1, …] [HAVING condition(s)];
```

SELECT 子句中，expression 用于指定选择列表中的列或表达式，其中可以包含列函数，用于指定分组函数；GROUP BY 子句中，expression 用于指定分组表达式；HAVING 子句中，condition 用于指定限制分组结果的条件。

## 3.3.1 列函数及其应用

表中的数据使用列函数进行统计，列函数会检查列中的所有数据。这一操作涉及原表的每一行，总是形成一个单行的统计结果。例如，结果可能是列中所有数值的和或者平均值等。一般情况下，列函数应与 GROUP BY 子句结合使用，以便达到分组统计的效果。本节没有使用 GROUP BY 子句，在这种情况下，原表所有的行被分为一个组。

Oracle 数据库提供了大量的列函数，在这里介绍其中最常用的几个列函数，如表 3-6 所示。

表 3-6    列函数概述

| 列 函 数 | 功能描述 |
|---|---|
| 用于字符、数值、日期型数据的列函数 | |
| MAX(column) | 求出列或表达式的最大值 |
| MIN(column) | 求出列或表达式的最小值 |
| COUNT(*) | 用于记录指定表的总行数 |
| COUNT(column) | 列不为 NULL 的行数 |
| COUNT(distinct column) | column 指定列中相异值的数量 |
| 只用于数值型数据的列函数 | |
| SUM(column) | 计算列或表达式中所有值的总和 |
| AVG(column) | 计算列或表达式的平均值 |
| STDDEV(column) | 用于求出列或表达式的标准偏差 |
| VARIANCE(column) | 用于求出列或表达式的方差 |

其中，除函数 COUNT(*)外，其他列函数都不考虑列或表达式为 NULL 的情况。下面举例说明。

**例 3-22**：计算全体教师的平均工资。函数 AVG()用于计算列或表达式的平均值，它只适用于数字类型。

```
SQL> SELECT AVG(wage) FROM teachers;
```

运行结果：

```
 AVG(WAGE)
----------
2213.33333
```

**例 3-23**：统计全体学生人数。函数 COUNT(*)用于记录指定表的总行数。

```
SQL> SELECT COUNT(*) FROM students;
```

```
  COUNT(*)
----------
        18
```

**例 3-24**：找出全体学生中年龄最大的及最小的出生日期。函数 MAX()用于求出列或表达式的最大值，函数 MIN()用于求出列或表达式的最小值，二者适用于任何数据类型。

```
SQL> SELECT MAX(dob), MIN(dob) FROM students;
```

运行结果：

```
MAX(DOB)       MIN(DOB)
-------------- --------------
12-8月 -91     11-3月 -87
```

**例 3-25**：求全体教师的工资总额。函数 SUM()用于计算列或表达式中所有值的总和，它只适用于数字类型。

```
SQL> SELECT SUM(wage) FROM teachers;
```

运行结果：

```
SUM(WAGE)
----------
    33200
```

**例 3-26**：求全体教师工资的方差。函数 VARIANCE()用于求出列或表达式的方差，该函数只适用于数字类型。当只有一行数据时，方差函数 VARIANCE()值返回 0；当存在多行数据时，方差函数 VARIANCE()的值按照下面的公式计算得到：

```
(SUM(expression)2-SUM(expression)2/COUNT(expression))/(COUNT(expression)-1)
SQL> SELECT VARIANCE(wage) FROM teachers;
```

运行结果：

```
VARIANCE(WAGE)
--------------
    559809.524
```

**例 3-27**：求全体教师工资的标准偏差。函数 STDDEV()用于求出列或表达式的标准偏差，该函数只适用于数字类型。当只有一行数据时，标准偏差函数 STDDEV()值返回 0；当存在多行数据时，Oracle 按照方差函数 VARIANCE()值的平方根来计算得到标准偏差。

```
SQL> SELECT STDDEV(wage) FROM teachers;
```

运行结果：

```
STDDEV(WAGE)
------------
 748.204199
```

## 3.3.2　GROUP BY 子句

通过使用 GROUP BY 子句，可以在表中达到数据分组的目的。将表的行分为若干组，这些组中的行不互相重复。然后通过列函数分别统计每个组，这样每个组都有一个统计值。

包含 GROUP BY 子句的 SELECT 语句的语法如下：

```
SELECT column_1, …, column n
```

```
FROM tablename
GROUP BY columnname 1, …, columnname n
```

在 SELECT 语句的 SELECT 子句中使用组函数时，必须把未分组数列放置在 GROUP BY 子句中，如果没有用 GROUP BY 进行专门处理，那么默认的分类是将整个结果设为一类。

例如：

```
select stat,counter(*) zip_count
from zip_codes
GROUP BY state;ST ZIP_COUNT
-- ---------
AK 360AL 1212AR 1309AZ 768CA 3982
```

在这个例子中，用 state 字段分类。如果要将结果按照 zip_codes 排序，可以用 ORDER BY 子句，ORDER BY 子句可以使用列或组函数。

例如：

```
select stat,counter(*) zip_count
from zip_codes
GROUP BY state
ORDER BY COUNT(*) DESC;ST COUNT(*)
-- ---------
NY 4312PA 4297TX 4123CA 3982
```

> **提示**：GROUP BY 子句在按列值升序排序后(默认)，仅仅定位唯一的列值。GROUP BY 子句不像 ORDER BY 子句，尽管它也按升序对列值进行排序，但它不清除重复的列值。

在 GROUP BY 子句中，expression 用于指定分组表达式，可以指定一个或多个表达式作为分组依据。当依据单列(或单个表达式)进行分组时，会基于列的每个不同值生成一个数据统计结果(见例 3-28)；当依据多列或多个表达式进行分组时，会基于多个列的不同值生成数据统计结果(见例 3-29)。

**例 3-28**：按系部号对 teachers 表进行分组。

```
SQL> SELECT department_id FROM teachers GROUP BY department_id;
```

运行结果：

```
DEPARTMENT_ID
-------------
          102
          101
          103
```

**例 3-29**：按系部号及职称对 teachers 表进行分组。

```
SQL> SELECT department_id, title
  2    FROM teachers GROUP BY department_id, title;
```

运行结果：

```
DEPARTMENT_ID TITLE
------------- ------
```

```
        101 副教授
        103 讲师
        101
        101 讲师
        101 助教
        103 高工
        103 助教
        102
        102 教授
        103 工程师
        103
        101 教授
        102 助教
        102 讲师
```

已选择 14 行。

**例 3-30**：查询每一个系部的教师工资最大值和最小值。

```
SQL> SELECT department_id, MAX(wage), MIN(wage)
  2    FROM teachers GROUP BY department_id;
```

运行结果：

```
DEPARTMENT_ID  MAX(WAGE)  MIN(WAGE)
-------------  ---------  ---------
          102       3100       1000
          101       3000       1000
          103       3100       1000
```

## 3.3.3　HAVING 子句

　　GROUP BY 子句用于指定分组的依据，而 HAVING 子句则指定条件，用于限制分组显示结果。HAVING 子句中 condition 用于指定限制分组结果的条件。HAVING 子句必须与 GROUP BY 子句一起使用，而 GROUP BY 子句通常是单独使用的。

**例 3-31**：检索平均工资高于 2200 元的系部，显示系部号、平均工资。

```
SQL> SELECT department_id, AVG(wage) FROM teachers
  2    GROUP BY department_id HAVING AVG(wage) > 2200;
```

运行结果：

```
DEPARTMENT_ID  AVG(WAGE)
-------------  ---------
          102       2240
          103       2220
```

**例 3-32**：在工资低于 3000 元的教师中检索平均工资高于 2000 元的系部，显示系部号、平均工资。同时使用 WHERE 子句、GROUP BY 子句以及 HAVING 子句。

```
SQL> SELECT department_id, AVG(wage) FROM teachers
  2    WHERE wage < 3000 GROUP BY department_id HAVING AVG(wage) > 2000;
```

运行结果：

```
DEPARTMENT_ID  AVG(WAGE)
-------------  ----------
          102       2025
```

**例 3-33**：在工资低于 3000 元的教师中检索平均工资大于等于 2000 元的系部，显示系部号、平均工资，并将显示结果按平均工资升序排列。使用 ORDER BY 子句改变分组查询输出结果的顺序。

```
SQL> SELECT department_id, AVG(wage) FROM teachers
  2    WHERE wage < 3000 GROUP BY department_id
  3    HAVING AVG(wage) >= 2000 ORDER BY 2;
```

运行结果：

```
DEPARTMENT_ID  AVG(WAGE)
-------------  ----------
          103       2000
          102       2025
```

# 上机实训：对 PAY_TABLE 表进行编辑操作

## 实训内容和要求

李江月创建了名为 PAY_TABLE 的表，对其进行查询、修改操作。

## 实训步骤

(1) 对 PAY_TABLE 表写一个查询所有记录的过程。

```
SQL> CREATE or replace procedure pay_table_Pro1 as
  2  cursor my_cursor is
  3  select * from pay_table;
  4  begin
  5     dbms_output.put_line('name   pay_type  pay_rate  eff_date  prev_pay');
  6     for info in my_cursor loop
  7     dbms_output.put_line(info.name||'  '||info.pay_type||'
'||info.pay_rate||'  '||info.eff_date||'  '||info.prev_pay);
  8     end loop;
  9  end pay_table_Pro1;
 10  /

Procedure created

SQL> exec pay_table_Pro1;
name   pay_type  pay_rate  eff_date  prev_pay
SANDRA SAMUELS   SALARY  31937.5   01-1月 -04
ROBERT BOBAY     SALARY  29382.5   15-5月 -03
KEITH  JONES     SALARY  25550     31-10月-04
SUSAN  WILLIAMS  SALARY  24911.25  01-5月 -04
```

```
CHRISSY ZOES   SALARY   50000   01-1月 -04
CLODE EVANS    SALARY   42150   01-3月 -04
JOHN SMITH     SALARY   35000   15-6月 -03
KEVIN TROLLBERG   SALARY   27500   15-6月 -03
yanglz     salary   60000   15-6月 -13

PL/SQL procedure successfully completed
```

(2) 写一个过程，实现如下要求：对工作时间超过 8 个月的职员，如果 PAY_TYPE 是 HOURLY，则改为 SALARY，并将 PAY_RATE 改为按每天 7 小时工作的年薪。

```
SQL>  CREATE or replace procedure updatepay_pro3 is
  2     begin
  3       UPDATE pay_table set pay_type='SALARY',pay_rate=pay_rate*7*365
WHERE (sysdate-eff_date)/365*12>8 AND pay_type='HOURLY';
  4     end updatepay_pro3;
  5   /

Procedure created

SQL> exec updatepay_pro3;

PL/SQL procedure successfully completed

SQL> SELECT * FROM pay_table;
```

运行结果：

```
NAME                  PAY_TYPE   PAY_RATE    EFF_DATE     PREV_PAY
-------------------   --------   ----------  ----------   ----------
  SANDRA SAMUELS      SALARY     31937.50    2004/1/1
  ROBERT BOBAY        SALARY     29382.50    2003/5/15
  KEITH  JONES        SALARY     25550.00    2004/10/31
  SUSAN WILLIAMS      SALARY     24911.25    2004/5/1
  CHRISSY ZOES        SALARY     50000.00    2004/1/1
  CLODE EVANS         SALARY     42150.00    2004/3/1
  JOHN SMITH          SALARY     35000.00    2003/6/15
  KEVIN TROLLBERG     SALARY     27500.00    2003/6/15
  yanglz              salary     60000.00    2013/6/15

9 rows selected
```

# 本 章 小 结

所谓查询，就是从数据库中找到满足用户要求的数据。数据查询(SELECT)语句可以从一个或多个表、视图或快照中检索数据。用户要对表或快照进行查询操作，该表或快照必须在用户自己的模式中，或者用户在这些对象上具有 SELECT 权限。用户要查询视图的基表的行，在该表上也必须有 SELECT 权限。本章详细介绍了 SELECT 语句在一个表中进行数据检索的使用方法。在学习了本章之后，读者应该已经学会使用 SELECT 子句和 FROM 子句的简单查询；使用 WHERE 子句进行条件查询；使用 ORDER BY 子句对记录行进行排序；使用 GROUP BY 和 HAVING 子句对记录行进行分组查询。

# 习　题

## 一、填空题

1. 如果要检索一列以上的数据，列名之间需使用＿＿＿＿＿＿＿＿＿＿＿隔开。
2. SELECT 子句<>中，＿＿＿＿＿＿＿用于指定列或表达式的别名。
3. ＿＿＿＿＿＿＿＿＿用来在数据库中表示未知或未确定的值。
4. ＿＿＿＿＿＿＿＿是指在 WHERE 子句 condition(s)中，同时只使用一个比较符构成查询条件。
5. ＿＿＿＿＿＿＿＿是指 ORDER BY 子句的 expression 只指定一个列或一个表达式。

## 二、选择题

1. (　　)子句，是指定要获取表中哪些列数据。
   A. SELECT　　　B. FROM　　　C. WHERE　　　D. GROUP BY
2. (　　)子句，是指定数据来自哪个(些)表。
   A. SELECT　　　B. FROM　　　C. WHERE　　　D. GROUP BY
3. (　　)子句，是指定获得哪些行数据。
   A. SELECT　　　B. FROM　　　C. WHERE　　　D. GROUP BY
4. (　　)子句，是用于对表中数据进行分组统计。
   A. SELECT　　　B. FROM　　　C. WHERE　　　D. GROUP BY
5. (　　)子句，是在对表中数据进行分组统计时，指定分组统计条件。
   A. SELECT　　　B. FROM　　　C. WHERE　　　D. HAVING

## 三、上机实验

实验一：内容要求
(1) 查询 emp 表中每个部门的人数、平均工资、最高工资和最低工资。
(2) 查询 emp 表中每个部门工资低于 3000 元的总人数。
(3) 查询 emp 表中平均工资高于 2000 元的部门。

实验二：内容要求
(1) 显示名字中包含 TH 和 LL 的员工名字。
(2) 显示在 1983 年中雇用的员工。

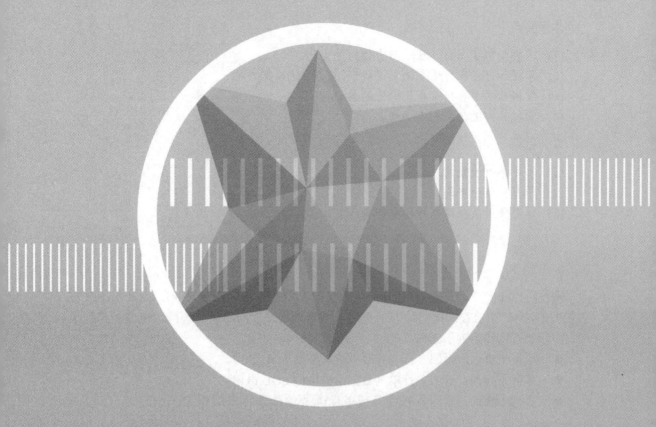

# 第 4 章

SQL 子查询与集合操作

**本章要点**

(1) 掌握如何在 WHERE 子句中使用子查询。

(2) 掌握如何在多行子查询中使用 IN 或 NOT IN 操作符。

(3) 掌握如何在多行子查询中使用 ANY 操作符。

(4) 掌握如何进行嵌套子查询。

**学习目标**

(1) 学习单行子查询。

(2) 学习多行子查询。

(3) 学习使用集合操作符的查询操作。

# 4.1 子 查 询

用户可以在一个 SELECT 语句中嵌入另一个完整的 SELECT 语句，则嵌入 SELECT 语句中的这一 SELECT 语句称为子查询。子查询根据返回结果的不同，被分为单行子查询、多行子查询和多列子查询。

- 单行子查询：返回一行一列数据给外部的 SQL 语句。
- 多行子查询：返回多行单列数据给外部的 SQL 语句。
- 多列子查询：返回多列(单行或多行)数据给外部的 SQL 语句。

### 1．语法

子查询的语法如下：

```
(SELECT [ALL | DISTINCT]<select item list> FROM <table list>
[WHERE<search condition>] [GROUP BY <group item list>
[HAVING <group by search conditoon>]])
```

### 2．语法格式

(1) WHERE 查询表达式 [NOT] IN(子查询)。

(2) WHERE 查询表达式 比较运算符 [ ANY | ALL ](子查询)。

(3) WHERE [NOT] EXISTS(子查询)。

### 3．子查询语法规则

子查询语法有如下几条规则。

- 子查询的 SELECT 查询总使用圆括号括起来。
- 不能包括 COMPUTE 或 FOR BROWSE 子句。
- 如果同时指定 TOP 子句，则可能只包括 ORDER BY 子句。
- 子查询最多可以嵌套 32 层，个别查询可能会不支持 32 层嵌套。
- 任何可以使用表达式的地方都可以使用子查询，只要它返回的是单个值。
- 如果某个表只出现在子查询中而不出现在外部查询中，那么该表中的列就无法包含在输出中。

有时，子查询引用了外部(主)查询中包含的表列，并且子查询不能在外部(主)查询之前求值，需要依靠外部(主)查询才能获得值，这样的子查询被称为相关子查询。

另外，SQL 允许子查询嵌套，其嵌套的深度因 SQL 版本而异，Oracle 11g 的嵌套深度允许高达 255 级。嵌套子查询使查询效率降低，使用时需加以考虑。

在数据定义语言(DDL)和数据操纵语言(DML)语句中使用子查询，分别参见第 6 章与第 7 章。

## 4.1.1　单行子查询

只返回一行一列数据的子查询被称为单行子查询。单行子查询语句可以使用在主句的WHERE 子句中、HAVING 子句中和 FROM 子句中。下面分别叙述这三种情况。

### 1. 在 WHERE 子句中使用子查询

在 WHERE 子句中使用子查询时，可以使用单行比较符=、<>、<、>、<=、>=等。这种情况下，子查询的结果作为主查询的查询条件。下面的例子给出了在 WHERE 子句中使用子查询的方法。

**例 4-1:** 在 teachers 表中，查询工资低于平均工资的所有教师。

```
SQL> SELECT * FROM Teachers
  2    WHERE wage <
  3    (SELECT AVG(wage) FROM Teachers);
```

运行结果：

```
TEACHER_ID NAME      TITLE   HIRE_DATE      BONUS     WAGE   DEPARTMENT_ID
---------- --------- ------- ------------ -------- -------- --------------
     10106 韩冬梅    助教    01-8 月 -02      500     1800            101
     10206 崔天      助教    05-9 月 -00      500     1900            102
     10306 车东日    助教    05-9 月 -01      500     1900            103
     10128 王晓              05-9 月 -07              1000            101
     10328 张笑              29-9 月 -07              1000            103
     10228 赵天宇            18-9 月 -07              1000            102

已选择 6 行。
```

**例 4-2:** 在 students 表中，查询与王天仪同学同专业的所有学生。

```
SQL> SELECT * FROM Students
  2    WHERE specialty =
  3    (SELECT specialty FROM Students
  4      WHERE name = '王天仪');
```

运行结果：

```
STUDENT_ID MONITOR_ID NAME      SEX    DOB           SPECIALTY
---------- ---------- -------- ------ ------------- ----------
     10101            王晓芳    女     07-5 月 -88    计算机
     10102      10101 刘春苹    女     12-8 月 -91    计算机
     10112      10101 张纯玉    男     21-7 月 -89    计算机
     10103      10101 王天仪    男     26-12 月 -89   计算机
```

| 10105 | 10101 | 韩刘 | 男 | 03-8月 -91 | 计算机 |
| 10128 | 10101 | 白昕 | 男 | | 计算机 |

已选择 6 行。

**例 4-3**：显示和雇员 SCOTT 同部门的雇员姓名、工资和部门编号。

```
SQL>SELECT ename,sal,deptno FROM  emp
  2    WHERE deptno=
  3    (SELECT deptno FROM emp
  4      WHERE ename='SCOTT');
```

运行结果：

```
ENAME           SAL      DEPTNO
---------- ---------- ------
SMITH          800.00     20
JONES         2974.00     20
SCOTT         3000.00     20
ADAMS         1100.00     20
FORD          3000.00     20
```

已选择 5 行。

### 2. 在 HAVING 子句中使用子查询

在 HAVING 子句中使用子查询时，该子查询的结果作为主查询的分组条件。下面的例子给出了在 HAVING 子句中使用子查询的方法。

**例 4-4**：在 teachers 表中，查询部门平均工资高于全部部门平均工资的部门和平均工资。

```
SQL> SELECT department_id, AVG(wage) AS 平均工资 FROM Teachers
  2    GROUP BY department_id
  3      HAVING AVG(wage) >
  4      (SELECT MIN(AVG(wage))
  5        FROM Teachers
  6        GROUP BY department_id);
```

运行结果：

| DEPARTMENT_ID | 平均工资 |
| --- | --- |
| 102 | 2240 |
| 103 | 2220 |

### 3. 在 FROM 子句中使用子查询

在 FROM 子句中使用子查询时，该子查询的结果作为主查询的视图。下面的例子给出了在 FROM 子句中使用子查询的方法。

**例 4-5**：在 students 表的男同学中，查询计算机专业的所有学生。

```
SQL> SELECT * FROM (SELECT * FROM Students WHERE sex ='男')
  2    WHERE specialty = '计算机';
```

运行结果：

| STUDENT_ID | MONITOR_ID | NAME | SEX | DOB | SPECIALTY |
|---|---|---|---|---|---|
| 10112 | 10101 | 张纯玉 | 男 | 21-7 月 -89 | 计算机 |
| 10103 | 10101 | 王天仪 | 男 | 26-12 月-89 | 计算机 |
| 10105 | 10101 | 韩刘 | 男 | 03-8 月 -91 | 计算机 |
| 10128 | 10101 | 白昕 | 男 | | 计算机 |

## 4.1.2　多行子查询

返回多行单列数据的子查询被称为多行子查询。当在 WHERE 子句中使用多行子查询时，必须使用多行比较符 IN、ANY 或 ALL，作用如下。

● IN：匹配于子查询结果的任意一个值，结果为真；否则为假。

● ANY：只要符合子查询结果的任意一个值，结果为真；否则为假。

● ALL：必须符合子查询结果的所有值，结果才为真；否则为假。

💡 **注 意**：ALL 和 ANY 操作符不能单独使用，而只能与单行比较符(=、>、<、>=、<=、<>)结合使用。

**1．在多行子查询中使用 IN 或 NOT IN 操作符**

带 IN 的嵌套查询语法格式为：WHERE 查询表达式 IN(子查询)。

一些嵌套内层的子查询会产生一个值，也有一些子查询会返回一列值，即子查询不能返回带几行或几列数据的表。原因在于子查询的结果必须适合外层查询的语句。当子查询产生一系列值时，适合用带 IN 的嵌套查询。

把查询表达式单个数据和由子查询产生的一系列数值相比较，如果数值匹配一系列值中的一个，则返回 TRUE。

1)　在多行子查询中使用 IN

带 IN 的内层嵌套还可以是多个值的列表。例如，查询"年龄"是"21、22、24"的学生信息。SQL 语句如下：

```
SQL> SELECT *  FROM Students
2    WHERE 年龄 IN(21,22,24)
```

**例 4-6**：利用子查询，在 students 表中检索"王"姓同学的学号与姓名。

```
SQL> SELECT student_id, name FROM Students
 2    WHERE student_id IN
 3     (SELECT student_id FROM Students
 4       WHERE name LIKE '王%');
```

运行结果：

| STUDENT_ID | NAME |
|---|---|
| 10101 | 王晓芳 |
| 10207 | 王刚 |
| 10103 | 王天仪 |

2)　在多行子查询中使用 NOT IN

NOT IN 的嵌套查询语法格式：WHERE 查询表达式 NOT IN(子查询)。NOT IN 和 IN

的查询过程相类似。例如，在 course 和 grade 表中，查询没有考试的课程信息。SQL 语句如下：

```
SQL> SELECT  *   FROM  course
  2   WHERE  课程代号  NOT IN
  3    (SELECT  课程代号
  4       FROM  grade  WHERE 课程代号 is not null );
```

**例 4-7：** 查询未被学生选学的课程。

```
SQL> SELECT course_id, course_name FROM Courses
  2   WHERE course_id NOT IN
  3    (SELECT course_id
  4       FROM Students_grade);
```

运行结果：

```
COURSE_ID COURSE_NAME
---------- ----------------
    10102   C++语言程序设计
    10202   模拟电子技术
    10302   理论力学
    10103   离散数学
    10203   数字电子技术
    10303   材料力学
```

已选择 6 行。

### 2. 在多行子查询中使用 ANY 操作符

ANY：只要符合子查询结果的任意一个值。

**例 4-8：** 查询工资低于任何一个部门平均工资的教师信息。

```
SQL> SELECT * FROM Teachers
  2   WHERE wage < ANY
  3    (SELECT AVG(wage) FROM Teachers GROUP BY department_id);
```

运行结果：

| TEACHER_ID | NAME | TITLE | HIRE_DATE | BONUS | WAGE | DEPARTMENT_ID |
|------------|------|-------|-----------|-------|------|---------------|
|     10106  | 韩冬梅 | 助教  | 01-8月 -02 | 500   | 1800 | 101           |
|     10206  | 崔天  | 助教  | 05-9月 -00 | 500   | 1900 | 102           |
|     10306  | 车东日 | 助教  | 05-9月 -01 | 500   | 1900 | 103           |
|     10128  | 王晓  |       | 05-9月 -07 |       | 1000 | 101           |
|     10328  | 张笑  |       | 29-9月 -07 |       | 1000 | 103           |
|     10228  | 赵天宇 |       | 18-9月 -07 |       | 1000 | 102           |

已选择 6 行。

### 3. 在多行子查询中使用 ALL 操作符

ALL 操作符必须符合子查询的所有值才可使用。

**例 4-9：** 查询工资高于各部门平均工资的教师信息。

```
SQL> SELECT * FROM Teachers
  2    WHERE wage > ALL
  3    (SELECT AVG(wage)
  4      FROM Teachers GROUP BY department_id);
```

运行结果：

```
TEACHER_ID NAME      TITLE  HIRE_DATE     BONUS   WAGE   DEPARTMENT_ID
---------- --------- ------ ------------- ------- ------ -------------
     10101 王彤      教授   01-9月 -90    1000    3000   101
     10104 孔世杰    副教授 06-7月 -94    800     2700   101
     10103 邹人文    讲师   21-1月 -96    600     2400   101
     10210 杨文化    教授   03-10月-89    1000    3100   102
     10209 孙晴碧    讲师   11-5月 -98    600     2500   102
     10207 张珂      讲师   16-8月 -97    700     2700   102
     10308 齐沈阳    高工   03-10月-89    1000    3100   103
     10309 臧海涛    工程师 29-6月 -99    600     2400   103
     10307 赵昆      讲师   18-2月 -96    800     2700   103

已选择 9 行。
```

## 4.1.3　多列子查询

多列子查询是指返回多列(单行或多行)数据的子查询语句。返回单行多列数据的子查询，可以参照单行子查询的方法来编写查询语句；返回多行多列数据的子查询，可以参照多行子查询的方法来编写查询语句。

**例 4-10**：利用子查询，在 students 表中检索与王天仪专业相同、生日相同的同学。

```
SQL> SELECT * FROM Students
  2    WHERE (specialty, dob)=
  3    (SELECT specialty, dob
  4      FROM Students WHERE name='王天仪');
```

运行结果：

```
STUDENT_ID MONITOR_ID NAME    SEX    DOB           SPECIALTY
---------- ---------- ------- ------ ------------- ----------
     10103      10101 王天仪  男     26-12月-89    计算机
```

**例 4-11**：利用子查询，在 teachers 表中检索在各部门工资最低的教师。

```
SQL> SELECT * FROM Teachers
  2    WHERE (department_id, wage) IN
  3    (SELECT department_id, MIN(wage)
  4      FROM Teachers GROUP BY department_id);
```

运行结果：

```
TEACHER_ID NAME     TITLE  HIRE_DATE    BONUS    WAGE       DEPARTMENT_ID
---------- -------- ------ ----------- ------- ---------- -------------
     10128 王晓            05-9月 -07   1000    101
     10328 张笑            29-9月 -07   1000    103
     10228 赵天宇          18-9月 -07   1000    102
```

## 4.1.4  相关子查询

子查询引用了外部(主)查询中包含的一列或多列，子查询不能在外部(主)查询之前求值，需要依靠外部查询才能获得值，这样的子查询被称为相关子查询。下面通过一个例子说明相关子查询的执行过程。

**例 4-12**：利用子查询在 teachers 表中检索工资高于所在部门平均工资的教师。

```
SQL> SELECT * FROM teachers t1
  2    WHERE wage >
  3    (SELECT AVG(wage) FROM teachers t2
  4       WHERE t2.department_id = t1.department_id);
```

运行结果：

| TEACHER_ID | NAME | TITLE | HIRE_DATE | BONUS | WAGE | DEPARTMENT_ID |
|---|---|---|---|---|---|---|
| 10101 | 王彤 | 教授 | 01-9月-90 | 1000 | 3000 | 101 |
| 10104 | 孔世杰 | 副教授 | 06-7月-94 | 800 | 2700 | 101 |
| 10103 | 邹人文 | 讲师 | 21-1月-96 | 600 | 2400 | 101 |
| 10210 | 杨文化 | 教授 | 03-10月-89 | 1000 | 3100 | 102 |
| 10209 | 孙晴碧 | 讲师 | 11-5月-98 | 600 | 2500 | 102 |
| 10207 | 张珂 | 讲师 | 16-8月-97 | 700 | 2700 | 102 |
| 10308 | 齐沈阳 | 高工 | 03-10月-89 | 1000 | 3100 | 103 |
| 10309 | 臧海涛 | 工程师 | 29-6月-99 | 600 | 2400 | 103 |
| 10307 | 赵昆 | 讲师 | 18-2月-96 | 800 | 2700 | 103 |

已选择 9 行。

在这个例子中，外部(主)查询和子查询通过 department_id 相关联，外部(主)查询从 teachers 表中检索出所有行，并将它们传递给子查询。子查询接收外部(主)查询传递过来的每一行数据，并对满足条件(t2.department_id = t1.department_id)的每一部门的教师计算平均工资。

在相关子查询中，经常使用 EXISTS、NOT EXISTS、IN、NOT IN 等操作符。操作符 EXISTS 用于检查子查询返回的记录行是否存在，操作符 NOT EXISTS 用于检查子查询返回的记录行是否存在， IN 和 NOT IN 操作符的含义参见 4.1.2 小节。下面介绍这四种操作符在相关子查询中的应用。

### 1. 使用 EXISTS

**例 4-13**：利用子查询，在 courses 表中检索已经被选学的课程。

```
SQL> SELECT course_id, course_name FROM courses c
  2    WHERE EXISTS
  3    (SELECT 2 FROM students_grade sg
  4       WHERE sg.course_id = c.course_id);
```

运行结果：

| COURSE_ID | COURSE_NAME |
|---|---|
| 10101 | 计算机组成原理 |

```
10201    自动控制原理
10301    工程制图
```

## 2. 使用操作符 NOT EXISTS

**例 4-14**：利用子查询，在 courses 表中检索未被选学的课程。

```
SQL> SELECT course_id, course_name FROM courses c
  2    WHERE NOT EXISTS
  3    (SELECT 2 FROM Students_grade sg
  4        WHERE sg.course_id = c.course_id);
```

运行结果：

```
COURSE_ID   COURSE_NAME
----------  --------------------------------
    10302   理论力学
    10203   数字电子技术
    10202   模拟电子技术
    10102   C++语言程序设计
    10303   材料力学
    10103   离散数学
```

已选择 6 行。

## 3. 使用操作符 IN

**例 4-15**：利用子查询，在 departments 表中检索已经安排教师的部门。

```
SQL> SELECT department_id, department_name FROM departments
  2    WHERE department_id IN
  3    (SELECT department_id FROM teachers);
```

运行结果：

```
DEPARTMENT_ID  DEPARTME
-------------  --------
          101   信息工程
          102   电气工程
          103   机电工程
```

## 4. 使用操作符 NOT IN

**例 4-16**：利用子查询，在 departments 表中检索没有安排教师的部门。

```
SQL> SELECT department_id, department_name FROM departments
  2    WHERE department_id NOT IN
  3    (SELECT department_id FROM teachers);
```

运行结果：

```
未选定行。
```

查询结果表明没有未安排教师的部门。

### 4.1.5 嵌套子查询

SQL 允许子查询嵌套，其嵌套的深度因 SQL 版本而异，Oracle 11g 的嵌套深度允许高达 255 级，但是一般来说不需要如此深的嵌套。通常为一级或两级嵌套子查询，如果嵌套再深一些，不仅会给代码的理解、修改和维护带来极大的不便，而且会严重影响查询性能，这是用户在使用时需要加以考虑的。下面介绍嵌套子查询的使用。

**例 4-17：** 利用嵌套子查询，在 students 表中检索与王天仪同一专业的所有的学生信息。

```
SQL> SELECT * FROM (SELECT * FROM students
  2    WHERE specialty =
  3    (SELECT specialty FROM students
  4      WHERE name = '王天仪'));
```

运行结果：

```
STUDENT_ID MONITOR_ID  NAME      SEX   DOB              SPECIALTY
---------- ----------  --------  ----  ---------------  ----------
    10101              王晓芳    女    07-5 月 -88      计算机
    10102     10101    刘春苹    女    12-8 月 -91      计算机
    10112     10101    张纯玉    男    21-7 月 -89      计算机
    10103     10101    王天仪    男    26-12 月 -89     计算机
    10105     10101    韩刘      男    03-8 月 -91      计算机
    10128     10101    白昕      男                     计算机

已选择 6 行。
```

## 4.2 集 合 操 作

集合操作有并、交、差三种运算。集合操作符分别为 UNION(UNION ALL)、INTERSECT 和 MINUS，功能如下。

- UNION：用于得到两个查询结果集的并集，并集中自动去掉重复行。
- UNION ALL：用于得到两个查询结果集的并集，并集中保留重复行。
- INTERSECT：用于得到两个查询结果集的交集，交集以结果的第一列进行排序。
- MINUS：用于得到两个查询结果集的差集，差集以结果的第一列进行排序。

集合操作在单个表上进行，使用 students 表或 teachers 表；在多个表上进行，使用课程 courses 表及副修课程 minors 表或 courses2 表。students 表、teachers 表与 courses 表已经建立，而 minors 表与 courses2 表在此首次使用，可以依据下面的语句建立 minors 表与 courses2 表，以便在相关的例子中使用。

建立副修课程 minors 表：

```
CREATE TABLE minors(
    minor_id NUMBER(5)
    CONSTRAINT minor_pk PRIMARY KEY,
    minor_name VARCHAR2(30) NOT NULL,
    credit_hour NUMBER(2)
);
```

为副修课程 minors 表添加数据：

```
INSERT INTO Minors VALUES(10101,'计算机组成原理',4);
INSERT INTO Minors VALUES(10201,'自动控制原理',4);
INSERT INTO Minors VALUES(10301,'工程制图',3);
```

建立课程 courses2 表：

```
CREATE TABLE courses2(
      course_id NUMBER(5)
      CONSTRAINT course2_pk PRIMARY KEY,
      course_name VARCHAR2(30) NOT NULL,
      credit_hour NUMBER(2)
);
```

为课程 courses2 表添加数据：

```
INSERT INTO Courses2 VALUES(10201,'自动控制原理',4);
INSERT INTO Courses2 VALUES(10301,'工程制图',3);
```

## 4.2.1　使用集合操作符

本节详细介绍使用集合操作符的查询操作。其语句格式如下：

```
SELECT sentence1 [UNION ALL|UNION|INTERSECT|MINUS] SELECT sentence2;
```

其中，SELECT sentence1 与 SELECT sentence2 为查询语句，二者形成的查询结果集参与 UNION ALL、UNION、INTERSECT 或 MINUS 集合操作。

提示：使用并、交、差三种运算符进行集合操作时，要求参与集合操作的查询结果集列的个数和数据类型相匹配；而且，还要注意以下一些限制。

(1) 对于 BLOB、CLOB、BFILE、VARRAY 或嵌套表类型的列，不能使用集合操作符。

(2) 对于 LONG 类型的列，不能使用集合操作符 UNION、INTERSECT 和 MINUS。

(3) 如果选择的列表包含了表达式，则必须为表达式指定列别名。

### 1. 使用集合操作符 UNION ALL

UNION ALL 操作符用于获取两个查询结果集的并集。操作结果不取消重复行，而且也不会对操作结果进行排序。下面通过例子说明使用 UNION ALL 操作符的方法。

**例 4-18**：将 courses 表与 minors 表进行 UNION ALL 操作。

```
SQL> SELECT course_id, course_name, credit_hour
  2    FROM Courses
  3  UNION ALL
  4  SELECT minor_id, minor_name, credit_hour
  5    FROM Minors;
```

运行结果：

```
COURSE_ID  COURSE_NAME     CREDIT_HOUR
---------- -------------- -----------
```

| 10101 | 计算机组成原理 | 4 |
| 10201 | 自动控制原理 | 4 |
| 10301 | 工程制图 | 3 |
| 10102 | C++语言程序设计 | 3 |
| 10202 | 模拟电子技术 | 4 |
| 10302 | 理论力学 | 3 |
| 10103 | 离散数学 | 3 |
| 10203 | 数字电子技术 | 4 |
| 10303 | 材料力学 | 3 |
| 10101 | 计算机组成原理 | 4 |
| 10201 | 自动控制原理 | 4 |
| 10301 | 工程制图 | 3 |

已选择 12 行。

**例 4-19**: 将 courses 表与 minors 表进行 UNION ALL 操作，且将结果排序。

```
SQL> SELECT course_id, course_name, credit_hour
  2    FROM Courses
  3  UNION ALL
  4  SELECT minor_id, minor_name, credit_hour
  5    FROM Minors ORDER BY 1;
```

运行结果:

| COURSE_ID | COURSE_NAME | CREDIT_HOUR |
| --- | --- | --- |
| 10101 | 计算机组成原理 | 4 |
| 10101 | 计算机组成原理 | 4 |
| 10102 | C++语言程序设计 | 3 |
| 10103 | 离散数学 | 3 |
| 10201 | 自动控制原理 | 4 |
| 10201 | 自动控制原理 | 4 |
| 10202 | 模拟电子技术 | 4 |
| 10203 | 数字电子技术 | 4 |
| 10301 | 工程制图 | 3 |
| 10301 | 工程制图 | 3 |
| 10302 | 理论力学 | 3 |
| 10303 | 材料力学 | 3 |

已选择 12 行。

### 2. 使用集合操作符 UNION

UNION 操作符用于获取两个查询结果集的并集。与使用 UNION ALL 操作符不同的是，UNION 操作符自动消除并集中的重复行，而且会以并集中的第一列对并集进行排序。下面通过例子说明使用 UNION 操作符的方法。

**例 4-20**: 将 courses 表与 minors 表进行 UNION 操作。

```
SQL> SELECT course_id, course_name, credit_hour
```

```
2    FROM Courses
3  UNION
4  SELECT minor_id, minor_name, credit_hour
5    FROM Minors;
```

运行结果：

```
COURSE_ID   COURSE_NAME        CREDIT_HOUR
----------  ----------------   -----------
    10101   计算机组成原理         4
    10102   C++语言程序设计        3
    10103   离散数学             3
    10201   自动控制原理          4
    10202   模拟电子技术          4
    10203   数字电子技术          4
    10301   工程制图             3
    10302   理论力学             3
    10303   材料力学             3
```

已选择 9 行。

**例 4-21**：将 students 表计算机专业检索集与男生检索集进行 UNION 操作。

```
SQL> SELECT * FROM Students WHERE specialty='计算机'
  2  UNION
  3  SELECT * FROM Students WHERE sex='男';
```

运行结果：

```
STUDENT_ID  MONITOR_ID  NAME        SEX   DOB             SPECIALTY
----------  ----------  ----------  ----  --------------  ----------
    10101               王晓芳        女    07-5 月 -88      计算机
    10102   10101       刘春苹        女    12-8 月 -91      计算机
    10103   10101       王天仪        男    26-12 月 -89     计算机
    10105   10101       韩刘         男    03-8 月 -91      计算机
    10112   10101       张纯玉        男    21-7 月 -89      计算机
    10128   10101       白昕         男                    计算机
    10201   10205       赵风雨        男    25-10 月 -90     自动化
    10205               李秋枫        男    25-11 月 -90     自动化
    10207   10205       王刚         男    03-4 月 -87      自动化
    10213   10205       高淼         男    11-3 月 -87      自动化
    10301               高山         男    08-10 月 -90     机电工程
    10311   10301       张杨         男    08-5 月 -90      机电工程
    10314   10301       赵迪帆        男    22-9 月 -89      机电工程
    10328   10301       曾程程        男                    机电工程
```

已选择 14 行。

### 3. 使用集合操作符 INTERSECT

INTERSECT 操作符用于获取两个查询结果集的交集。当使用 INTERSECT 操作符时，交集中具有同时存在于两个查询结果集中的数据，而且会根据交集中的第一列对交集进行排序。下面通过例子说明使用 INTERSECT 操作符的方法。

**例 4-22**：将 courses 表与 minors 表进行 INTERSECT 操作。

```
SQL> SELECT course_id, course_name, credit_hour
  2    FROM Courses
  3  INTERSECT
  4  SELECT minor_id, minor_name, credit_hour
  5    FROM Minors;
```

运行结果：

| COURSE_ID | COURSE_NAME | CREDIT_HOUR |
|-----------|-------------|-------------|
| 10101 | 计算机组成原理 | 4 |
| 10201 | 自动控制原理 | 4 |
| 10301 | 工程制图 | 3 |

**例 4-23**：将 students 表计算机专业检索集与男生检索集进行 INTERSECT 操作。

```
SQL> SELECT *
  2    FROM students WHERE specialty='计算机'
  3  INTERSECT
  4  SELECT *
  5    FROM students WHERE sex='男';
```

运行结果：

| STUDENT_ID | MONITOR_ID | NAME | SEX | DOB | SPECIALTY |
|------------|------------|------|-----|-----|-----------|
| 10103 | 10101 | 王天仪 | 男 | 26-12 月-89 | 计算机 |
| 10105 | 10101 | 韩刘 | 男 | 03-8 月 -91 | 计算机 |
| 10112 | 10101 | 张纯玉 | 男 | 21-7 月 -89 | 计算机 |
| 10128 | 10101 | 白昕 | 男 | | 计算机 |

### 4. 使用集合操作符 MINUS

MINUS 操作符用于获取两个查询结果集的差集。当使用 MINUS 操作符时，差集中具有在第一个查询结果集中存在，而在第二个查询结果集中不存在的数据，会以差集中的第一列对差集进行排序。下面通过例子说明使用 MINUS 操作符的方法。

**例 4-24**：将 courses 表与 minors 表进行 MINUS 操作。

```
SQL> SELECT course_id, course_name, credit_hour
  2    FROM Courses
  3  MINUS
  4  SELECT minor_id, minor_name, credit_hour
  5    FROM Minors;
```

运行结果：

| COURSE_ID | COURSE_NAME | CREDIT_HOUR |
|-----------|-------------|-------------|
| 10102 | C++语言程序设计 | 3 |
| 10103 | 离散数学 | 3 |
| 10202 | 模拟电子技术 | 4 |
| 10203 | 数字电子技术 | 4 |
| 10302 | 理论力学 | 3 |
| 10303 | 材料力学 | 3 |

已选择 6 行。

**例 4-25：** 将 students 表计算机专业检索集与男生检索集进行 MINUS 操作。

```
SQL> SELECT *
  2   FROM Students WHERE specialty='计算机'
  3 MINUS
  4 SELECT *
  5   FROM Students WHERE sex='男';
```

运行结果：

```
STUDENT_ID MONITOR_ID NAME    SEX  DOB          SPECIALTY
---------- ---------- ------- ---- ------------ ----------
     10101            王晓芳   女   07-5月 -88    计算机
     10102     10101  刘春苹   女   12-8月 -91    计算机
```

**5. 组合使用集合操作符**

组合使用集合操作符是指同时使用一个以上的集合操作符。此时，这些集合操作符具有相同的优先级，即按照从左至右的方式引用这些集合操作符；如果想改变集合操作符的优先级，可以使用括号，括号内的集合操作符具有较高的优先级。

**例 4-26：** courses 表先与 minors 表进行 INTERSECT 操作，然后再与 courses2 表进行 UNION 操作。

```
SQL> (SELECT course_id, course_name, credit_hour
  2    FROM Courses
  3 INTERSECT
  4 SELECT minor_id, minor_name, credit_hour
  5   FROM Minors)
  6 UNION
  7 SELECT course_id, course_name, credit_hour
  8   FROM Courses2;
```

运行结果：

```
COURSE_ID COURSE_NAME   CREDIT_HOUR
---------- ------------- -----------
     10101 计算机组成原理      4
     10201 自动控制原理        4
     10301 工程制图            3
```

**例 4-27：** minors 表与 courses2 表进行 INTERSECT 操作形成交集后，courses 表再与其进行 UNION 操作。

```
SQL> SELECT course_id, course_name, credit_hour
  2    FROM Courses
  3 UNION
  4 (SELECT minor_id, minor_name, credit_hour
  5   FROM Minors
  6 INTERSECT
  7 SELECT course_id, course_name, credit_hour
  8   FROM Courses2);
```

运行结果:

```
COURSE_ID   COURSE_NAME        CREDIT_HOUR
----------  -----------------  -----------
     10101  计算机组成原理            4
     10102  C++语言程序设计           3
     10103  离散数学                3
     10201  自动控制原理             4
     10202  模拟电子技术             4
     10203  数字电子技术             4
     10301  工程制图                3
     10302  理论力学                3
     10303  材料力学                3
```

已选择 9 行。

## 4.2.2　复杂集合操作

### 1．集合操作中的 ORDER BY 子句

集合操作只能有一个 ORDER BY 子句，并且必须将它放在语句的末尾。它将用于对集合操作的结果集进行排序。ORDER BY 子句中使用的排序表达式有多种。下面是三种较好的选择。

(1) 第一个 SELECT 子句中的列名。

(2) 来自第一个 SELECT 子句中的列别名。

(3) 集合操作结果集中列的位置编号。

三种选择之中最好使用前两种方法，因为这二者让代码更容易阅读和理解。下面的例子说明了在集合操作中，使用 ORDER BY 子句的方法。

例 4-28：在 ORDER BY 子句使用列名作为排序表达式。

```
SQL> SELECT course_id, course_name, credit_hour
  2    FROM courses
  3  UNION
  4  SELECT minor_id, minor_name, credit_hour
  5    FROM minors ORDER BY course_name;
```

运行结果:

```
COURSE_ID  COURSE_NAME      CREDIT_HOUR
---------- ---------------  -----------
     10102  C++语言程序设计          3
     10303  材料力学                3
     10301  工程制图                3
     10101  计算机组成原理            4
     10103  离散数学                3
     10302  理论力学                3
     10202  模拟电子技术             4
     10203  数字电子技术             4
     10201  自动控制原理             4
```

已选择 9 行。

**例 4-29**：在 ORDER BY 子句使用列的位置编号作为排序表达式。

```
SQL> SELECT course_id, course_name, credit_hour
  2    FROM courses
  3  UNION
  4  SELECT minor_id, minor_name, credit_hour
  5    FROM minors ORDER BY 2;
```

运行结果：

```
COURSE_ID  COURSE_NAME        CREDIT_HOUR
---------- ------------------ -----------
    10102  C++语言程序设计        3
    10303  材料力学              3
    10301  工程制图              3
    10101  计算机组成原理          4
    10103  离散数学              3
    10302  理论力学              3
    10202  模拟电子技术            4
    10203  数字电子技术            4
    10201  自动控制原理            4

已选择 9 行。
```

### 2. 集合操作中的 SELECT 语句

集合操作中的 SELECT 语句组成可能十分复杂。除了 ORDER BY 子句以外，还包含列函数、已分组的总结、内连接和外连接。如果想要为某个列指定一个新的名称(列别名)，则必须在集合操作的第一个 SELECT 子句中进行这项工作。

**例 4-30**：在集合操作 UNION 中使用复杂的 SELECT 语句。

```
SQL> SELECT course_name, SUM(credit_hour)
  2    FROM courses WHERE credit_hour>3 GROUP BY cours
  3  UNION
  4  SELECT minor_name, SUM(credit_hour)
  5    FROM minors WHERE credit_hour>2 GROUP BY minor_
  6      ORDER BY course_name;
```

运行结果：

```
COURSE_NAME     SUM(CREDIT_HOUR)
--------------- ----------------
工程制图              3
计算机组成原理          4
模拟电子技术            4
数字电子技术            4
自动控制原理            4
```

### 3. 集合操作中的数据类型

在集合操作的结果集中，包含来自两个原表的行，这个结果集中的每一列都有一个特定的数据类型。这是否意味着只有当两个原表的所有行的数据类型都相同时，才能进行集合操作呢？答案是否定的。下面分两种情况进行说明。

1) 数据类型相同但宽度不同

首先考虑文本列。假设第一个原表的某列中包含 2 个字符长的文本字符串，第二个原表与之匹配的列包含 4 个字符长的文本字符串，这种列的数据类型相同但宽度不同的差别，可能意味着来自这两列的数据不能放到一个列中。

然而，Oracle 消除了这种列的数据类型相同但宽度不同的差别，使得集合操作成功完成。在进行集合操作的过程中，Oracle 将自动转换第一个表的数据，将 2 个字符的文本字符串转化为 4 个字符的文本字符串。这样，二者不仅具有相同的数据类型，而且具有相同的数据宽度；所有文本数据都可以放到一个列中。即当两个文本字符串列的长度不同时，让所有数据的长度等于最长列的长度，即可消除它们数据类型中长度的差别。

其次考虑数字列。假设第一个原表的某列中包含 3 位数的数字，第二个原表与之匹配的列包含 5 位数的数字。因为数据宽度不同，可能意味着来自这两列的数据不能放到一个列中。

然而，Oracle 消除了这种列的数据类型相同但宽度不同的差别，使得集合操作成功完成。在进行集合操作的过程中，Oracle 会自动将两个表中的数字转换为 24 位的数字(在不同版本的 Oracle 中，最大长度可能有所不同)。这样，所有数字数据有相同的数据宽度，因此，所有数字数据都可以放到一个列中。即当两列数字的长度不同时，让所有数字保持都允许的长度来消除它们数据类型中长度的差别。

最后考虑日期列。因为用于日期列的数据类型只有一个，所以所有日期列的数据类型都是相同的，不存在数据类型相同但宽度不同的情况。

为了说明 Oracle 在进行集合操作时，处理数据类型相同但宽度不同的情况，在此建立两个表 table_1 和 table_2，其中两者的匹配列(column_11 与 column_21，column_12 与 column_22)数据类型相同但宽度不同。

通过下面的 SQL 语句建立表 table_1，并为其添加数据。

```
CREATE TABLE table_1(
     column_11 NUMBER(3),
     column_12 VARCHAR2(2)
);
INSERT INTO table_1 VALUES(111,'aa');
INSERT INTO table_1 VALUES(222,'bb');
INSERT INTO table_1 VALUES(333,'cc');
```

通过下面的 SQL 语句建立表 table_2，并为其添加数据。

```
CREATE TABLE table_2(
     column_21 NUMBER(5),
     column_22 VARCHAR2(4)
);
INSERT INTO table_2 VALUES(44444,'dddd');
INSERT INTO table_2 VALUES(55555,'eeee');
INSERT INTO table_2 VALUES(66666,'ffff');
```

**例 4-31**：对表 table_1 和表 table_2 进行 UNION 集合操作，以此说明 Oracle 在进行集合操作时，处理数据类型相同但宽度不同的情况。

```
SQL> SELECT column_11, column_12 FROM table_1
```

```
2  UNION
3  SELECT column_21, column_22 FROM table_2;
```

运行结果：

```
COLUMN_11  COLU
---------- ----
      111  aa
      222  bb
      333  cc
    44444  dddd
    55555  eeee
    66666  ffff
```

已选择 6 行。

2)　数据类型不相同

如果把数据类型不相同的列作为集合操作中的匹配列，这似乎是不可能的。但是可以通过数据类型转换函数，将不同的数据类型转换成同一种数据类型，从而实现数据类型相同，使得集合操作成功完成。Oracle 中的 TO_CHAR 函数将数字型数据或日期时间型数据转换为文本型数据，这样可以将列中所有类型的数据都转换为文本型数据。当所有列都被转换为文本型数据时，就不存在数据类型不相同的情况，它们都可以进行集合操作。

为了说明 Oracle 在进行集合操作时，处理数据类型不相同的情况，在此建立两个表 table_3 和 table_4。

通过下面的 SQL 语句建立表 table_3，并为其添加数据。

```
CREATE TABLE table_3(
  column_31 NUMBER(3),
  column_32 VARCHAR2(2),
  column_33 VARCHAR2(10)
);
INSERT INTO table_3 VALUES(111,'aa','aaaaaaaaaa');
INSERT INTO table_3 VALUES(222,'bb','bbbbbbbbbb');
INSERT INTO table_3 VALUES(333,'cc','cccccccccc');
```

通过下面的 SQL 语句建立表 table_4，并为其添加数据。

```
CREATE TABLE table_4(
  column_41 VARCHAR2(3),
  column_42 NUMBER(2),
  column_43 DATE
);
INSERT INTO table_4 VALUES('ddd',44,'07-5月-1988');
INSERT INTO table_4 VALUES('eee',55,'07-5月-1988');
INSERT INTO table_4 VALUES('fff',66,'07-5月-1988');
```

在下面的例子中，数字型数据和日期时间型数据都被转换为文本型数据，这样表 table_3 和表 table_4 就可以进行集合操作。

**例 4-32**：数据类型不相同的集合操作。

```
SQL> COLUMN column_1 FORMAT a10
SQL> COLUMN column_32 FORMAT a10
```

```
SQL> COLUMN column_33 FORMAT a10
SQL>
SQL> SELECT TO_CHAR(column_31) AS column_1, column_32, column_33
  2    FROM table_3
  3  UNION
  4  SELECT column_41, TO_CHAR(column_42), TO_CHAR(column_43,'YYYY-MM-DD')
  5    FROM table_4;
```

运行结果:

```
COLUMN_1    COLUMN_32   COLUMN_33
---------- ----------- ----------
111         aa          aaaaaaaaaa
222         bb          bbbbbbbbbb
333         cc          cccccccccc
ddd         44          1988-05-07
eee         55          1988-05-07
fff         66          1988-05-07
```

已选择 6 行。

# 上机实训：打印符合要求的记录

## 实训内容和要求

陈晓云在教学管理系统中编写 T-SQL 程序，查询成绩 ID 为 0004 的成绩，如果小于 60 分，打印出"成绩不合格"，否则打印出"成绩合格"。

## 实训步骤

(1) 先定义存储成绩的变量，代码如下：

```
SQL> Declare @grade int
```

(2) 把成绩 ID 为 0004 的成绩查询出来，存储到变量 grade 中，代码如下：

```
SQL> select 成绩 into grade from student_grade where 成绩ID='0004'
```

(3) 判断成绩是否合格，代码如下：

```
if @grade <60
    print '成绩不合格'
  else
    print '成绩合格'
```

(4) 组合在一起，在查询分析器中运行如下代码：

```
SQL> declare @grade int
SQL> begin
SQL>  select 成绩 into grade from student_grade where 成绩ID='0004'
  2 if @grade <60
  3    print '成绩不合格'
  4 else
```

```
5   print '成绩合格'
6 end;
```

# 本 章 小 结

嵌入在其他 SQL 语句中的 SELECT 语句称为子查询。为在多个 SELECT 语句的结果集上进行集合操作，可以使用集合操作符 UNION、UNION ALL、INTERSECT 和 MINUS。本章详细介绍了使用子查询与集合操作进行复杂数据检索的方法。在学习了本章之后，读者将学会各类子查询的使用，以及集合操作在查询中的应用。

# 习 题

## 一、填空题

1. 只返回一行一列数据的子查询被称为_____。

2. 在_____子句中使用子查询时，该子查询的结果作为主查询分组条件。

3. 多列子查询是指_____。

4. 子查询引用了外部(主)查询中包含的一列或多列，子查询不能在外部(主)查询之前求值，需要依靠外部查询才能获得值，这样的子查询被称为_____。

5. 集合操作只能有一个_____子句，并且必须将它放在语句的末尾。

## 二、选择题

1. 单行子查询语句，可以使用在主句的(　　)子句中、(　　)子句中和(　　)子句中。
   A. WHERE　　　　B. HAVING　　　　C. FROM　　　　D. FOR

2. Oracle 11g 的嵌套深度允许高达(　　)级。
   A. 253　　　　　B. 254　　　　　C. 255　　　　　D. 256

3. 下面(　　)不能使用集合操作符。
   A. BLOB　　　　B. CLOB　　　　C. BFILE　　　　D. VARRAY

4. 集合操作有(　　)运算。
   A. 并　　　　　B. 交　　　　　C. 差　　　　　D. 与

5. 在(　　)子句中使用子查询时，该子查询的结果作为主查询的视图。
   A. WHERE　　　　B. HAVING　　　　C. FROM　　　　D. FOR

## 三、上机实验

实验一：内容要求

(1) 查询表 EMP 中所有的工资大于等于 2000 元的雇员姓名和其经理的名字。

(2) 在表 EMP 中查询工资高于 JONES 的所有雇员的姓名、职位和工资。

实验二：内容要求

(1) 列出表 EMP 没有对应部门表信息的所有雇员的姓名、职位以及部门号。

(2) 在表 EMP 中查找工资在 1000～3000 元的雇员所在部门的所有人员信息。

(3) 查询在表 EMP 的雇员中谁的工资最高。

# 第 5 章

SQL 连接查询

**本章要点**

(1) 掌握简单连接、复杂连接的方法。

(2) 掌握左外连接、右外连接、全外连接的方法。

(3) 掌握交叉连接、自然连接的方法。

**学习目标**

(1) 学习利用 "=" 进行连接。

(2) 学习利用筛选功能进行连接。

在连接条件中，可以使用相等(=)、不相等(< >)、小于(<)、大于(>)、小于等于(<=)、大于等于(>=)、LIKE、IN 和 BETWEEN...AND 等比较符。其中，使用 "=" 比较符作为连接条件的连接查询，被称为相等连接，使用除 "=" 以外的其他比较符作为连接条件的连接查询，被称为不等连接。

在连接查询时，如果某表的一些行在其他表中不存在匹配行，在内连接查询结果中删除原表中的这些行，而外连接查询结果中可以保留原表中的这些行。

为了介绍连接查询，需要在原 teachers 表和原 departments 表中插入如下数据：

```
INSERT INTO teachers
  VALUES(11111,'林飞', NULL, '11-10月-2007',NULL,1000, NULL);
INSERT INTO departments VALUES(104,'工商管理','4号教学楼');
```

# 5.1 内连接查询

内连接查询组合两个或多个表(视图)中的数据，其查询结果含有多个原表中的相关数据。内连接查询返回满足连接条件的记录行，删除不满足连接条件和匹配列中带有 NULL 值的记录行。下面给出内连接查询的语句格式：

```
SELECT<table_name1.*/table_name1.column_name1, …
        table_name2.*/table_name2.column_name1, …>
  FROM table_name1, table_name2 WHERE condition(s);
```

其中，FROM 子句用于指定参与连接查询的表，table_name1 和 table_name2 给出表名。WHERE 子句用于指定连接条件，condition(s)给出具体的连接条件表达式。SELECT 子句< >中的内容用于指定要检索的列。由于连接查询的结果列可能来自不同的表，所以列名前一般要带上表名作为前缀以示区别，故写成 table_name.column_name 的形式。星号(*)表示检索表中的所有列。

## 5.1.1 简单内连接

在连接查询语句中，由 FROM 子句指定参与连接的表。在连接查询结果中，各个列取至不同的表，因此，应该在连接查询结果的列名前加表名作为前缀。但是，如果各表之间的列名不相同，那么就不需要在列名前加表名作为前缀；如果在各表之间存在名字相同的列，那么在列名之前必须加表名作为前缀。

有时表名可能较长，这时可以给表起别名，以简化连接查询语句的书写。在 FROM 子句中可以给表起别名。这时 FROM 子句格式如下：

```
FROM table_name1 table_alias1, table_name2 table_alias2
```

下面给出几个例子，来说明内连接查询语句的基本使用方法，姑且称为简单内连接查询。

### 1. 相等连接

相等连接在连接条件中使用等号(=)运算符比较被连接列的列值，其查询结果中列出被连接表中的所有列，包括其中的重复属性。下面列出相等连接查询的例子。

**例 5-1**：查询教师编号、姓名以及所在系部名称等信息。

```
SQL> SELECT teacher_id, name, department_name
  2     FROM Teachers, Departments
  3       WHERE Teachers.department_id = Departments.department_id;

TEACHER_ID NAME       DEPARTME
---------- ------     --------
     10101 王彤       信息工程
     10104 孔世杰     信息工程
     10103 邹人文     信息工程
     10106 韩冬梅     信息工程
     10210 杨文化     电气工程
     10206 崔天       电气工程
     10209 孙晴碧     电气工程
     10207 张珂       电气工程
     10308 齐沈阳     机电工程
     10306 车东日     机电工程
     10309 臧海涛     机电工程
```

运行结果：

```
TEACHER_ID NAME       DEPARTME
---------- ------     --------
     10307 赵昆       机电工程
     10128 王晓       信息工程
     10328 张笑       机电工程
     10228 赵天宇     电气工程
```

已选择 15 行。

例 5-1 没有给参与连接查询的 teachers 表和 departments 表起别名，连接查询的结果列没有重名，所以，就不一定需要在列名前加表名作为前缀。

**例 5-2**：查询学生学号、姓名以及所修课程编号与成绩。

```
SQL> SELECT s.student_id, name, course_id, score
  2     FROM Students s, Students_grade sg
  3       WHERE s.student_id = sg.student_id;
```

运行结果：

```
STUDENT_ID NAME       COURSE_ID    SCORE
---------- ---------  ----------  ----------
     10101 王晓芳        10301        79
```

| 10101 | 王晓芳 | 10201 | 100 |
| 10101 | 王晓芳 | 10101 | 87 |

例 5-2 给参与连接查询的 students 表和 students_grade 表起了别名,所以简化了连接查询语句的书写。连接查询的结果选择的 student_id 列,在 students 表和 students_grade 表都存在,因此,在 student_id 列加上表别名作为前缀。如果在该列名之前不加表别名作为前缀,那么会出现列的二义性错误。

### 2. 不等连接

不等连接是在连接条件中使用除等于运算符以外的其他比较运算符,比较被连接的列的列值,这些运算符包括>、>=、<=、<、!>、!<和<>。

下面通过使用 BETWEEN...AND 比较符作为连接条件,举一个不等连接查询的例子。

**例 5-3:** 查询学生学号、百分制成绩及与之对应的等级。

```
SQL> SELECT student_id, score, grade
  2    FROM Students_grade sg, Grades g
  3      WHERE sg.score BETWEEN g.low_score AND g.high_score;

STUDENT_ID    SCORE  GRADE
----------  --------- ------
    10101        87  良好
    10101       100  优秀
    10101        79  中等
```

## 5.1.2 复杂内连接

复杂内连接是组合两个或多个表中的数据,结果中含有满足连接条件的所有记录行。多数情况是需要指定筛选条件,来显示所需要的那部分记录行。有时,连接查询还可能需要在多(两个以上)表间进行。无论是对连接查询结果的筛选,还是在两个以上表间进行连接查询,结果都增加了连接查询的复杂性。

### 1. 使用筛选条件

在连接查询中使用筛选条件,相当于在连接查询的结果中再进行一次条件查询,最终查询的结果记录同时满足连接条件和筛选条件。下面列举在连接查询中使用筛选条件的例子。

**例 5-4:** 查询具有讲师职称的教师编号、姓名以及所在系部名称等信息。

```
SQL> SELECT teacher_id, name, department_name
  2    FROM Teachers t, Departments d
  3      WHERE t.department_id = d.department_id AND title= '讲师';
```

运行结果:

```
TEACHER_ID NAME    DEPARTME
---------- ------- --------
    10103  邹人文  信息工程
    10209  孙晴碧  电气工程
    10207  张珂    电气工程
```

| 10307 | 赵昆 | 机电工程 |

**例 5-5**：查询计算机专业学生学号、姓名以及所修课程编号与成绩。

```
SQL> SELECT s.student_id, name, course_id, score
  2    FROM Students s, Students_grade sg
  3      WHERE s.student_id = sg.student_id AND specialty = '计算机';
```

运行结果：

| STUDENT_ID | NAME | COURSE_ID | SCORE |
|------------|------|-----------|-------|
| 10101 | 王晓芳 | 10301 | 79 |
| 10101 | 王晓芳 | 10201 | 100 |
| 10101 | 王晓芳 | 10101 | 87 |

**例 5-6**：查询选修一门以上课程的学生学号、学生姓名及所修课程门数。

```
SQL> SELECT s.student_id, s.name, count(*) AS 所修课程门数
  2    FROM Students s, Students_grade sg
  3      WHERE s.student_id = sg.student_id
  4        GROUP BY s.student_id, s.name
  5          HAVING count(*)>1
  6            ORDER BY s.student_id;
```

运行结果：

| STUDENT_ID | NAME | 所修课程门数 |
|------------|------|------------|
| 10101 | 王晓芳 | 3 |

### 2. 多表连接

连接查询一般在两个表间进行，但有时也会涉及两个以上的表。连接查询在多(两个以上)表间进行，通常很难控制，容易出现错误。用户可以通过一次连接两个表，进行多次连接的方法来实现多表连接。下面列举在多表间进行连接查询的例子。

**例 5-7**：查询学生成绩。要求查询结果中含有学生姓名、课程名称、成绩等信息。由于查询结果 name、course_name 与 score 列分别来自 students、courses 以及 students_grade 三个表，因此，此连接查询要在上述三个表间进行。

```
SQL> SELECT s.name, course_name, score
  2    FROM Students s, Courses c, Students_grade sg
  3      WHERE s.student_id = sg.student_id AND c.course_id = sg.course_id;
```

运行结果：

| NAME | COURSE_NAME | SCORE |
|------|-------------|-------|
| 王晓芳 | 工程制图 | 79 |
| 王晓芳 | 自动控制原理 | 100 |
| 王晓芳 | 计算机组成原理 | 87 |

**例 5-8**：查询学生平均成绩。要求查询结果中含有学生学号、学生姓名、课程名称、平均成绩等信息。由于查询结果 s.student_id、s.name、c.course_name 与 AVG(sg.score)列分

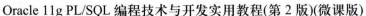

别来自 students、courses 以及 students_grade 三个表，因此，此连接查询要在上述三个表间进行。

```
SQL> SELECT s.student_id, s.name, c.course_name, AVG(sg.score) AS 平均成绩
  2    FROM Students s, Courses c, Students_grade sg
  3      WHERE s.student_id = sg.student_id AND c.course_id = sg.course_id
  4        GROUP BY s.student_id, s.name, c.course_name;
```

运行结果：

| STUDENT_ID | NAME | COURSE_NAME | 平均成绩 |
|------------|------|-------------|---------|
| 10101 | 王晓芳 | 计算机组成原理 | 87 |
| 10101 | 王晓芳 | 工程制图 | 79 |
| 10101 | 王晓芳 | 自动控制原理 | 100 |

# 5.2  外连接查询

外连接查询是由内连接查询扩展产生的。内连接查询返回满足连接条件的记录；而外连接查询则在内连接查询结果的基础上，部分或全部添加回被内连接查询从原表中删除的记录。外连接查询分为左外连接、右外连接和全外连接查询三种类型。左外连接添加回内连接查询从第一个表中删除的所有行。右外连接添加回内连接查询从第二个表中删除的所有行。全外连接添加回内连接查询从两个表中删除的所有行。

在标准 SQL 实现外连接查询之前，Oracle 已经实现了外连接查询。Oracle 编写连接的语法，是将连接条件放在 WHERE 子句中。标准 SQL 实现了外连接查询，编写连接的语法，是将连接条件放在 FROM 子句中。Oracle 11g 版本同时支持编写外连接的这两种方式。Oracle 11g 版本采用的标准 SQL 外连接查询语句格式如下：

```
SELECT<table_name1.*/table_name1.column_name1, …
table_name2.*/table_name2.column_name1, …>
FROM table_name1 [ LEFT | RIGHT | FULL ] JOIN table_name2 ON
condition(s);
```

其中，ON 子句用于指定连接条件；FROM 子句指定外连接类型，若选择 LEFT，表示进行左外连接查询；若选择 RIGHT，表示进行右外连接查询；若选择 FULL 表示进行完全外连接查询。

Oracle 9i 以前版本采用的非标准 SQL 外连接查询语句格式与内连接查询的语句格式相同。但在进行左连接或右外连接查询时，需要在 WHERE 子句的 condition(s)表达式的适当位置给出(+)操作符指定外连接类型，并且不能实现完全外连接查询。

💡知识要点

关于使用(+)操作符有 5 个注意事项：
①(+)操作符只能出现在 WHERE 子句中，并且不能与 OUTER JOIN 语法同时使用。②当使用(+)操作符执行外连接时，如果在 WHERE 子句中包含有多个条件，则必须在所有条件中都包含(+)操作符。③(+)操作符只适用于列，而不能用在表达式上。④(+)操作符不能与 OR 和 IN 操作符一起使用。⑤(+)操作符只能用于实现左外连接和右外连接，而不能用于实现完全外连接。

## 5.2.1　左外连接

左外连接查询添加回内连接查询从第一个表中删除的所有行。NULL 值被放入其他表的列中。例如，在下面表的第一行中，departments 表的第二行被添加回结果表中。teachers 表的匹配行所在的列(department_name、director_id)都被设置为 NULL。

**例 5-9**：查询教师编号、教师姓名及其所在系部的名称。使用 Oracle 11g 版本采用的非标准 SQL 外连接查询语句格式。

```
SQL> SELECT teacher_id, name, department_name
  2    FROM Teachers t, Departments d
  3     WHERE t.department_id = d.department_id(+);
```

运行结果：

```
TEACHER_ID  NAME    DEPARTME
----------  ------- --------
     10128  王晓    信息工程
     10106  韩冬梅  信息工程
     10103  邹人文  信息工程
     10104  孔世杰  信息工程
     10101  王彤    信息工程
     10228  赵天宇  电气工程
     10207  张珂    电气工程
     10209  孙晴碧  电气工程
     10206  崔天    电气工程
     10210  杨文化  电气工程
     10328  张笑    机电工程
     10307  赵昆    机电工程
     10309  臧海涛  机电工程
     10306  车东日  机电工程
     10308  齐沈阳  机电工程
     11111  林飞
```

已选择 16 行。

**例 5-10**：查询教师编号、教师姓名及其所在系部的名称。使用 Oracle 11g 版本采用的标准 SQL 外连接查询语句格式。

```
SQL> SELECT teacher_id, name, department_name
  2    FROM Teachers t LEFT OUTER
  3     JOIN Departments d ON t.department_id = d.department_id;
```

运行结果：

```
TEACHER_ID NAME    DEPARTME
---------- ------- --------
     10128  王晓    信息工程
     10106  韩冬梅  信息工程
     10103  邹人文  信息工程
     10104  孔世杰  信息工程
     10101  王彤    信息工程
```

```
10228    赵天宇    电气工程
10207    张珂      电气工程
10209    孙晴碧    电气工程
10206    崔天      电气工程
10210    杨文化    电气工程
10328    张笑      机电工程
10307    赵昆      机电工程
10309    臧海涛    机电工程
10306    车东日    机电工程
10308    齐沈阳    机电工程
11111    林飞
```

已选择 16 行。

## 5.2.2 右外连接

右外连接查询添加回内连接查询从第二个表中删除的所有行。例如，在下面表的第一行中，teachers 表的第二行被添加回结果表中。departments 表的匹配行所在的列(teacher_id、 name)都被设置为 NULL。

**例 5-11**：查询教师编号、教师姓名及其所在系部的名称。使用 Oracle 11g 版本采用的非标准 SQL 外连接查询语句格式。

```
SQL> SELECT teacher_id, name, department_name
  2    FROM Teachers t, Departments d
  3    WHERE t.department_id(+) = d.department_id;
```

运行结果：

```
TEACHER_ID NAME    DEPARTME
---------- ------- --------
     10101 王彤    信息工程
     10104 孔世杰  信息工程
     10103 邹人文  信息工程
     10106 韩冬梅  信息工程
     10210 杨文化  电气工程
     10206 崔天    电气工程
     10209 孙晴碧  电气工程
     10207 张珂    电气工程
     10308 齐沈阳  机电工程
     10306 车东日  机电工程
     10309 臧海涛  机电工程
     10307 赵昆    机电工程
     10128 王晓    信息工程
     10328 张笑    机电工程
     10228 赵天宇  电气工程
     11111 林飞    工商管理
```

已选择 16 行。

**例 5-12**：查询教师编号、教师姓名及其所在系部的名称。使用 Oracle 11g 版本采用的标准 SQL 外连接查询语句格式。

```
SQL> SELECT teacher_id, name, department_name
  2    FROM Teachers t RIGHT OUTER
  3      JOIN Departments d ON t.department_id = d.department_id;
```

运行结果：

```
TEACHER_ID NAME      DEPARTME
---------- ------    --------
     10101 王彤      信息工程
     10104 孔世杰    信息工程
     10103 邹人文    信息工程
     10106 韩冬梅    信息工程
     10210 杨文化    电气工程
     10206 崔天      电气工程
     10209 孙晴碧    电气工程
     10207 张珂      电气工程
     10308 齐沈阳    机电工程
     10306 车东日    机电工程
     10309 臧海涛    机电工程
     10307 赵昆      机电工程
     10128 王晓      信息工程
     10328 张笑      机电工程
     10228 赵天宇    电气工程
     11111 林飞      工商管理

已选择 16 行。
```

## 5.2.3　全外连接

全外连接添加回了内连接查询从两个表中删除的所有行。NULL 值被放入其他表的列中。

**例 5-13**：查询教师编号、教师姓名及其所在系部的名称。使用 Oracle 11g 版本采用的非标准 SQL 外连接查询语句格式。由于此种语句格式不直接支持全外连接，因此，需要使用间接的方法来实现全外连接。具体方法是，通过编写左外连接和右外连接的 UNION 操作完成全外连接。

```
SQL> SELECT teacher_id, name, department_name
  2    FROM Teachers t, Departments d
  3      WHERE t.department_id = d.department_id(+)
  4  UNION
  5  SELECT teacher_id, name, department_name
  6    FROM Teachers t, Departments d
  7      WHERE t.department_id(+) = d.department_id;
```

运行结果：

```
TEACHER_ID NAME      DEPARTME
---------- ------    --------
     10101 王彤      信息工程
     10103 邹人文    信息工程
     10104 孔世杰    信息工程
```

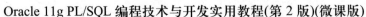
| | | |
|---|---|---|
| 10106 | 韩冬梅 | 信息工程 |
| 10128 | 王晓 | 信息工程 |
| 10206 | 崔天 | 电气工程 |
| 10207 | 张珂 | 电气工程 |
| 10209 | 孙晴碧 | 电气工程 |
| 10210 | 杨文化 | 电气工程 |
| 10228 | 赵天宇 | 电气工程 |
| 10306 | 车东日 | 机电工程 |
| 10307 | 赵昆 | 机电工程 |
| 10308 | 齐沈阳 | 机电工程 |
| 10309 | 臧海涛 | 机电工程 |
| 10328 | 张笑 | 机电工程 |
| 11111 | 林飞 | 工商管理 |

已选择 17 行。

**例 5-14**：查询教师编号、教师姓名及其所在系部的名称。使用 Oracle 11g 版本采用的标准 SQL 外连接查询语句格式。

```sql
SQL> SELECT teacher_id, name, department_name
  2    FROM Teachers t FULL OUTER
  3      JOIN Departments d ON t.department_id = d.department_id;
```

运行结果：

```
TEACHER_ID NAME   DEPARTME
---------- ------ --------
     10128 王晓     信息工程
     10106 韩冬梅   信息工程
     10103 邹人文   信息工程
     10104 孔世杰   信息工程
     10101 王彤     信息工程
     10228 赵天宇   电气工程
     10207 张珂     电气工程
     10209 孙晴碧   电气工程
     10206 崔天     电气工程
     10210 杨文化   电气工程
     10328 张笑     机电工程
     10307 赵昆     机电工程
     10309 臧海涛   机电工程
     10306 车东日   机电工程
     10308 齐沈阳   机电工程
     11111 林飞     工商管理

已选择 17 行。
```

# 5.3  其他特殊连接

连接查询一般都要给出连接条件。但在特殊情况下，连接查询没有使用连接条件，这样的连接查询被称为交叉连接(笛卡尔乘积)。连接查询一般是在两个及两个以上表或视图上进行的，但有时连接查询在一个表或一个视图上进行，这样的连接查询被称为自然连接。

下面讲述这两种特殊连接查询——交叉连接查询和自然连接查询。

## 5.3.1　交叉连接查询

交叉连接查询不经常使用，但事实上，所有连接操作都源自交叉连接查询。因为交叉连接查询提供了内连接和外连接的基础，所以理解交叉连接非常重要。由于交叉连接查询的结果具有很多记录(m*n)，因此，应该只将它用于小型表(记录行少)，避免对大型表(记录行多)进行交叉连接。

下面的例子可以看到交叉连接查询的结果。

**例 5-15**：在 teachers 表和 departments 表上进行交叉连接，要求取教师编号、教师姓名、系部名称三列。注意，交叉连接查询语句中没有给出 WHERE 子句，即没有使用连接条件。如果 teachers 表中有 m 条记录， departments 表有 n 条记录，那么交叉连接查询结果中，共有 m*n 条记录。

```
SQL> SELECT teacher_id, name, department_name
  2    FROM Teachers, Departments;
```

运行结果：

```
TEACHER_ID NAME    DEPARTME
---------- ------  --------
     10101 王彤    信息工程
     10104 孔世杰  信息工程
     10103 邹人文  信息工程
     10106 韩冬梅  信息工程
     10210 杨文化  信息工程
     10206 崔天    信息工程
     10209 孙晴碧  信息工程
     10207 张珂    信息工程
     10308 齐沈阳  信息工程
     10306 车东日  信息工程
     10309 臧海涛  信息工程
     10307 赵昆    信息工程
     10128 王晓    信息工程
     10328 张笑    信息工程
     10228 赵天宇  信息工程
     11111 林飞    信息工程
     10101 王彤    电气工程
     10104 孔世杰  电气工程
     10103 邹人文  电气工程
     10106 韩冬梅  电气工程
     10210 杨文化  电气工程
     10206 崔天    电气工程
     10209 孙晴碧  电气工程
     10207 张珂    电气工程
     10308 齐沈阳  电气工程
     10306 车东日  电气工程
     10309 臧海涛  电气工程
```

| 10307 | 赵昆 | 电气工程 |
| 10128 | 王晓 | 电气工程 |
| 10328 | 张笑 | 电气工程 |
| 10228 | 赵天宇 | 电气工程 |
| 11111 | 林飞 | 电气工程 |
| 10101 | 王彤 | 机电工程 |
| 10104 | 孔世杰 | 机电工程 |
| 10103 | 邹人文 | 机电工程 |
| 10106 | 韩冬梅 | 机电工程 |
| 10210 | 杨文化 | 机电工程 |
| 10206 | 崔天 | 机电工程 |
| 10209 | 孙晴碧 | 机电工程 |
| 10207 | 张珂 | 机电工程 |
| 10308 | 齐沈阳 | 机电工程 |
| 10306 | 车东日 | 机电工程 |
| 10309 | 臧海涛 | 机电工程 |
| 10307 | 赵昆 | 机电工程 |
| 10128 | 王晓 | 机电工程 |
| 10328 | 张笑 | 机电工程 |
| 10228 | 赵天宇 | 机电工程 |
| 11111 | 林飞 | 机电工程 |
| 10101 | 王彤 | 工商管理 |
| 10104 | 孔世杰 | 工商管理 |
| 10103 | 邹人文 | 工商管理 |
| 10106 | 韩冬梅 | 工商管理 |
| 10210 | 杨文化 | 工商管理 |
| 10206 | 崔天 | 工商管理 |
| 10209 | 孙晴碧 | 工商管理 |
| 10207 | 张珂 | 工商管理 |
| 10308 | 齐沈阳 | 工商管理 |
| 10306 | 车东日 | 工商管理 |
| 10309 | 臧海涛 | 工商管理 |
| 10307 | 赵昆 | 工商管理 |
| 10128 | 王晓 | 工商管理 |
| 10328 | 张笑 | 工商管理 |
| 10228 | 赵天宇 | 工商管理 |
| 11111 | 林飞 | 工商管理 |

已选择 64 行。

### 5.3.2　自然连接查询

自然连接查询是某一个表与自身进行的连接查询。表与自身连接似乎只是提供了相同事物的两个副本，无法提供更多的信息，因此，自然连接查询似乎没有任何意义。所有的数据库(包括 Oracle)每次只能处理表中一行记录。虽然可以访问一行记录中的所有列，但是只能在一行记录中进行。如果在同一时间需要同一个表中两个不同行中的信息，则需要将表与自身进行连接。

下面介绍自然连接查询的一个例子，打算在表的同一行中列出关于学生和班长的信息。问题在于关于学生的信息与关于班长的信息在同一表中，但不在同一个行记录中。因此，必须在同一时间使用表的两个不同行，可以这样描绘这种情况。

根据 student_id 列和 monitor_id 列的对应关系，可以确定某学生的班长是谁。为了显示学生及其班长之间的对应关系，可以使用自然连接查询。因为自然连接查询是在同一个表之间的连接，所以必须定义表别名。下面的例子说明了使用自然连接查询的方法。

例 5-16：显示学生与班长的对应信息。使用 Oracle 11g 版本采用的非标准 SQL 外连接查询语句格式。

```
SQL> SELECT s1.student_id, s1.name AS 学生名, s1.monitor_id, s2.name AS 班长名
  2    FROM Students s1, Students s2
  3     WHERE s1.monitor_id = s2.student_id(+);
```

运行结果：

| STUDENT_ID | 学生名 | MONITOR_ID | 班长名 |
|-----------|--------|-----------|--------|
| 10128 | 白昕 | 10101 | 王晓芳 |
| 10105 | 韩刘 | 10101 | 王晓芳 |
| 10103 | 王天仪 | 10101 | 王晓芳 |
| 10112 | 张纯玉 | 10101 | 王晓芳 |
| 10102 | 刘春苹 | 10101 | 王晓芳 |
| 10228 | 林紫寒 | 10205 | 李秋枫 |
| 10212 | 欧阳春岚 | 10205 | 李秋枫 |
| 10213 | 高淼 | 10205 | 李秋枫 |
| 10201 | 赵凤雨 | 10205 | 李秋枫 |
| 10207 | 王刚 | 10205 | 李秋枫 |
| 10328 | 曾程程 | 10301 | 高山 |
| 10312 | 白菲菲 | 10301 | 高山 |
| 10314 | 赵迪帆 | 10301 | 高山 |
| 10311 | 张杨 | 10301 | 高山 |
| 10318 | 张冬云 | 10301 | 高山 |
| 10301 | 高山 | | |
| 10205 | 李秋枫 | | |
| 10101 | 王晓芳 | | |

已选择 18 行。

例 5-17：显示学生与班长的对应信息。使用 Oracle 11g 版本采用的标准 SQL 外连接查询语句格式。

```
SQL> SELECT s1.student_id, s1.name AS 学生名, s1.monitor_id, s2.name AS 班长名
  2    FROM Students s1 LEFT OUTER
  3     JOIN Students s2 ON s1.monitor_id = s2.student_id;
```

运行结果：

| STUDENT_ID | 学生名 | MONITOR_ID | 班长名 |
|-----------|--------|-----------|--------|
| 10128 | 白昕 | 10101 | 王晓芳 |
| 10105 | 韩刘 | 10101 | 王晓芳 |
| 10103 | 王天仪 | 10101 | 王晓芳 |
| 10112 | 张纯玉 | 10101 | 王晓芳 |
| 10102 | 刘春苹 | 10101 | 王晓芳 |

| 10228 | 林紫寒 | 10205 | 李秋枫 |
|---|---|---|---|
| 10212 | 欧阳春岚 | 10205 | 李秋枫 |
| 10213 | 高淼 | 10205 | 李秋枫 |
| 10201 | 赵风雨 | 10205 | 李秋枫 |
| 10207 | 王刚 | 10205 | 李秋枫 |
| 10328 | 曾程程 | 10301 | 高山 |
| 10312 | 白菲菲 | 10301 | 高山 |
| 10314 | 赵迪帆 | 10301 | 高山 |
| 10311 | 张杨 | 10301 | 高山 |
| 10318 | 张冬云 | 10301 | 高山 |
| 10301 | 高山 | | |
| 10205 | 李秋枫 | | |
| 10101 | 王晓芳 | | |

已选择 18 行。

提示：有关自然连接的注意事项如下：①如果做自然连接的两个表有多个字段都满足相同名称和类型，那么它们会被作为自然连接的条件。②如果自然连接的两个表仅是字段名称相同，但数据类型不同，那么将会返回一个错误。

# 上机实训：在生成的 PROJECTS 表中追加记录

## 实训内容和要求

王晓按照指定的字段名、数据类型、长度生成 PROJECTS 数据表，并在表中添加指定的记录。

## 实训步骤

(1) 生成一个数据表 PROJECTS，其字段定义如下，其中，PROJID 是主键并且要求 P_END_DATE 不能比 P_START_DATE 早。

```
字段名称          数据类型      长度
PROJID           NUMBER       4
P_DESC           VARCHAR2     20
P_START_DATE     DATE
P_END_DATE DATE
BUDGET_AMOUNT    NUMBER       7,2
MAX_NO_STAFF     NUMBER       2
create table PROJECTS(
  PROJID number(4) primary key,
  P_DESC varchar2(20),
  P_START_DATE DATE,
  P_END_DATE DATE,
  BUDGET_AMOUNT number(7,2),
  MAX_NO_STAFF number(2),
  CHECK(P_END_DATE >= P_START_DATE)
  );
```

(2) 在 PROJECTS 数据库表中增加下列记录：

```
PROJID            1              2
P_DESC  WRITE   C030 COURSE  PROOF READ NOTES
P_START_DATE   02-JAN-88    01-JAN-89
P_END_DATE  07-JAN-88    10-JAN-89
BUDGET_AMOUNT   500          600
MAX_NO_STAFF    1            1
COMMENTS     BR CREATIVE YOUR CHOICE
Insert into PROJECTS values(1,'WRITE C030 COURSE','02-1月-88','07-1月-
88',500,1, 'BR CREATIVE');
Insert into PROJECTS values(2,'PROOF READ NOTES','01-1月-89','10-1月-
89',600,1, 'YOUR CHOICE');
```

# 本 章 小 结

连接查询通常是在两个及两个以上表或视图上进行的。依据连接条件，连接查询组合两个及两个以上表或视图中的数据，形成查询结果。使用前几章中学到的技术，可以从连接查询结果中筛选出其中一部分数据。在学习了本章之后，读者将学会使用内连接查询；使用相等连接与不等连接；使用外连接查询(包括左外连接、右外连接和全外连接查询)；使用交叉连接；使用自然连接。

# 习 题

## 一、填空题

1. _____组合两个或多个表(视图)中的数据，其查询结果含有多个原表中的相关数据。

2. 在连接查询语句中，由_____子句指定参与连接的表。

3. 在连接查询中使用筛选条件，相当于_____；最终查询的结果记录，同时满足连接条件和筛选条件。

4. _____添加回内连接查询从第一个表中删除的所有行。

5. _____是某一个表与自身进行的连接查询。

## 二、选择题

1. 连接查询通常针对(　　)表进行。
    A. 两个或两个以上　　　　　　　　　　B. 三个
    C. 四个　　　　　　　　　　　　　　　D. 五个

2. 交叉连接查询最适用于(　　)。
    A. 大型表　　　　　　B. 大中型表　　　　　　C. 中型表　　　　　　D. 小型表

## 三、上机实验

实验一：内容要求
生成一个数据表 ASSIGNMENTS，其字段定义如下，其中 PROJID 是外键引自

PROJECTS 数据表，EMPNO 是数据表 EMP 的外键，并且要求 PROJID 和 EMPNO 不能为 NULL。

| 字段名称 | 数据类型 | 长度 |
|---|---|---|
| PROJID | NUMBER | 4 |
| EMPNO | NUMBER | 4 |

实验二：内容要求

把 ASSIGMENTS 表中 ASSIGNMENT TYPE 的 WR 改为 WT，其他的值不变。

# 第6章

数据控制语言与数据定义语言

**本章要点**

(1) 掌握数据控制语句。
(2) 掌握数据库表的建立、修改、删除方法。
(3) 掌握数据库索引的建立、修改、删除方法。
(4) 掌握数据库视图的建立、修改、删除方法。

**学习目标**

(1) 学习授予用户系统权限语句的格式。
(2) 学习查看授予用户的系统权限。

# 6.1 数据控制语言

数据控制语言(DCL)的功能是控制用户对数据库的存取权限。用户对某类数据具有何种操作权限是由 DBA(数据库管理员)决定的。Oracle 通过数据控制语言的 GRANT 语句完成权限授予,REVOKE 语句完成权限收回。授权的结果存入 Oracle 的数据字典中,当用户提出操作数据库请求时,Oracle 会根据对数据字典中授权情况的检查,决定是执行还是拒绝该操作请求。

## 6.1.1 数据库权限

根据系统管理方式的不同,在 Oracle 数据库中将权限分为两大类:系统权限(System Privilege)和对象权限(Object Privilege)。

### 1. 系统权限

系统权限是在数据库中执行某种特定操作的权力。系统权限并不针对某一个特定的对象,而是针对整个数据库范围。例如,在模式中创建表或者创建视图的权力,这些都属于系统权限。在 Oracle 11g 中提供了近百种系统权限。这里介绍常用的系统权限。要全面了解系统权限,请阅读 Oracle 11g SQL 参考手册。表 6-1 所示为 Oracle 数据库常用系统权限种类及功能说明。

表 6-1 Oracle 数据库常用系统权限种类及功能说明

| 常用系统权限 | 功能说明 |
| --- | --- |
| CREATE SESSION | 连接到数据库上 |
| CREATE SEQUENCE | 创建序列。序列是一系列数字,通常用来自动填充主键列 |
| CREATE SYNONYM | 创建同名对象。同名对象用于引用其他模式中的表 |
| CREATE TABLE | 创建表 |
| CREATE ANY TABLE | 在任何模式中创建表 |
| DROP TABLE | 删除表 |
| DROP ANY TABLE | 删除任何模式中的表 |
| CREATE PROCEDURE | 创建存储过程 |

| 常用系统权限 | 功能说明 |
| --- | --- |
| EXECUTE ANY PROCEDURE | 执行任何模式中的存储过程 |
| CREATE USER | 创建用户 |
| DROP USER | 删除用户 |
| CRETAE VIEW | 创建视图。视图是存储的查询，可以用来对多个表和多列进行访问，然后就可以像查询表一样查询视图 |

### 2．对象权限

对象权限是指某一用户对其他用户的表、视图、序列、存储过程、函数、包等的操作权限。不同类型的对象具有不同的对象权限。对于有些模式对象，比如聚簇、索引、触发器、数据库链接等，没有相应的实体权限，这些权限是由系统权限进行管理。Oracle 数据库中提供了多种对象权限，这里介绍常用的对象权限。表 6-2 所示为 Oracle 数据库常用对象权限种类及功能说明。

表 6-2　Oracle 数据库常用对象权限种类及功能说明

| 对象权限 | 功能说明 |
| --- | --- |
| SELECT | 允许执行查询操作 |
| INSERT | 允许执行插入操作 |
| UPDATE | 允许执行修改操作 |
| DELETE | 允许执行删除操作 |
| EXECUTE | 允许执行存储过程 |

无论是系统权限还是对象权限，都是通过 Oracle 用户来行使的。下面首先介绍用户的概念，然后介绍权限的授予(给用户)和收回(从用户)。

### 3．用户

用户是 Oracle 数据库的合法使用者。创建 Oracle 数据库时，系统自动生成 SYSTEM 和 SYS 两个基本用户。除系统自动生成的用户外，其他用户均需另外创建，创建用户的用户需要以一个特权用户的身份注册到数据库上。下面的例子使用了 SYSTEM 用户，其密码为默认的 manager。已建立的用户，还可以修改其属性，如密码等；也可以删除不再需要的用户。

1)　建立用户

建立用户语句的基本格式如下：

```
CREATE USER user_name
IDENTIFIED BY password
[DEFAULT TABLESPACE tabspace_name]
[TEMPORARY TABLESPACE tabspace_name];
```

其中，user_name 指定将要建立的用户名；password 指定所建用户的密码；可选项 [DEFAULT TABLESPACE tabspace_name]使用 tabspace_name 指定用户所建对象的默认表空间，如果忽略该选项，默认使用 SYSTEM 表空间；可选项[TEMPORARY TABLESPACE

tabspace_name]使用 tabspace_name 指定用户所建临时对象的默认表空间，如果忽略该选项，默认使用 SYSTEM 表空间。

以上介绍的是建立用户语句的基本功能，要全面了解其功能，可阅读 Oracle 11g SQL 参考手册。

新建立的用户，在没有授予任何权限的情况下，还不能使用 Oracle 数据库资源。授予用户权限将在 6.1.2 权限控制小节中介绍，届时，获得一定权限的用户，将在权限的允许范围内使用数据库资源。

**例 6-1：**建立用户 wang 并指定口令为 office。由于用户 wang 尚未被指定 CREATE SESSION 权限，因此，用户 wang 不能登录 Oracle。

```
SQL> CONNECT system/huali1963

已连接。

SQL> CREATE USER wang IDENTIFIED BY office;

用户已创建。

SQL> CONNECT wang/office
ERROR:
ORA-01045: user WANG lacks CREATE SESSION privilege; logon denied

警告：您不再连接到 ORACLE。
```

**例 6-2：**建立用户 xiaoli，并指定口令为 finance，且指定一个默认表空间 users 和一个临时表空间 temp。同例 6-1 一样，由于用户 xiaoli 尚未被指定 CREATE SESSION 权限，因此，用户 xiaoli 不能登录 Oracle。

```
SQL> CONNECT system/huali1963

已连接。

SQL> CREATE USER xiaoli IDENTIFIED BY finance
  2    DEFAULT TABLESPACE users
  3      TEMPORARY TABLESPACE temp;

用户已创建。

SQL> CONNECT xiaoli/finance
ERROR:
ORA-01045: user XIAOLI lacks CREATE SESSION privilege; logon denied

警告：您不再连接到 ORACLE。
```

2)　修改用户密码

修改用户密码语句的格式如下：

```
ALTER USER user_name IDENTIFIED BY newpassword;
```

其中，user_name 指定将要修改密码的用户名；newpassword 指定修改后的密码。

**例 6-3**：将用户 wang 的密码修改为 gold。

```
SQL> CONNECT system/huali1963

已连接。

SQL> ALTER USER wang IDENTIFIED BY gold;

用户已更改。
```

3)　删除用户

删除用户语句的格式如下：

```
DROP USER user_name [CASCADE];
```

其中，user_name 指定将要删除的用户名；可选项[CASCADE]在要删除的用户模式中包含对象(如表、存储过程等)时，不可忽略。

**例 6-4**：将用户 wang 删除。

```
SQL> CONNECT system/huali1963

已连接。

SQL> DROP USER wang;

用户已删除。
```

## 6.1.2　权限控制

新建立的用户，必须授予某种权限才能使用 Oracle 数据库资源。一般情况下，由数据库管理员(DBA)授权给用户；有时，也可以通过具有授予权限的用户再授权给其他用户。

**1. 系统权限控制**

系统权限控制包括系统权限的授予和收回。如果需要了解用户所具有的系统权限，可以通过数据字典进行查看。

1)　授予用户系统权限

授予用户系统权限语句的格式如下：

```
GRANT system_privileges_list TO user_name [WITH ADMIN OPTION];
```

其中，user_name 指定被授权的用户名，若用户名为 PUBLIC，则指定所有用户；system_privileges_list 指定将要授予用户系统权限的权限列表，参见表 6-1；可选项[WITH ADMIN OPTION]指定被授权用户可以将其获得的权限再授予其他用户。

**例 6-5**：授予用户 xiaoli CREATE SESSION、CREATE USER、CREATE TABLE 等权限。

```
SQL> CONNECT system/huali1963

已连接。
```

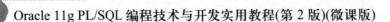

```
SQL> GRANT CREATE SESSION, CREATE USER, CREATE TABLE TO xiaoli;

授权成功。
```

**例 6-6：** 授予用户 xiaoli 权限 EXECUTE ANY PROCEDURE。给用户 xiaoli 授权时，使用了 WITH ADMIN OPTION 选项，因此，用户 xiaoli 还可以将获得的 EXECUTE ANY PROCEDURE 系统权限再授予其他用户。

```
SQL> CONNECT system/huali1963

已连接。

SQL> GRANT EXECUTE ANY PROCEDURE TO xiaoli WITH ADMIN OPTION;

授权成功。
```

**例 6-7：** 通过用户 xiaoli 授予用户 zhang EXECUTE ANY PROCEDURE 权限。

```
SQL> CONNECT xiaoli/finance

已连接。

SQL> GRANT EXECUTE ANY PROCEDURE TO zhang;

授权成功。
```

**例 6-8：** 将系统权限 CREATE SESSION 和 EXECUTE ANY PROCEDURE 授予所有用户。

```
SQL> CONNECT system/huali1963
已连接。
SQL> GRANT CREATE SESSION, EXECUTE ANY PROCEDURE TO PUBLIC;

授权成功。
```

2) 查看授予用户的系统权限

通过数据字典中的 user_sys_privs 视图，可以查看授予用户的系统权限。user_sys_privs 视图给出用户名(username)、系统权限(privilege)、是否可以将该用户拥有的权限再授予其他用户(ADM)等信息。具体方法参见下面的例子。

**例 6-9：** 查看授予用户 xiaoli 的系统权限。

```
SQL> CONNECT xiaoli/finance

已连接。

SQL> SELECT *
  2    FROM user_sys_privs;
```

运行结果：

| USERNAME | PRIVILEGE | ADM |
| --- | --- | --- |
| PUBLIC | CREATE SESSION | NO |
| XIAOLI | CREATE TABLE | NO |

```
XIAOLI                        EXECUTE ANY PROCEDURE              YES
XIAOLI                        CREATE SESSION                    NO
PUBLIC                        EXECUTE ANY PROCEDURE             NO
XIAOLI                        CREATE USER                       NO
```

已选择 6 行。

**例 6-10**：查看授予用户 zhang 的系统权限。

```
SQL> CONNECT zhang/archives

已连接。

SQL> SELECT *
  2    FROM user_sys_privs;
```

运行结果：

```
USERNAME                      PRIVILEGE                         ADM
----------------------------- --------------------------------- ---
PUBLIC                        CREATE SESSION                    NO
ZHANG                         EXECUTE ANY PROCEDURE             NO
PUBLIC                        EXECUTE ANY PROCEDURE             NO
```

3)　收回用户系统权限

要从用户中撤销对象权限，仍然要使用 REVOKE 命令来完成。收回用户系统权限语句的格式如下：

```
REVOKE system_privileges FROM user_name;
```

其中，system_privileges 指定将要收回的系统权限；user_name 指定被收回系统权限的用户名。

**例 6-11**：收回用户 xiaoli 的系统权限 CREATE TABLE，之后再查看授予用户 xiaoli 的系统权限。

```
SQL> CONNECT system/huali1963

已连接。

SQL> REVOKE CREATE TABLE FROM xiaoli;

撤销成功。

SQL> CONNECT xiaoli/finance

已连接。

SQL> SELECT *
  2    FROM user_sys_privs;
```

运行结果：

```
USERNAME                      PRIVILEGE                         ADM
----------------------------- --------------------------------- ---
PUBLIC                        CREATE SESSION                    NO
```

| XIAOLI | EXECUTE ANY PROCEDURE | YES |
| XIAOLI | CREATE SESSION | NO |
| PUBLIC | EXECUTE ANY PROCEDURE | NO |
| XIAOLI | CREATE USER | NO |

### 2．对象权限控制

对象权限控制包括对象权限的授予和收回。如果需要了解用户具有哪些对象权限，可以通过数据字典进行查看。

1）授予用户对象权限

授予用户对象权限语句的格式如下：

```
GRANT object_privileges_list ON table_name TO user_name [WITH GRANT
OPTION];
```

其中，user_name 指定被授权的用户名；object_privileges_list 指定将要授予用户对象权限的权限列表，具体如表 6-2 所示；可选项[WITH GRANTOPTION]指定被授权用户可以将其获得的权限再授予其他用户。

**例 6-12**：授予用户 xiaoli 在表 departments 上具有 SELECT、INSERT、UPDATE 对象权限。

```
SQL> CONNECT system/huali1963

已连接。

SQL> GRANT SELECT, INSERT, UPDATE ON Departments TO xiaoli;

授权成功。
```

**例 6-13**：授予用户 xiaoli 在表 teachers 的 wage、bonus 列上具有 UPDATE 对象权限。

```
SQL> CONNECT system/huali1963

已连接。

SQL> GRANT UPDATE (wage, bonus) ON Teachers TO xiaoli;

授权成功。
```

**例 6-14**：授予用户 xiaoli 在表 students 上具有 SELECT 对象权限，并指定可选项 WITH GRANT OPTION。

```
SQL> CONNECT system/huali1963

已连接。

SQL> GRANT SELECT ON Students TO xiaoli WITH GRANT OPTION;

授权成功。
```

用户 xiaoli 在表 students 上具有 SELECT 对象权限后，即可查询表 students。

```
SQL> CONNECT xiaoli/finance
```

```
已连接。

SQL> SELECT * FROM system.Students;
```

运行结果：

```
STUDENT_ID MONITOR_ID NAME    SEX    DOB             SPECIALTY
---------- ---------- ------- ------ --------------- ----------
    10101             王晓芳   女     06-5 月 -88     计算机
    10205             李秋枫   男     25-11 月-90     自动化
    10102     10101   刘春苹   女     12-8 月 -91     计算机
    10301             高山     男     08-10 月-90     机电工程
    10207     10205   王刚     男     03-4 月 -87     自动化
    10112     10101   张纯玉   男     21-7 月 -89     计算机
    10318     10301   张冬云   女     26-12 月-89     机电工程
    10103     10101   王天仪   男     26-12 月-89     计算机
    10201     10205   赵风雨   男     25-10 月-90     自动化
    10105     10101   韩刘     男     03-8 月 -91     计算机
    10311     10301   张杨     男     08-5 月 -90     机电工程
    10213     10205   高淼     男     11-3 月 -87     自动化
    10212     10205   欧阳春岚 女     12-3 月 -89     自动化
    10314     10301   赵迪帆   男     22-9 月 -89     机电工程
    10312     10301   白菲菲   女     06-5 月 -88     机电工程
    10328     10301   曾程程   男                     机电工程
    10128     10101   白昕     男                     计算机
    10228     10205   林紫寒   女                     自动化
```

已选择 18 行。

　　该例把对表 students 的 SELECT 对象权限授予指定的用户 xiaoli。当有 WITH GRANT OPTION 选项时，被授权的用户还可将获得的权限再授给其他用户。

　　**例 6-15**：通过用户 xiaoli 授予用户 zhao 在表 students 上具有 SELECT 对象权限。

```
SQL> CONNECT xiaoli/finance

已连接。

SQL> GRANT SELECT ON system.Students TO zhao;

授权成功。
```

　　用户 zhao 在表 students 上具有 SELECT 对象权限后，即可查询表 students。

　　2)　查看授予用户的对象权限

　　通过数据字典中的 user_tab_privs_recd 视图，可以查看授予用户的对象权限。这些信息包括：该对象的拥有者(owner)、拥有对象权限的表(table_name)、授权者(grantor)、该对象被授予的权限(privilege)、是否可以将所具有的权限再授予其他用户(grantable)等。

　　**例 6-16**：查看用户 xiaoli 在表 departments 上具有哪些对象权限。

```
SQL> CONNECT xiaoli/finance

已连接。
```

```
SQL> SELECT owner, table_name, grantor, privilege, grantable
  2    FROM user_tab_privs_recd;

OWNER                           TABLE_NAME
------------------------------  ------------------------------
GRANTOR                         PRIVILEGE                       GRA
------------------------------  ------------------------------  ---
SYSTEM                          DEPARTMENTS
SYSTEM                          UPDATE                          NO

SYSTEM                          DEPARTMENTS
SYSTEM                          SELECT                          NO

SYSTEM                          DEPARTMENTS
SYSTEM                          INSERT                          NO


OWNER                           TABLE_NAME
------------------------------  ------------------------------
GRANTOR                         PRIVILEGE                       GRA
------------------------------  ------------------------------  ---
SYSTEM                          TEACHERS
SYSTEM                          SELECT                          NO

SYSTEM                          STUDENTS
SYSTEM                          SELECT                          YES
```

3) 收回用户对象权限

要从用户中撤销对象权限，仍然要使用 REVOKE 命令来完成。收回用户对象权限语句的格式如下：

```
REVOKE object_privileges FROM user_name;
```

其中，object_privileges 指定将要收回的对象权限；user_name 指定被收回对象权限的用户名。

**例 6-17**：收回用户 xiaoli 在表 departments 上具有的 INSERT 对象权限。

```
SQL> CONNECT system/huali1963

已连接。

SQL> REVOKE INSERT ON Departments FROM xiaoli;

撤销成功。
```

**例 6-18**：收回用户 zhao 在表 students 上具有的 SELECT 对象权限。

```
SQL> CONNECT xiaoli/finance

已连接。

SQL> REVOKE SELECT ON system.Students FROM zhao;

撤销成功。
```

# 6.2　表

表是 Oracle 数据库中最基本的对象。对数据库的操作最终都是基于表进行的。本节将详细介绍建立表、修改表、删除表的方法，以及利用数据字典获得表的有关信息的方法。

## 6.2.1　建立表

使用数据描述语言(DDL)建立表有两种方法，一种是直接建立表的方法，即在建立表的语句中直接给出建立表需要的所有信息，如表名、列名、列的数据类型、关键字、约束条件等；另一种是间接建立表的方法，即通过已存在的表复制的方法建立表。

### 1. 直接建立表

直接建立表的语句格式如下：

```
CREATE TABLE table_name (
column_name datatype [CONSTRAINT constraint_name DEFAULT
default_expression…])
[TABLESPACE tablespace_name];
```

其中，table_name 指定要建立的表名；column_name 指定表中的一个列的名字，datatype 指定列的数据类型；可选项[CONSTRAINT constraint_name]由 constraint_name 定义数据库完整性约束条件，具体如表 6-3 所示；可选项[DEFAULT default_expression]由 default_expression 定义列的默认值，并且要求其数据类型与该列 datatype 指定列的数据类型相匹配；可选项[TABLESPACE tablespace_name] 由 tablespace_name 指定所建表存储的表空间，如果没有使用 tablespace_name 指定表空间，所建立的表就存储在建表用户的默认表空间中。值得注意的是，上述介绍的建表语句 CREATE TABLE 是经过简化的。

表 6-3　数据库完整性约束条件

| 约　束 | 约束类型 | 约束含义 |
|---|---|---|
| PRIMARY KEY | P | 指定表的主键。主键由一列或多列构成，唯一标识表中的行 |
| NOT NULL | C | 规定某一列不允许取空值。 |
| CHECK | C | 规定一列或一组列的值必须满足指定的约束条件 |
| UNIQUE | U | 指定一列或一组列不能取重复值 |
| FOREIGN KEY | R | 指定表的外键。外键引用另外一个表中的列，构成参照约束 |

下面给出使用 CREATE TABLE 语句直接建立表的例子。

例 6-19：建立表 departments1。其中 department_id 设为 PRIMARY KEY，department_name 设为 NOT NULL。

```
SQL> CONNECT system/huali1963

已连接。

SQL> CREATE TABLE Departments1(
```

```
2     department_id NUMBER(3)
3       CONSTRAINT d1_pk PRIMARY KEY,
4     department_name VARCHAR2(8) NOT NULL,
5     director_id NUMBER(5)
6   );
```

表已创建。

要获得表 departments1 有关约束的信息，可参照例 6-20。

**例 6-20**：建立表 teachers1，同时将表 departments1 的 department_id 设为外关键字 (Foreign key)。参照表中的列必须是该表中主关键字组成部分或唯一的关键字，否则不会生成外关键字。

```
SQL> CREATE TABLE Teachers1(
2     teacher_id NUMBER(5)
3     CONSTRAINT t1_pk PRIMARY KEY,
4     name VARCHAR2(6) NOT NULL,
5     job_title VARCHAR2(10),
6     hire_date DATE,
7     bonus NUMBER(4) DEFAULT 800,
8     wage NUMBER(5),
9     department_id NUMBER(3)
10    CONSTRAINT t1_fk_d1
11    REFERENCES Departments1(department_id)
12  );
```

表已创建。

**例 6-21**：建立表 students1，同时使用 CHECK 子句约束 sex 列值，为 register_date 设置默认值，为 phone_number 设置 UNIQUE 约束。

```
SQL> CREATE TABLE Students1(
2     student_id NUMBER(5)
3       CONSTRAINT s1_pk PRIMARY KEY,
4     name VARCHAR2(10) NOT NULL,
5     sex VARCHAR2(6)
6     CONSTRAINT sex_chk1 CHECK(sex IN ('男','女')),
7     register_date DATE DEFAULT SYSDATE,
8     phone_number VARCHAR2(12) CONSTRAINT pnum_uq UNIQUE
9   );
```

表已创建。

### 2. 间接建立表

间接建立表的方法，即通过已存在的表复制的方法建立表。间接建立表的语句格式如下：

```
CREATE TABLE table_name AS subquery;
```

其中，table_name 指定要建立的表名；subquery 利用已存在的表建立新表的子查询。

通过调整 subquery，可以使新建的表的结构取自原表结构的全部或部分，使新建的表的数据取自原表数据的全部或部分。下面通过例子说明间接建立表，即通过子查询建立表的方法。

**例 6-22**：由表 teachers 复制生成表 teachers2。并且表 teachers2 具有与表 teachers 相同的结构和相同的数据记录。

```
SQL> CREATE TABLE Teachers2 AS SELECT * FROM Teachers;
```

表已创建。

用户要查看表 teachers2 的结构可参见例 6-27。

可以使用 SELECT 语句查询表 teachers2。

```
SQL> SELECT * FROM teachers2;
```

运行结果：

| TEACHER_ID | NAME | TITLE | HIRE_DATE | BONUS | WAGE | DEPARTMENT_ID |
|---|---|---|---|---|---|---|
| 10101 | 王彤 | 教授 | 01-9月 -90 | 1000 | 3000 | 101 |
| 10104 | 孔世杰 | 副教授 | 06-7月 -94 | 800 | 2700 | 101 |
| 10103 | 邹人文 | 讲师 | 21-1月 -96 | 600 | 2400 | 101 |
| 10106 | 韩冬梅 | 助教 | 01-8月 -02 | 500 | 1800 | 101 |
| 10210 | 杨文化 | 教授 | 03-10月-89 | 1000 | 3100 | 102 |
| 10206 | 崔天 | 助教 | 05-9月 -00 | 500 | 1900 | 102 |
| 10209 | 孙晴碧 | 讲师 | 11-5月 -98 | 600 | 2500 | 102 |
| 10207 | 张珂 | 讲师 | 16-8月 -97 | 700 | 2700 | 102 |
| 10308 | 齐沈阳 | 高工 | 03-10月-89 | 1000 | 3100 | 103 |
| 10306 | 车东日 | 助教 | 05-9月 -01 | 500 | 1900 | 103 |
| 10309 | 臧海涛 | 工程师 | 29-6月 -99 | 600 | 2400 | 103 |
| 10307 | 赵昆 | 讲师 | 18-2月 -96 | 800 | 2700 | 103 |
| 10128 | 王晓 | | 05-9月 -07 | | 1000 | 101 |
| 10328 | 张笑 | | 29-9月 -07 | | 1000 | 103 |
| 10228 | 赵天宇 | | 18-9月 -07 | | 1000 | 102 |

已选择 15 行。

**例 6-23**：由表 students 生成表 students2。并且表 students2 复制表 students 的 student_id 和 name 两列(部分行)，复制其中计算机专业的学生记录(部分列)。

```
SQL> CREATE TABLE Students2 AS
  2    SELECT student_id, name FROM Students
  3     WHERE specialty='计算机';
```

表已创建。

可以使用 SELECT 语句查询表 students2。

```
SQL> SELECT * FROM Students2;
```

运行结果：

| STUDENT_ID | NAME |
|---|---|
| 10101 | 王晓芳 |
| 10102 | 刘春苹 |

```
    10112  张纯玉
    10103  王天仪
    10105  韩刘
    10128  白昕
```

已选择 6 行。

**例 6-24**：由表 teachers 生成表 teachers3。通过 UNION 操作复制其中部门号为 101 和 102 的教师记录。

```
SQL> CREATE TABLE Teachers3 AS (
  2    SELECT * FROM Teachers WHERE department_id=101
  3  UNION
  4    SELECT * FROM Teachers WHERE department_id=102);
```

表已创建。

可以使用 SELECT 语句查询表 teachers3。

```
SQL> SELECT * FROM Teachers3;
```

运行结果：

| TEACHER_ID | NAME | TITLE | HIRE_DATE | BONUS | WAGE | DEPARTMENT_ID |
|-----------|------|-------|-----------|-------|------|---------------|
| 10101 | 王彤 | 教授 | 01-9月 -90 | 1000 | 3000 | 101 |
| 10103 | 邹人文 | 讲师 | 21-1月 -96 | 600 | 2400 | 101 |
| 10104 | 孔世杰 | 副教授 | 06-7月 -94 | 800 | 2700 | 101 |
| 10106 | 韩冬梅 | 助教 | 01-8月 -02 | 500 | 1800 | 101 |
| 10128 | 王晓 | | 05-9月 -07 | | 1000 | 101 |
| 10206 | 崔天 | 助教 | 05-9月 -00 | 500 | 1900 | 102 |
| 10207 | 张珂 | 讲师 | 16-8月 -97 | 700 | 2700 | 102 |
| 10209 | 孙晴碧 | 讲师 | 11-5月 -98 | 600 | 2500 | 102 |
| 10210 | 杨文化 | 教授 | 03-10月-89 | 1000 | 3100 | 102 |
| 10228 | 赵天宇 | | 18-9月 -07 | | 1000 | 102 |

已选择 10 行。

**例 6-25**：由表 teachers 和表 departments 生成表 teachers4。通过连接查询复制表 teachers 中的 teacher_id 和 name 列，复制表 departments 中的 department_name，并复制连接条件匹配的教师记录。

```
SQL> CREATE TABLE Teachers4 AS
  2    SELECT t.teacher_id, t.name, department_name
  3    FROM Teachers t, Departments d
  4      WHERE t.department_id=d.department_id;
```

表已创建。

可以使用 SELECT 语句查询表 teachers4。

```
SQL> SELECT * FROM teachers4;
```

运行结果：

```
TEACHER_ID NAME      DEPARTME
---------- ------    --------
     10101 王彤      信息工程
     10104 孔世杰    信息工程
     10103 邹人文    信息工程
     10106 韩冬梅    信息工程
     10210 杨文化    电气工程
     10206 崔天      电气工程
     10209 孙晴碧    电气工程
     10207 张珂      电气工程
     10308 齐沈阳    机电工程
     10306 车东日    机电工程
     10309 臧海涛    机电工程
     10307 赵昆      机电工程
     10128 王晓      信息工程
     10328 张笑      机电工程
     10228 赵天宇    电气工程
```

已选择 15 行。

## 6.2.2　获得表的相关信息

获得表的相关信息可以使用 SQL*Plus 命令 DESCRIBE，也可以通过查询数据字典中的视图 user_tables 和 user_tab_columns。

### 1. 获得表的基本信息

通过查询数据字典中的视图 user_tables，可以获得表的名字(table_name)、该表所占表空间的名字(tablespace_name)以及该表是不是临时表等信息。

例 6-26：在数据字典中，获取表 DEPARTMENTS1、TEACHERS1、TEACHERS2、STUDENTS1、STUDENTS2、TEACHERS3、TEACHERS4 的 table_name、tablespace_name、temporary 等信息。

```
SQL> SELECT table_name, tablespace_name, temporary
  2    FROM user_tables
  3      WHERE table_name IN ('DEPARTMENTS1', 'TEACHERS1', 'TEACHERS2');
```

运行结果：

```
TABLE_NAME                      TABLESPACE_NAME                 T
------------------------------  ------------------------------  -
DEPARTMENTS1                    SYSTEM                          N
TEACHERS1                       SYSTEM                          N
TEACHERS2                       SYSTEM                          N

SQL> SELECT table_name, tablespace_name, temporary FROM user_tables
  2    WHERE table_name IN ('STUDENTS1', 'STUDENTS2', 'TEACHERS3',
'TEACHERS4');


TABLE_NAME                      TABLESPACE_NAME                 T
------------------------------  ------------------------------  -
STUDENTS1                       SYSTEM                          N
```

```
STUDENTS2                        SYSTEM                          N
TEACHERS3                        SYSTEM                          N
TEACHERS4                        SYSTEM                          N

SQL> SELECT table_name, tablespace_name, temporary FROM user_tables
  2    WHERE table_name IN ('STUDENTS1', 'STUDENTS2', 'TEACHERS3',
'TEACHERS4');

TABLE_NAME                       TABLESPACE_NAME                 T
------------------------         ----------------------------    -
STUDENTS1                        SYSTEM                          N
STUDENTS2                        SYSTEM                          N
TEACHERS3                        SYSTEM                          N
TEACHERS4                        SYSTEM                          N
```

**2. 获得表中列的信息**

获得表中列的信息有两种方法，一种是使用 SQL*Plus 命令 DESCRIBE(见例 6-27)，另一种是通过查询数据字典中的视图 user_tab_columns(见例 6-28)。

例 6-27：使用 SQL*Plus 的 DESCRIBE 命令显示表中列的信息，以表 teachers2 为例。

```
SQL> DESCRIBE Teachers2
```

运行结果：

```
名称                                        是否为空?    类型
--------------------------------          --------    ----------------------------
TEACHER_ID                                            NUMBER(5)
NAME                                      NOT NULL    VARCHAR2(8)
TITLE                                                 VARCHAR2(6)
HIRE_DATE                                            DATE
BONUS                                                NUMBER(7,2)
WAGE                                                 NUMBER(7,2)
DEPARTMENT_ID                                         NUMBER(3)
```

例 6-28：通过查询数据字典中的视图 user_tab_columns，获取表 teachers2 中列的信息。这些信息包括：表名(table_name)、列名(column_name)、列的数据类型(data_type)、列的数据长度(data_length)、列的数据精度(data_precision 对数字型数据)、列的小数位数(data_scale 对数字型数据)等。

```
SQL> COLUMN column_name FORMAT a15
SQL> COLUMN data_type FORMAT a10
SQL> SELECT column_name, data_type, data_length, data_precision,
data_scale
  2    FROM user_tab_columns
  3      WHERE table_name = 'TEACHERS2';

COLUMN_NAME     DATA_TYPE  DATA_LENGTH DATA_PRECISION DATA_SCALE
------------    ---------- ----------- -------------- ----------
TEACHER_ID      NUMBER             22              5          0
NAME            VARCHAR2            8
TITLE           VARCHAR2            6
HIRE_DATE       DATE               7
BONUS           NUMBER             22              7          2
```

```
WAGE               NUMBER            22            7            2
DEPARTMENT_ID      NUMBER            22            3            0
```

已选择 7 行。

## 6.2.3　修改表定义

修改表定义包括增、删、改表的列以及增、删表的约束，控制(允许或禁止)约束等。所有这些修改表的操作均通过 ALTER TABLE 语句实现。

### 1.　增/删/改表的列

1)　添加表的列

添加表的列的语句格式为：

```
ALTER TABLE table_name ADD column_name datatype…;
```

其中，table_name 指定表名，column_name 指定要添加的列(给出列名)，datatype 指定该列的数据类型。

**例 6-29**：在表 students2 中添加 sex 列，取字符型数据。

```
SQL> DESCRIBE Students2
```

运行结果：

| 名称 | 是否为空? | 类型 |
| --- | --- | --- |
| STUDENT_ID | | NUMBER(5) |
| NAME | NOT NULL | VARCHAR2(10) |

```
SQL> ALTER TABLE Students2
  2    ADD sex VARCHAR2(6);
```

表已更改。

```
SQL> DESCRIBE Students2
```

| 名称 | 是否为空? | 类型 |
| --- | --- | --- |
| STUDENT_ID | | NUMBER(5) |
| NAME | NOT NULL | VARCHAR2(10) |
| SEX | | VARCHAR2(6) |

**例 6-30**：在表 students2 中添加 enrollment_grade 列，取数字型数据。

```
SQL> ALTER TABLE Students2
  2    ADD enrollment_grade NUMBER(3);
```

表已更改。

```
SQL> DESCRIBE Students2
```

运行结果：

| 名称 | 是否为空? | 类型 |
| --- | --- | --- |

```
---------------------------------- -------- -----------------------------
STUDENT_ID                                          NUMBER(5)
NAME                                 NOT NULL       VARCHAR2(10)
SEX                                                 VARCHAR2(6)
ENROLLMENT_GRADE                                    NUMBER(3)
```

**例 6-31**：在表 students2 中添加 register_date 列，取日期型数据，并把系统日期作为默认值。

```
SQL> ALTER TABLE Students2
  2    ADD register_date DATE DEFAULT SYSDATE;

表已更改。

SQL> DESCRIBE Students2
```

运行结果：

| 名称 | 是否为空？ | 类型 |
| --- | --- | --- |
| STUDENT_ID |  | NUMBER(5) |
| NAME | NOT NULL | VARCHAR2(10) |
| SEX |  | VARCHAR2(6) |
| ENROLLMENT_GRADE |  | NUMBER(3) |
| REGISTER_DATE |  | DATE |

2) 删除表的列

删除表的列的语句格式为：

```
ALTER TABLE table_name DROP COLUMN column_name …;
```

其中，table_name 指定表名，column_name 指定要删除的列(给出列名)。

**例 6-32**：删除表 students2 的 sex 列。可以使用 SQL*Plus 命令 DESCRIBE 查看表 students2 变化后的结构。

```
SQL> ALTER TABLE Students2
  2    DROP COLUMN sex;

表已更改。

SQL> DESCRIBE Students2
```

运行结果：

| 名称 | 是否为空？ | 类型 |
| --- | --- | --- |
| STUDENT_ID |  | NUMBER(5) |
| NAME | NOT NULL | VARCHAR2(10) |
| ENROLLMENT_GRADE |  | NUMBER(3) |
| REGISTER_DATE |  | DATE |

3) 修改表的列

修改表的列包括：修改列的长度、修改列的数据类型、修改数字列的数字精度、修改列的默认值等。修改表的列的语句格式为：

```
ALTER TABLE table_name MODIFY column_name datatype…;
```

其中，table_name 指定表名，column_name 指定要修改的列(给出列名)，datatype 指定该列新的数据类型。

**例 6-33**：修改表 teachers1 wage 列的数字精度，由原来的 NUMBER(5)修改为 NUMBER(7,2)。可以使用 SQL*Plus 命令 DESCRIBE 查看表 teachers1 变化后的结构。

```
SQL> DESCRIBE Teachers1
```

运行结果：

| 名称 | 是否为空？ | 类型 |
| --- | --- | --- |
| TEACHER_ID | NOT NULL | NUMBER(5) |
| NAME | NOT NULL | VARCHAR2(6) |
| JOB_TITLE | | VARCHAR2(10) |
| HIRE_DATE | | DATE |
| BONUS | | NUMBER(4) |
| WAGE | | NUMBER(5) |
| DEPARTMENT_ID | | NUMBER(3) |

```
SQL> ALTER TABLE Teachers1
  2    MODIFY wage NUMBER(7,2);
```

表已更改。

```
SQL> DESCRIBE Teachers1
```

| 名称 | 是否为空？ | 类型 |
| --- | --- | --- |
| TEACHER_ID | NOT NULL | NUMBER(5) |
| NAME | NOT NULL | VARCHAR2(6) |
| JOB_TITLE | | VARCHAR2(10) |
| HIRE_DATE | | DATE |
| BONUS | | NUMBER(4) |
| WAGE | | NUMBER(7,2) |
| DEPARTMENT_ID | | NUMBER(3) |

**例 6-34**：修改表 teachers1 name 列的字符宽度，由原来的 VARCHAR2(6)修改为 VARCHAR2(10)。可以使用 SQL*Plus 命令 DESCRIBE 查看表 teachers1 变化后的结构。

```
SQL> ALTER TABLE Teachers1
  2    MODIFY name VARCHAR2(10);
```

表已更改。

```
SQL> DESCRIBE Teachers1
```

运行结果：

| 名称 | 是否为空？ | 类型 |
| --- | --- | --- |
| TEACHER_ID | NOT NULL | NUMBER(5) |
| NAME | NOT NULL | VARCHAR2(10) |
| JOB_TITLE | | VARCHAR2(10) |
| HIRE_DATE | | DATE |

```
BONUS                                        NUMBER(4)
WAGE                                         NUMBER(7,2)
DEPARTMENT_ID                                NUMBER(3)
```

**例 6-35：**修改表 teachers1 teacher_id 列的数据类型，由原来的 NUMBER(5)修改为 VARCHAR2(5)。可以使用 SQL*Plus 命令 DESCRIBE 查看表 teachers1 变化后的结构。

```
SQL> ALTER TABLE Teachers1
  2    MODIFY teacher_id VARCHAR2(5);

表已更改。

SQL> DESCRIBE Teachers1
```

运行结果：

| 名称 | 是否为空？ | 类型 |
| --- | --- | --- |
| TEACHER_ID | NOT NULL | VARCHAR2(5) |
| NAME | NOT NULL | VARCHAR2(10) |
| JOB_TITLE | | VARCHAR2(10) |
| HIRE_DATE | | DATE |
| BONUS | | NUMBER(4) |
| WAGE | | NUMBER(7,2) |
| DEPARTMENT_ID | | NUMBER(3) |

**例 6-36：**将表 teachers1 bonus 列的默认值由 800 修改为 1000。可以通过数据字典中的视图 user_tab_columns 查看表 teachers1 变化后的列 bonus 的默认值。

```
SQL> select DATA_DEFAULT from user_tab_columns
  2    where table_name = 'TEACHERS1' AND COLUMN_NAME='BONUS';
```

运行结果：

```
DATA_DEFAULT
---------------------------------------------------------------------
800

SQL> ALTER TABLE Teachers1
  2    MODIFY bonus DEFAULT 1000;

表已更改。

SQL> select DATA_DEFAULT from user_tab_columns
  2    where table_name = 'TEACHERS1' AND COLUMN_NAME='BONUS';

DATA_DEFAULT
---------------------------------------------------------------------
1000
```

**2．添加/删除约束**

1) 添加约束

添加约束的语句格式为：

```
ALTER TABLE table_name ADD CONSTRAINT constraint_name constraint_expression;
```

其中，table_name 指定表名，constraint_name 指定要添加的约束(给出约束名)，constraint_ expression 指定约束类型和具体的约束内容。

由于添加约束所举的例子原表中已经存在相应的约束，因此，执行下面的例子之前，先删除相应的约束。

**例 6-37**：给表 students1 添加主关键字约束。主关键字为 student_id，约束名字为 s1_pk。

```
SQL> ALTER TABLE Students1
  2     ADD CONSTRAINT s1_pk PRIMARY KEY(student_id);
```

表已更改。

**例 6-38**：给表 teachers1 添加外关键字约束。外关键字为 department_id，参考 departments1 表中的 department_id，约束名字为 t1_fk_d1。

```
SQL> ALTER TABLE Teachers1 ADD CONSTRAINT t1_fk_d1
  2     FOREIGN KEY(department_id) REFERENCES Departments1(department_id);
```

表已更改。

**例 6-39**：给表 students1 的 name 列添加 NOT NULL 约束。注意，添加 NOT NULL 约束使用 ALTER...MODIFY，而不使用 ALTER...ADD CONSTRAINT。

```
SQL> ALTER TABLE Students1
  2     MODIFY name NOT NULL;
```

表已更改。

**例 6-40**：给表 students1 的 sex 列添加 CHECK 约束，使其只能取"男""女"二字，约束名字为 sex_chk。

```
SQL> ALTER TABLE Students1
  2     ADD CONSTRAINT sex_chk1
  3       CHECK(sex IN ('男','女'));
```

表已更改。

**例 6-41**：给表 students1 的 phone_number 列添加 UNIQUE 约束，使其不能取重复值，约束名字为 pnum_uq。

```
SQL> ALTER TABLE Students1
  2     ADD CONSTRAINT pnum_uq UNIQUE(phone_number);
```

表已更改。

2) 删除约束

删除约束的语句格式为：

```
ALTER TABLE table_name DROP CONSTRAINT constraint_name;
```

其中，table_name 指定表名，constraint_name 指定要删除的约束(给出约束名)。

**例 6-42**：删除表 students1 的主关键字约束。

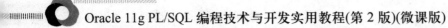

```
SQL> ALTER TABLE Students1
  2    DROP CONSTRAINT s1_pk;

表已更改。
```

**例 6-43**：删除表 teachers1 的外关键字约束。

```
SQL> ALTER TABLE Teachers1
  2    DROP CONSTRAINT t1_fk_d1;

表已更改。
```

**例 6-44**：删除表 students1 name 列的 NOT NULL 约束。

```
SQL> ALTER TABLE Students1
  2    MODIFY name NULL;

表已更改。
```

**例 6-45**：删除表 students1 sex 列的 CHECK 约束。

```
SQL> ALTER TABLE Students1
  2    DROP CONSTRAINT sex_chk1;

表已更改。
```

**例 6-46**：删除表 students1 phone_number 列的 UNIQUE 约束。

```
SQL> ALTER TABLE Students1
  2    DROP CONSTRAINT pnum_uq;

表已更改。
```

### 3. 允许/禁止约束

约束在建立时默认处于允许状态。用户可以通过使用关键字 ENABLE 或 DISABLE 指定或改变约束的允许或禁止状态。约束处于允许状态，它对数据库起作用；建立了约束，但约束处于禁止状态，它对数据库不起作用。此处仅简单介绍约束的允许与禁止，有关这方面的详细信息，请查阅 Oracle 11g SQL 参考手册。

1) 禁止约束

禁止约束可以在建立约束时使用关键字 DISABLE 指定，也可以在已建约束之后，使用 DISABLE CONSTRAINT 子句重新设置约束为禁止状态。

**例 6-47**：在表 Students1 phone_number 列上建立 UNIQUE pnum_uq 的同时，使用 DISABLE 禁止约束(新建约束时)。

```
SQL> ALTER TABLE Students1
  2    ADD CONSTRAINT pnum_uq UNIQUE(phone_number) DISABLE;

表已更改。
```

**例 6-48**：将已建立的表 students1 sex 列的 CHECK 约束禁止(已建约束时)。

```
SQL> ALTER TABLE Students1
  2    DISABLE CONSTRAINT sex_chk1;
```

表已更改。

### 2)　允许约束

允许约束可以在建立约束时指定，也可以在已建约束之后，使用 ENABLE CONSTRAINT 子句重新设置约束为允许状态。在设置约束为允许状态时，表中已有的数据必须全部满足约束条件；否则，允许约束的设置将失败，并返回相应的错误信息。

**例 6-49**：将表 students1 的约束 pnum_uq 设置为允许。

```
SQL> ALTER TABLE Students1
  2    ENABLE CONSTRAINT pnum_uq;
```

表已更改。

### 4．获得有关约束的信息

通过查询数据字典中的视图 user_constraints，可以获取有关约束的信息。这些信息包括约束的所有者(owner)、约束名(constraint_name)、约束类型(constraint_type)、约束定义所针对的表(table_name)、约束的状态(status)等。

**例 6-50**：通过查询视图 user_constraints，获取表 teachers1 的 owner、constraint_name、constraint_type、status 等信息。

```
SQL> SELECT owner,constraint_name, constraint_type,status
  2    FROM user_constraints
  3      WHERE table_name = 'TEACHERS1';
```

运行结果：

```
OWNER                        CONSTRAINT_NAME               C STATUS
---------------------------- ----------------------------- - --------
SYSTEM                       SYS_C005212                   C ENABLED
SYSTEM                       T1_PK                         P ENABLED
SYSTEM                       T1_FK_D1                      R ENABLED
```

## 6.2.4　修改表名

修改表名的语句格式为：

```
RENAME table_oldname TO table_newname;
```

其中，table_oldname 指定原表名(改名前)，table_newname 指定新表名(改名后)。

**例 6-51**：将表 departments1 的表名修改为 dep1。

```
SQL> RENAME Departments1 TO Dep1;
```

表已重命名。

## 6.2.5　删除表

删除表可以使用 TRUNCATE TABLE 语句和 DROP TABLE 语句。其中，TRUNCATE TABLE 语句只删除表中的所有数据，不删除表的结构(定义)；DROP TABLE 语句将表的全部，包括表的结构(定义)以及其中的数据全部删除。

**例 6-52：** 使用 TRUNCATE 语句删除表 teachers1 中的所有记录。

```
SQL> TRUNCATE TABLE Teachers1;

表被截断。
```

**例 6-53：** 使用 DROP TABLE 语句删除表 teachers2。

```
SQL> DROP TABLE Teachers2;

表已删除。
```

# 6.3　索　引

在关系数据库中，一个行的物理位置无关紧要，除非数据库需要找到它。为了能够找到数据，表中的每一行均用一个 Rowid 来标识。Rowid 告诉数据库这一行的准确位置(指出行所在的文件，该文件中的块，该块中的行地址)。所以结构表没有传统的 OracleRowid，不过，其主键起一个逻辑 Rowid 的作用。索引是一种供服务器在表中快速查找一个行的数据库结构。本节将详细介绍建立索引、修改索引、删除索引，以及利用数据字典获得索引信息的方法。

## 6.3.1　各种类型索引的比较和选择

Oracle 数据库支持集中类型索引，可以用于提高数据库的性能。

- B-tree 索引：默认和最常用的索引类型。
- B-tree 集群索引：为集群定义的索引。
- Hash 集群索引：为 Hash 集群定义的索引。
- 全局和局部索引：将分区表和索引关联起来的索引。
- 逆序键索引：对于 Oracle 集群应用最有用的索引。
- 位图索引：对于小型数据最有用的索引。
- 基于函数的索引：包含函数/表达式值的索引。
- 域索引：对于应用和桥可以引用的索引。

索引在物理和逻辑上依赖于表中的数据。作为独立的结构，需要存储空间的支持。管理员或者开发人员可以创建或者删除索引，而不需要影响后台表、数据库应用和其他索引。在插入、更新和删除表中的数据时，数据库将自动维护索引。

在日常数据库管理中，对于索引管理，建议如下。

(1) 在插入表数据之后，创建索引。

(2) 读正确的表和列创建索引。

(3) 为了提高性能，对索引列排序。

(4) 限制每个表索引的数量。

(5) 删除没有使用的索引。

(6)　定义索引块空间使用情况。

(7)　估计索引的大小，并设置存储参数。

(8)　为每个索引定义表空间。

(9)　考虑创建并行索引。

(10) 考虑创建索引的成本和效益。

## 6.3.2　建立索引

建立索引的语句格式为：

```
CREATE [UNIQUE] INDEX index_name
ON table_name (column_name [,column_name…])
[TABLESPACE table_space];
```

其中，index_name 指定要建立的索引(给出名字)；table_name 指定建立索引所基于的表(给出名字)；column_name 指定建立索引所基于的列(给出名字)，可以基于多列建立索引，这种索引被称为复合索引；可选项[UNIQUE] 指定索引列中的值必须是唯一的；可选项[TABLESPACE table_space] 指定索引存储的表空间，由 table_space 给出表空间的名字，若省略该项，则索引被存储在用户默认的表空间中。

**例 6-54：** 在表 students1 name 列上建立索引 name_idx。

```
SQL> CREATE INDEX name_idx ON Students1(name);
```

索引已创建。

**例 6-55：** 在表 teachers1 wage 列上建立索引 wage_idx。

```
SQL> CREATE INDEX wage_idx ON Teachers1(wage);
```

索引已创建。

**例 6-56：** 在表 students1 register_date 列上建立索引 register_date_idx。

```
SQL> CREATE INDEX register_date_idx ON Students1(register_date);
```

索引已创建。

**例 6-57：** 在表 students1 phone_number 列上建立唯一索引 phone_number_idx。

```
SQL> CREATE UNIQUE INDEX phone_number_idx ON Students1(phone_number);
```

索引已创建。

## 6.3.3　获得索引信息

获得索引信息需要使用数据字典中的视图 user_indexes 和 user_ind_columns。

### 1. 获得索引的基本信息

使用数据字典中的视图 user_indexes，可以获得索引的索引名(index_name)、建立索引所基于的表名(table_name)、唯一性(uniqueness)、索引是否有效(status)等基本信息。

例 **6-58**: 利用数据字典获得表 students1 和表 teachers1 上所建索引的基本信息。其中包括 index_name、table_name、uniqueness、status 等。

```
SQL> SELECT index_name, table_name, uniqueness, status
  2    FROM user_indexes
  3      WHERE table_name IN ('STUDENTS1', 'TEACHERS1');
```

运行结果:

```
INDEX_NAME                      TABLE_NAME       UNIQUENES    STATUS
------------------------------- ---------------- ----------   --------
REGISTER_DATE_IDX               STUDENTS1        NONUNIQUE    VALID
STUDENTS1_NAME_IDX              STUDENTS1        NONUNIQUE    VALID
PNUM_UQ                         STUDENTS1        UNIQUE       VALID
S1_PK                           STUDENTS1        UNIQUE       VALID
WAGE_IDX                        TEACHERS1        NONUNIQUE    VALID
T1_PK                           TEACHERS1        UNIQUE       VALID

已选择 6 行。
```

### 2. 获得索引中列的信息

使用数据字典中的视图 user_ind_columns,可以获得索引中列的信息。其中包括索引名(index_name)、建立索引所基于的表名(table_name)、建立索引所基于的列名(column_name)等信息。

例 **6-59**: 利用数据字典获得表 students1 和表 teachers1 索引中列的信息。其中包括 index_name、table_name、column_name 等。

```
SQL> COLUMN table_name FORMAT a15
SQL> COLUMN column_name FORMAT a15
SQL> SELECT index_name, table_name, column_name
  2    FROM user_ind_columns
  3      WHERE table_name IN ('STUDENTS1', 'TEACHERS1');
```

运行结果:

```
INDEX_NAME                      TABLE_NAME       COLUMN_NAME
------------------------------- ---------------- ----------------
S1_PK                           STUDENTS1        STUDENT_ID
PNUM_UQ                         STUDENTS1        PHONE_NUMBER
NAME_IDX                        STUDENTS1        NAME
REGISTER_DATE_IDX               STUDENTS1        REGISTER_DATE
T1_PK                           TEACHERS1        TEACHER_ID
WAGE_IDX                        TEACHERS1        WAGE

已选择 6 行。
```

## 6.3.4  修改索引名字

修改索引可以使用 ALTER INDEX 语句,修改索引名字语句的格式为:

```
ALTER INDEX index_oldname RENAME TO index_newname;
```

其中,index_oldname 指定索引名(改名前),index_newname 指定新索引名(改名后)。

使用 ALTER INDEX 语句可以执行如下操作：

- 重建已有索引。
- 回收没有使用的空间和修改并行度。
- 定义 LOGGING 和 NOLOGGING。
- 启用和禁用键压缩。
- 编辑没有使用的索引。
- 启动和停止对索引使用的监视。

**例 6-60**：将索引 name_idx 的名字修改为 students1_name_idx。

```
SQL> ALTER INDEX name_idx RENAME TO Students1_name_idx;

索引已更改。
```

## 6.3.5　删除索引

当某个索引不再被需要时，用户可以执行 SQL 语句删除索引。删除索引的语法较为简单，但是，执行删除操作时，必须有模式对象或者具有 **DROP ANY INDEX** 的系统权限。删除索引语句的格式为：

```
DROP INDEX index_name;
```

其中，index_name 指定要删除的索引(给出名字)。

**例 6-61**：删除索引 students1_name_idx。

```
SQL> DROP INDEX Students1_name_idx;

索引已删除。
```

## 6.3.6　监视索引的空间使用

对于经常插入、更新和删除值的索引，其空间效率可能十分低下。为了监视索引的空间使用状态，用户可以使用下列语句监视索引的空间：

```
SQL> ANALYZE INDEX SCOTT.PK_EMP VALIDATE STRUCTURE;
索引已分析。
```

**例 6-62**：监视 STATS 表索引的空间使用。

```
SQL> SELECT PCT_USED FROM SYS.INDEX_STATS
  2  WHERE NAME='PK_EMP';
```

运行结果：

```
 PCT_USED
------------------
        6
```

## 6.3.7　查看索引信息

DBA 和程序员经常需要了解某个表所包含的索引情况，如表和索引的关系、索引的空间占用情况、索引是否被使用等。对于程序员来说，了解表与索引的关系以及索引列的顺序，可在编程中更好地优化 SQL 语句。

**例 6-63**：在 dba_indexes 中查询表名、索引名以及索引所在表空间等信息。

```
SQL>col table_name for a20
SQL>col tablespace_name for a18
SQL>col index_name for a26
SQL>select table_name,index_name,UNIQUENESS,tablespace_name
2    from dba_indexes where owner='SCOTT' order by table_name;
```

提示：当 UNIQUENESS 列的值为 UNIQUE 时，表示该索引是唯一索引；当 UNIQUENESS 列值为 NONUNIQUE 时，表示该索引是非唯一索引。

表 6-4 为有关索引的信息。

表 6-4    显示有关索引的信息

| 视  图 | 说  明 |
|---|---|
| DBA_INDEXED | 数据库中所有表上的索引 |
| ALL_INDEXES | 用户可以访问的所有表上的索引 |
| USER_INDEXES | 用户所拥有的所有表上的索引 |
| INDEX_STATS | 存储最后一条 ANALYZE INDEX...VALIDATE STRUCTURE 语句产生的信息 |
| INDEX_HISTROGRAM | 存储最后一条 ANALYZE INDEX...VALIDATE STRUCTURE 语句产生的信息 |
| INDEX_USAGE | 包含由 ALTER INDEX...MONITORING USAGE 语句所产生的索引使用的信息 |

# 6.4  视    图

视图是通过对一个或多个表定义查询得到的，视图定义所依据的表被称为基表。视图是由表导出的"表"，数据库中只存在视图的定义，因此视图是一个"虚"表。使用视图可以检索数据库中的信息，使用某些视图还可以对基表进行 DML 操作。

由于视图没有直接相关的物理数据，因此不能被索引。视图经常用于对数据设置行级保密和列级保密。例如，可以授权用户访问一个视图，这个视图只显示该用户可以访问的行，而不是显示表中所有的行。同样，可以通过视图限制该用户访问的列。

利用视图可以简化查询语句的构成，降低查询的复杂性；用户通过视图访问数据库，避免直接对基表进行操作，提高了数据的安全性。本节将介绍建立视图、使用视图、修改视图、删除视图，以及获得视图定义的方法。

## 6.4.1  建立视图

建立视图需要满足以下两个条件。

(1) 在模式中建立视图，必须具有 CREATE VIEW 权限，如果在其他用户模式中建立视图，还需要有 CREATE ANY VIEW 系统权限。

(2) 视图的所有者必须具有访问视图定义的所有对象的 CREATE VIEW 权限。

建立视图语句的格式如下：

```
CREATE [OR REPLACE] VIEW view_name
AS subquery [WITH READ ONLY];
```

其中，view_name 指定要建立的视图(给出名字)；可选项[OR REPLACE]说明如果名为 view_name 的视图已经存在，就替换它，若忽略可选项[OR REPLACE]，则需将同名视图删除后才能建立名为 view_name 的视图；subquery 指定子查询，定义视图中的数据来源；可选项[WITH READ ONLY]指定该视图为只读视图，只能使用该视图检索数据，而不能执行插入、修改、删除操作。

💡**知识要点**：视图是由 subquery 定义的。根据 subquery 的复杂程度，视图可以是基于一个表的简单视图，也可以是基于多个表，或使用函数，或使用 GROUP BY 等子句的复杂视图。

下面通过由简到繁的顺序介绍建立视图的方法。

**例 6-64**：在表 departments 上建立视图 departments_view。视图 departments_view 映射表 departments 的全部行列。

```
SQL> CREATE VIEW Departments_view AS
  2    SELECT * FROM Departments;

视图已创建。
```

可以通过使用 SQL*Plus 中的命令 DESCRIBE 查看视图定义。

**例 6-65**：在表 students 上建立视图 students_view。视图 students_view 映射表 students 的全部列和其中男生的记录行。

```
SQL> CREATE VIEW Students_view AS
  2    SELECT * FROM Students
  3      WHERE sex='男';

视图已创建。
```

**例 6-66**：在表 teachers 上建立视图 teachers_view。视图 teachers_view 映射表 teachers 的 teacher_id、name、bonus、wage 等列和其中职称为教授的记录行。

```
SQL> CREATE VIEW Teachers_view AS
  2    SELECT teacher_id, name, bonus, wage
  3      FROM Teachers
  4        WHERE title='教授';

视图已创建。
```

**例 6-67**：在表 teachers 上建立视图 teachers_view1。视图 teachers_view1 映射表 teachers 的全部列和其中部门号为 101 和 102 的记录行。

```
SQL> CREATE VIEW Teachers_view1 AS (
  2    SELECT * FROM Teachers WHERE department_id=101
  3  UNION
  4    SELECT * FROM Teachers WHERE department_id=102);
```

视图已创建。

**例 6-68**：在表 teachers 和表 departments 上建立视图 teachers_view2。视图 teachers_view2 映射表 teachers 的 teacher_id、name 列，表 departments 的 department_name 列。

```
SQL> CREATE VIEW Teachers_view2 AS
  2    SELECT t.teacher_id, t.name, d.department_name
  3      FROM Teachers t, Departments d
  4        WHERE t.department_id=d.department_id;
```

视图已创建。

## 6.4.2　使用视图

视图建立以后，就可以通过它访问基表了。对于只读视图，只能执行查询操作；对于非只读视图，不仅能执行查询操作，而且能执行插入、修改、删除等 DML 操作。

### 1. 查询数据

使用视图查询数据与在基表上查询数据的语句格式一样。下面是使用视图查询数据的例子。

**例 6-69**：在视图 departments_view 上查询其中的所有行列。

```
SQL> SELECT * FROM Departments_view;

DEPARTMENT_ID DEPARTME ADDRESS
------------- -------- -------------------------------------------
          101 信息工程 1 号教学楼
          102 电气工程 2 号教学楼
          103 机电工程 3 号教学楼
          104 工商管理 4 号教学楼
          111 地球物理 X 号教学楼
```

**例 6-70**：在视图 students_view 上查询其中的 student_id、name、dob 列和全部行。

```
SQL> SELECT student_id, name, dob
  2    FROM Students_view;

STUDENT_ID NAME    DOB
---------- ------- --------------
     10205 李秋枫   25-11 月-90
     10301 高山     08-10 月-90
     10207 王刚     03-4 月 -87
     10112 张纯玉   21-7 月 -89
     10103 王天仪   26-12 月-89
     10201 赵风雨   25-10 月-90
     10105 韩刘     03-8 月 -91
     10311 张杨     08-5 月 -90
```

```
10213   高淼        11-3月 -87
10314   赵迪帆      22-9月 -89
10328   曾程程
10128   白昕
```

已选择 12 行。

**例 6-71**：在视图 teachers_view1 上查询职称为讲师的教师信息，其中包括 teacher_id、name、title、department_id 列。

```
SQL> SELECT teacher_id, name, title, department_id
  2    FROM Teachers_view1 WHERE title='讲师';
```

运行结果：

```
TEACHER_ID  NAME      TITLE  DEPARTMENT_ID
----------  --------  ------ -------------
    10103   邹人文    讲师       101
    10207   张珂      讲师       102
    10209   孙晴碧    讲师       102
```

**例 6-72**：在视图 teachers_view2 上查询其中的所有行列。

```
SQL> SELECT * FROM Teachers_view2;
```

运行结果：

```
TEACHER_ID NAME      DEPARTME
---------- --------  ----------
    10101  王彤      信息工程
    10104  孔世杰    信息工程
    10103  邹人文    信息工程
    10106  韩冬梅    信息工程
    10210  杨文化    电气工程
    10206  崔天      电气工程
    10209  孙晴碧    电气工程
    10207  张珂      电气工程
    10308  齐沈阳    机电工程
    10306  车东日    机电工程
    10309  臧海涛    机电工程
    10307  赵昆      机电工程
    10128  王晓      信息工程
    10328  张笑      机电工程
    10228  赵天宇    电气工程
```

已选择 15 行。

**2．插入数据**

使用视图插入数据与在基表上插入数据的语句格式一样。注意，只读视图不支持插入操作。下面是使用视图插入数据的例子。

**例 6-73**：利用视图 students_view 插入李石强同学的记录。

```
SQL> INSERT INTO Students_view
  2    VALUES(10177,NULL,'李石强', '男', '06-1月-1989','计算机');
```

已创建 1 行。

可以使用 SELECT 语句查询视图 students_view 所对应基表 students 的变化。

```
SQL> SELECT * FROM students;
```

运行结果:

| STUDENT_ID | MONITOR_ID | NAME | SEX | DOB | SPECIALTY |
|---|---|---|---|---|---|
| 10101 | | 王晓芳 | 女 | 06-5月 -88 | 计算机 |
| 10205 | | 李秋枫 | 男 | 25-11月-90 | 自动化 |
| 10102 | 10101 | 刘春苹 | 女 | 12-8月 -91 | 计算机 |
| 10301 | | 高山 | 男 | 08-10月-90 | 机电工程 |
| 10207 | 10205 | 王刚 | 男 | 03-4月 -87 | 自动化 |
| 10112 | 10101 | 张纯玉 | 男 | 21-7月 -89 | 计算机 |
| 10318 | 10301 | 张冬云 | 女 | 26-12月-89 | 机电工程 |
| 10103 | 10101 | 王天仪 | 男 | 26-12月-89 | 计算机 |
| 10201 | 10205 | 赵风雨 | 男 | 25-10月-90 | 自动化 |
| 10105 | 10101 | 韩刘 | 男 | 03-8月 -91 | 计算机 |
| 10311 | 10301 | 张杨 | 男 | 08-5月 -90 | 机电工程 |
| 10213 | 10205 | 高淼 | 男 | 11-3月 -87 | 自动化 |
| 10212 | 10205 | 欧阳春岚 | 女 | 12-3月 -89 | 自动化 |
| 10314 | 10301 | 赵迪帆 | 男 | 22-9月 -89 | 机电工程 |
| 10312 | 10301 | 白菲菲 | 女 | 06-5月 -88 | 机电工程 |
| 10328 | 10301 | 曾程程 | 男 | | 机电工程 |
| 10128 | 10101 | 白昕 | 男 | | 计算机 |
| 10228 | 10205 | 林紫寒 | 女 | | 自动化 |
| 10177 | | 李石强 | 男 | 06-1月 -89 | 计算机 |

已选择 19 行。

**例 6-74:** 利用视图 teachers_view 插入教师孔夫之的记录。

```
SQL> INSERT INTO Teachers_view VALUES (10168, '孔夫之', 1000, 3000);
```

已创建 1 行。

可以使用 SELECT 语句查询视图 teachers_view 所对应基表 teachers 的变化。

```
SQL> SELECT * FROM Teachers;
```

运行结果:

| TEACHER_ID | NAME | TITLE | HIRE_DATE | BONUS | WAGE | DEPARTMENT_ID |
|---|---|---|---|---|---|---|
| 10101 | 王彤 | 教授 | 01-9月 -90 | 1000 | 3000 | 101 |
| 10104 | 孔世杰 | 副教授 | 06-7月 -94 | 800 | 2700 | 101 |
| 10103 | 邹人文 | 讲师 | 21-1月 -96 | 600 | 2400 | 101 |
| 10106 | 韩冬梅 | 助教 | 01-8月 -02 | 500 | 1800 | 101 |
| 10210 | 杨文化 | 教授 | 03-10月-89 | 1000 | 3100 | 102 |
| 10206 | 崔天 | 助教 | 05-9月 -00 | 500 | 1900 | 102 |
| 10209 | 孙晴碧 | 讲师 | 11-5月 -98 | 600 | 2500 | 102 |
| 10207 | 张珂 | 讲师 | 16-8月 -97 | 700 | 2700 | 102 |

| 10308 | 齐沈阳 | 高工 | 03-10 月-89 | 1000 | 3100 | 103 |
| 10306 | 车东日 | 助教 | 05-9 月 -01 | 500 | 1900 | 103 |
| 10309 | 臧海涛 | 工程师 | 29-6 月 -99 | 600 | 2400 | 103 |
| 10307 | 赵昆 | 讲师 | 18-2 月 -96 | 800 | 2700 | 103 |
| 10128 | 王晓 | | 05-9 月 -07 | | 1000 | 101 |
| 10328 | 张笑 | | 29-9 月 -07 | | 1000 | 103 |
| 10228 | 赵天宇 | | 18-9 月 -07 | | 1000 | 102 |
| 10168 | 孔夫之 | | 15-7 月 -08 | 1000 | 3000 | |

已选择 16 行。

### 3．修改数据

使用视图修改数据与在基表上修改数据的语句格式一样。注意，只读视图不支持修改操作。下面是使用视图修改数据的例子。

**例 6-75**：利用视图 students_view 修改学号为 10177 的学生出生日期。

```
SQL> UPDATE Students_view
  2    SET dob = '06-2月-1989' WHERE student_id = 10177;

已更新 1 行。
```

可以使用 SELECT 语句查询视图 students_view 所对应基表 students 的变化。

### 4．删除数据

使用视图删除数据与在基表上删除数据的语句格式一样。注意，只读视图不支持删除操作。下面是使用视图删除数据的例子。

**例 6-76**：利用视图 students_view 删除学号为 10177 的学生信息。

```
SQL> DELETE FROM Students_view WHERE student_id = 10177;

已删除 1 行。
```

可以使用 SELECT 语句查询视图 students_view 所对应基表 students 的变化。

## 6.4.3　获得视图定义信息

获得有关视图定义的信息，可以使用 SQL*Plus 中的命令 DESCRIBE，或查询数据字典中的 user_views 视图。user_views 视图可以提供视图名(view_name)，定义视图子查询的字符个数(text_length)以及定义视图子查询的正文(text)。

**例 6-77**：使用命令 DESCRIBE 显示视图 students_view 的结构。

```
SQL> DESCRIBE students_view;
```

运行结果：

```
名称                                是否为空? 类型
--------------------------------- -------- ----------------------------
STUDENT_ID                        NOT NULL NUMBER(5)
MONITOR_ID                                 NUMBER(5)
NAME                              NOT NULL VARCHAR2(10)
SEX                                        VARCHAR2(6)
```

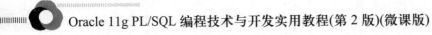

| | |
|---|---|
| DOB | DATE |
| SPECIALTY | VARCHAR2(10) |

**例 6-78**：通过查询数据字典中的 user_views 视图，获得 student_view 视图的视图名 (view_name)，定义视图子查询的字符个数(text_length)以及定义视图子查询的正文(text)。

```
SQL> SELECT view_name, text_length, text FROM user_views;
```

运行结果：

```
VIEW_NAME                      TEXT_LENGTH
------------------------------ -----------
TEXT
-------------------------------------------------------------------
SELECT "DEPARTMENT_ID","DEPARTMENT_NAME","ADDRESS" FROM Departments

STUDENTS_VIEW                           96
SELECT "STUDENT_ID","MONITOR_ID","NAME","SEX","DOB","SPECIALTY" FROM
Students


TEACHERS_VIEW                           79
SELECT teacher_id, name, bonus, wage
   FROM Teachers

VIEW_NAME                      TEXT_LENGTH
------------------------------ -----------
TEXT
-------------------------------------------------------------------
     WHERE title='教授'

TEACHERS_VIEW1                          244
(
  SELECT
"TEACHER_ID","NAME","TITLE","HIRE_DATE","BONUS","WAGE","DEPARTMENT_ID

TEACHERS_VIEW2                          125
SELECT t.teacher_id, t.name, d.department_name
   FROM Teachers t, Departments

VIEW_NAME                      TEXT_LENGTH
------------------------------ -----------
TEXT
-------------------------------------------------------------------
```

已选择 17 行。

注：以上显示内容太多，有删减。

### 6.4.4 修改视图

在建立视图语句中指定可选项[OR REPLACE]，可以达到修改视图的目的。

**例 6-79**：修改视图 student_view。

```
SQL> CREATE OR REPLACE VIEW Student_view AS
  2   SELECT student_id, name, specialty
  3      FROM Students WHERE sex='男';
```

视图已创建。

### 6.4.5 删除视图

删除视图语句的格式为:

```
DROP VIEW view_name;
```

其中,view_name 指定要删除的视图(给出名字)。

**例 6-80**: 删除视图 departments_view。

```
SQL> DROP VIEW Departments_view;
```

视图已删除。

### 6.4.6 替换视图

当需要替换某个视图时,用户必须具有删除和创建视图的所有权限。如果需要修改视图定义,视图必须被替换。用户无须使用 ALTER VIEW 语句修改视图的定义,而是采用以下方式替换视图。

- 删除,然后重新建立视图。
- 使用 CREATE VIEW 语句,包含 REPLACE 子句重新定义视图。

**例 6-81**: 使用 REPLACE 子句修改视图。

```
SQL> CREATE OR REPLACE view sales_staff  AS
2 SELECT empno,ename, deptno
3  FROM EMP
4   WHERE deptno=30
5    With check option constraints sales_staff_cnst;
```

# 上机实训: 创建编辑 my_emp 数据表

## 实训内容和要求

孙宁根据指定的表名创建新表 **my_emp**,其结构与 EMP 保持一致,并对表进行基本的编辑操作,如插入、添加、修改、删除等。

## 实训步骤

(1) 建立一个表(表名自定),表结构与 EMP 相同,没有任何记录。

```
SQL> CREATE TABLE my_emp as SELECT * FROM EMP;
```

(2) 建立一个与 DEPT 表结构和记录完全相同的新表，并与前项新表建立参照完整性约束。

```
alter table my_dept add(constraint s1 primary key(deptno));
alter table my_emp add(constraint s2 foreign key(deptno) references
dept(deptno));
```

(3) 对在"NEW YORK"工作的雇员加工资，每人加 200 元。

(4) 如果雇员姓名与部门名称中有一个或一个以上相同的字母，则该雇员的 comm 增加 500 元。

```
SQL> update my_emp a
  2   set comm=NVL(comm,0)+500
  3   where a.ename<>(
  4              select translate(a.ename,b.dname,CHR(27))
  5                from my_dept b where b.deptno=a.deptno
  6              );
commit;
```

💡**知识要点**：a.deptno 与 b.deptno 必须有主外键连接，否则可能出错。

(5) 删除部门号为 30 的记录，并删除该部门的所有成员。

```
SQL> delete from emp where deptno=30;
SQL> delete from dept where deptno=30;
commit
```

(6) 新增列性别 sex，为字符型。

```
SQL> alter table emp add(sex char(2));
```

(7) 修改新雇员表中的 MGR 列，为字符型，该列数据必须为空。

```
SQL> alter table emp modify(mgr varchar2(20));
```

# 本 章 小 结

本章讲述了数据控制语言与数据定义语言。数据控制语言(DCL)完成授予和收回用户对数据库的使用权限。数据定义语言(DDL)完成建立、修改、删除表、视图、索引等功能。在学习本章之后，读者将学会：使用 DCL 语句授予用户访问数据库的权限；使用 DCL 语句收回用户访问数据库的权限；使用 DDL 语句建立、修改、删除表、索引和视图。

# 习 题

## 一、填空题

1. Oracle 中的权限分为两类，即＿＿＿＿＿＿＿＿和＿＿＿＿＿＿＿＿。
2. 对象权限是＿＿＿＿＿＿＿＿＿＿＿＿＿＿＿＿＿。
3. 删除表可以使用＿＿＿＿＿＿＿＿＿＿＿＿和＿＿＿＿＿＿＿＿＿＿＿。

4. 删除索引语句的格式为：_____

5. 删除视图语句的格式为：_____。

## 二、选择题

1. (　　)直接创建表。

    A. CREATE TABLE             B. CREATE

    C. TABLE                      D. ALTER TABLE

2. (　　)指定要建立的表名。

    A. table_name             B. subquery

    C. table                    D. name

3. (　　)给出利用已存在的表建立新表的子查询。

    A. table_name             B. subquery

    C. table                    D. name

4. 视图是由(　　)定义的。

    A. table_name             B. table

    C. name                    D. subquery

5. 获得索引信息需要使用数据字典中的视图(　　)和(　　)。

    A. user_indexes           B. user_ind_columns

    C. user                     D. ind

## 三、上机实验

实验一：内容要求

(1) 写出对 S 表的 S#建立索引 index_S#的 SQL 语句。

(2) 写出对 S 表的 SNAME 建立不重名索引 index_SNAME 的 SQL 语句。

(3) 写出对 SC 表的主键+成绩(降序)的索引。

实验二：内容要求

建立一个视图 myV_emp，视图包括 myEMP 表的 empno、ename、sal，并按 sal 从大到小排列。

# 第 7 章

数据操纵语言与事务处理

**本章要点**

(1) 掌握如何使用 INSERT 语句插入数据。

(2) 掌握如何使用 UPDATE 语句更新数据。

(3) 掌握如何使用 DELETE 语句删除数据。

**学习目标**

(1) 学习数据的基本编辑操作。

(2) 学习如何在数据库中进行子查询。

# 7.1 数据操纵语言

数据操纵语言(DML)用于对表或视图的数据进行数据增、删、改等操作。数据操纵语言语句及完成的功能如下。

(1) INSERT 语句，给表增加一行或多行数据。

(2) UPDATE 语句，修改表中的数据。

(3) DELETE 语句，删除表中的数据。

下面将详细介绍这三种 DML 语句。

## 7.1.1 插入数据

插入数据(INSERT)语句的作用是将数据行追加到表或视图的基表中。用户要将数据行插入某表中，该表必须是在自己的模式中或者操作者在该表上具有 INSERT 权限，并且必须满足该表上的数据完整性约束条件和参考完整性约束条件。

向数据表中插入数据使用 INSERT 语句，其语句格式如下：

```
INSERT INTO <table_name> [(column_name [, column_name, …])]
   VALUES (value [, value, …] );
```

其中，table_name 用于指定表名或视图名；column_name 用于指定列名，如果要指定多个列，那么列之间要用逗号分开；VALUES 子句用于给对应列提供数据，value 给出数据的具体值；[(column_name [, column_name, …)] 项为可选项，如果选定了该可选项，那么在 VALUES 子句中只需要为选定的列提供数据，如果省略了该可选项，那么在 VALUES 子句中必须为所有列提供数据，并且应该确保 VALUES 子句提供数据的顺序要与指定表中列的顺序完全一致。

提示：使用 INSERT 语句应当注意，如果为数字列插入数据，则可以直接提供数字值；如果为字符列或日期列插入数据，则必须使用单引号引上。当插入数据时，INSERT 语句中提供的数据必须与对应列的数据类型匹配。

下面举例说明使用 INSERT 语句插入数据的方法。

**例 7-1**：给表 students 中插入一新生数据，为所有列指定值，并且省略列名。

```
SQL> INSERT INTO Students
```

```
2        VALUES(10138,10101,'王一', '男', '26-12 月-1989','计算机');
```

已创建 1 行。

💡 **注 意**：在 VALUES 子句中为 students 表中的所有列提供了数据，并且省略了列名，那么 VALUES 子句提供的数据顺序必须与 students 表中列的顺序完全一致。可以通过执行查询语句，了解 students 表中的数据变化情况。

**例 7-2**：给表 students 中插入一新生数据，为所有列指定值，并且不省略列名。

```
SQL> INSERT INTO Students (student_id,monitor_id,name,dob,sex,specialty)
  2        VALUES(10139,10101,'王二', '20-12 月-1989', '男','计算机');
```

已创建 1 行。

💡 **注 意**：为表 students 中的所有列指定值，可以省略列名的列表，但本例没有省略列名的列表，这时，应该确保 VALUES 子句提供的新生数据的顺序，要与列名的列表中列(student_id、monitor_id、name、dob、sex、specialty)的顺序完全一致，而不一定与 students 表中列的顺序完全一致。

用户可以通过执行查询语句，了解表 students 中的数据变化情况。

**例 7-3**：给表 teachers 中插入一名新教师的数据，并且只指定 teacher_id、name、department_id 三列的值。

```
SQL> INSERT INTO Teachers (teacher_id,name,department_id)
  2        VALUES(10138,'张三',101);
```

已创建 1 行。

💡 **注 意**：当向表中插入数据时，必须为主键列和 NOT NULL 列提供数据，另外，数据还必须满足约束规则。其中，未指定列的值为 NULL 值或默认值，列 job_title、bonus、wage 为 NULL 值，列 hire_date 取默认值。

可以通过执行查询语句，了解表 teachers 中的数据变化情况。

**例 7-4**：给表 students 中插入一新生数据，指定各列的值，并显式处理列 dob 的空值。

```
SQL> INSERT INTO Students (student_id,name,dob,sex,specialty)
  2        VALUES(10140,'王三',NULL,'男','计算机');
```

已创建 1 行。

**例 7-5**：给表 teachers 中插入一新教师数据，并且显式指定列 hire_date 的默认值。

```
SQL> INSERT INTO Teachers (teacher_id,name,hire_date,department_id)
  2        VALUES(10139,'张四',DEFAULT,101);
```

已创建 1 行。

## 7.1.2　更新数据

更新数据(UPDATE)语句的作用是修改指定表或指定视图的基表中的值。用户可以修改位于用户自己模式中的表，也可以修改在该表上具有 UPDATE 权限的表，并且在修改指定表时，必须满足该表上的完整性约束条件。

UPDATE 语句的格式如下：

```
UPDATE < table_name > SET < column_name > = value [,< column_name > = value]
    [WHERE condition(s)];
```

其中，table_name 用于指定表名或视图名；column_name 用于指定要更新的列名，可以指定一列，也可以指定多列；value 用于指定更新后的列值，它可以是常量、变量，还可以是表达式；WHERE 子句为可选项，如果没有使用 WHERE 子句，那么，UPDATE 语句会修改表中所有行的数据，如果使用 WHERE 子句的 condition(s)指定条件，那么，UPDATE 语句会修改表中满足条件的记录行数据。

**提示**：使用 UPDATE 语句应当注意，如果更新数字列，则可以直接提供数字值；如果更新字符列或日期列，则数据必须用单引号引上。当更新数据时，UPDATE 语句中提供的数据必须与对应列的数据类型匹配。

下面举例说明使用 UPDATE 语句更新数据的方法。

**例 7-6**：将学号 10138 修改为 10198。修改数字列，可以直接提供数字值。

```
SQL> UPDATE Students SET student_id = 10198
  2    WHERE student_id = 10138;

已更新 1 行。
```

用户可以通过执行查询语句，了解表 students 中的数据变化情况。

**例 7-7**：将计算机专业修改为计算机应用专业。修改字符列，数据必须使用单引号引上。

```
SQL> UPDATE Students SET specialty = '计算机应用'
  2    WHERE specialty='计算机';

已更新 9 行。
```

用户可以通过执行查询语句，了解表 students 中的数据变化情况。

**例 7-8**：将学号为 10198 的学生出生日期修改为 1989 年 2 月 16 日。修改日期列，则数据必须使用单引号引上。

```
SQL> UPDATE Students SET dob='16-2 月-1989'
  2    WHERE student_id = 10198;

已更新 1 行。
```

**例 7-9**：将学号为 10198 的学生专业改为 NULL 值。

```
SQL> UPDATE Students SET specialty = NULL
  2    WHERE student_id = 10198;

已更新 1 行。
```

**例 7-10**：将教师编号为 11111 的教师的参加工作时间修改为默认值。

```
SQL> UPDATE Teachers SET hire_date = DEFAULT
  2    WHERE teacher_id = 11111;
```

已更新 1 行。

**例 7-11**：将教授的工资提高 10%，奖金增加 100 元。

```
SQL> UPDATE Teachers SET wage = 1.1*wage, bonus = bonus+100
  2    WHERE title='教授';
```

已更新 2 行。

## 7.1.3  删除数据

删除数据可以使用 DELETE 语句或 TRUNCATE TABLE 语句，下面分别予以介绍。

### 1. DELETE 语句

DELETE 语句的作用是在指定表或指定视图的基表中删除记录行。用户可以删除位于用户自己模式中的表的记录行，也可以删除在该表上具有 DELETE 权限的表的记录行，并且在删除指定表的记录行时，必须满足该表上的完整性约束条件。

DELETE 语句格式如下：

```
DELETE FROM < table_name > [WHERE condition(s)];
```

其中，table_name 用于指定表名或视图名；WHERE 子句为可选项，如果没有使用 WHERE 子句，那么 DELETE 语句会删除表中所有行的数据，如果使用 WHERE 子句的 condition(s)指定条件，那么 DELETE 语句会删除表中满足条件的记录行。

下面举例说明使用 DELETE 语句删除数据的方法。

**例 7-12**：删除 students_grade 表中的全部数据。不使用 WHERE 子句，用 DELETE 语句删除表中所有行的数据。

```
SQL> DELETE FROM students_grade;
```

已删除 3 行。

可以通过执行查询语句，了解 students_grade 表中的数据变化情况。

**例 7-13**：删除 students 表中计算机应用专业的学生数据。使用 WHERE 子句的 condition(s)指定条件，删除满足条件的数据。

```
SQL> DELETE FROM Students WHERE specialty = '计算机应用';
```

已删除 8 行。

### 2. TRUNCATE TABLE 语句

TRUNCATE TABLE 语句用于删除表的所有数据(截断表)。其语句格式如下：

```
TRUNCATE TABLE <table_name>
```

其中，table_name 用于指定表名。

💡**知识要点**：DELETE 语句和 TRUNCATE TABLE 语句都可以删除表的所有数据，但前者删除表的所有数据时，不会释放表所占用的空间，并且操作可以撤销(ROLLBACK)；后者删除表的所有数据时，执行速度更快，而且还会释放表、段所占用的空间，并且操作不能撤销(ROLLBACK)。

下面举例说明使用 TRUNCATE TABLE 语句删除数据的方法。

**例 7-14**：使用 TRUNCATE TABLE 语句删除 teachers 表的所有数据。

```
SQL> TRUNCATE TABLE Teachers;

表被截断。
```

为了下面内容的讲述，将教学数据库 jiaoxue 中的所有表的内容，恢复为在第 3 章刚建立表时的内容。

## 7.1.4  数据库完整性

在使用 DML 语句时，经常出现违反数据库完整性约束规则的情况。为此，专门提供一些这方面的例子，以避免出现此类错误。

数据库完整性包括三个方面的约束规则，分别是实体完整性、参照完整性和自定义完整性约束规则。下面分别予以介绍。

### 1. 实体完整性

实体完整性是指关系的主属性，即表的主键不能为空值(NULL)，也不能取重复值。下面的例子说明在使用 DML 语句时，可能出现的违反实体完整性约束规则的情况。

**例 7-15**：在插入(INSERT)数据时主键取 NULL 值。

```
SQL> INSERT INTO Students (name,specialty)
  2      VALUES('王一','计算机');
INSERT INTO Students (name,specialty)
*
第 1 行出现错误：
ORA-01400: 无法将 NULL 插入 ("SYSTEM"."STUDENTS"."STUDENT_ID")
```

**例 7-16**：在修改(UPDATE)数据时主键取 NULL 值。

```
SQL> UPDATE Students SET student_id = NULL WHERE student_id = 10205;
UPDATE Students SET student_id = NULL WHERE student_id = 10205
                        *
第 1 行出现错误：
ORA-01407: 无法更新 ("SYSTEM"."STUDENTS"."STUDENT_ID") 为 NULL
```

**例 7-17**：在插入(INSERT)数据时主键取重复值。

```
SQL> INSERT INTO Students
  2      VALUES(10205, NULL,'张三', '男', '26-12 月-1989','自动化');
INSERT INTO Students
*
第 1 行出现错误：
```

```
ORA-00001: 违反唯一约束条件 (SYSTEM.STUDENT_PK)
```

**例 7-18**：在修改(UPDATE)数据时主键取重复值。

```
SQL> UPDATE Students
  2    SET student_id = 10207
  3     WHERE student_id = 10205;
UPDATE Students
*
第 1 行出现错误:
ORA-00001: 违反唯一约束条件 (SYSTEM.STUDENT_PK)
```

### 2. 参照完整性

表 teachers 通过 department_id 列与表 departments 建立了参照完整性约束关系，这样，表 teachers 被称为从表，表 departments 被称为主表。依照参照完整性约束规则，表 teachers 中的 department_id 列取值只允许两种可能，一是空值，二是等于表 departments 中某个记录行的主键值；如果取其他值，即违反参照完整性约束规则。

下面的例子说明在使用 DML 语句时，可能出现的违反参照完整性约束规则的情况。

**例 7-19**：从主表 departments 删除(DELETE)的 department_id 列值，在表 teachers 的 department_id 列中含有该值。

```
SQL> DELETE FROM Departments WHERE department_id = 101;
DELETE FROM Departments WHERE department_id = 101
*
第 1 行出现错误:
ORA-02292: 违反完整约束条件 (SYSTEM.TEACHERS_FK_DEPARTMENTS) - 已找到子记录
```

**例 7-20**：从主表 departments 要修改(UPDATE)的 department_id 列值，在表 teachers 的 department_id 列中含有该值。

```
SQL> UPDATE Departments SET department_id = 105
  2    WHERE department_id = 102;
UPDATE Departments SET department_id = 105
*
第 1 行出现错误:
ORA-02292: 违反完整约束条件 (SYSTEM.TEACHERS_FK_DEPARTMENTS) - 已找到子记录
```

**例 7-21**：从表 teachers 插入(INSERT)department_id 列的值，在主表 departments 的 department_id 列值中不存在。

```
SQL> INSERT INTO Teachers
  2    VALUES(10805,'李四', '教授', '01-9 月-1990',1000,3000,108);
INSERT INTO Teachers
*
第 1 行出现错误:
ORA-02291: 违反完整约束条件 (SYSTEM.TEACHERS_FK_DEPARTMENTS) - 未找到父项关键字
```

**例 7-22**：从表 teachers 修改(UPDATE)department_id 列所取的值，在主表 departments 的列值 department_id 中不存在。

```
SQL> UPDATE Teachers SET department_id = 107
  2    WHERE teacher_id = 10106;
```

```
UPDATE Teachers SET department_id = 107
*
第 1 行出现错误:
ORA-02291: 违反完整约束条件 (SYSTEM.TEACHERS_FK_DEPARTMENTS) - 未找到父项关键字
```

### 3．自定义完整性

自定义完整性规则是针对某一应用环境的完整性约束条件，这类完整性规则一般在建立库表的同时进行定义，应用编程人员无须再作考虑。如果某些约束条件没有建立在库表一级，则编程人员应在各模块的具体编程中通过程序进行检查和控制。

下面的例子用于说明在使用 DML 语句时，可能出现的违反自定义完整性约束规则的情况。

**例 7-23**：插入学生记录时，没有给出姓名值，违反了 NOT NULL 自定义完整性约束。

```
SQL> INSERT INTO Students (student_id,dob,sex,specialty)
  2    VALUES(10178,'20-12 月-1989','男','计算机');
INSERT INTO Students (student_id,dob,sex,specialty)
*
第 1 行出现错误:
ORA-01400: 无法将 NULL 插入 ("SYSTEM"."STUDENTS"."NAME")
```

**例 7-24**：修改学生性别，本例违反了 CHECK 自定义完整性约束(只能取"男"或"女")。

```
SQL> UPDATE Students SET sex='男'
  2    WHERE student_id = 10205;
UPDATE Students SET sex='男'
*
第 1 行出现错误:
ORA-02290: 违反检查约束条件 (SYSTEM.SEX_CHK)
```

## 7.1.5　含有子查询的 DML 语句

在 DML 语句中可以使用子查询语句，完成操作过程较复杂、功能较强的 DML 操作。DML 语句由插入数据语句、更新数据语句、删除数据语句等三个语句组成，下面分别予以介绍。

### 1．插入数据语句中使用子查询

使用带有子查询的插入数据(INSERT)语句，可以将某表的数据查询子集插入另一表中。其语句格式如下：

```
INSERT INTO <table_name> [(column_name [, column_name, …])] subquery
```

其中，table_name 用于指定表名或视图名；column_name 用于指定列名，如果要指定多个列，那么列与列之间要用逗号分开，若省略该选项，默认选定指定表或视图的所有列；subquery 用于为指定表提供数据的子查询。

另外，column_name 指定的列的数据类型和个数，必须与子查询列的数据类型和个数完全匹配。

下面的例子使用的 students_computer 表在此首次使用，尚未建立。可以依据下面的语句建立 students_computer 表，以便在后面的例子中使用。

建立计算机专业学生 students_computer 表：

```
CREATE TABLE students_computer (
  student_id NUMBER(5)
    CONSTRAINT student_computer_pk PRIMARY KEY,
  monitor_id NUMBER(5),
  name VARCHAR2(10) NOT NULL,
  sex VARCHAR2(6),
  dob DATE,
  specialty VARCHAR2(10)
);
```

带有子查询的插入数据语句的使用方法见下例。

**例 7-25**：在 students 表中，利用子查询形成计算机专业学生的子集，并将其插入 students_computer 表中。

```
SQL> INSERT INTO Students_computer
  2    (SELECT * FROM Students WHERE specialty = '计算机');

已创建 6 行。
SQL> select * from Students_computer;
```

运行结果：

```
STUDENT_ID MONITOR_ID NAME    SEX    DOB             SPECIALTY
---------- ---------- -----   -----  -------------   ----------
    10101             王晓芳   女     07-5 月 -88     计算机
    10102     10101   刘春苹   女     12-8 月 -91     计算机
    10112     10101   张纯玉   男     21-7 月 -89     计算机
    10103     10101   王天仪   男     26-12 月-89     计算机
    10105     10101   韩刘     男     03-8 月 -91     计算机
    10128     10101   白昕     男                     计算机

已选择 6 行。
```

### 2. 更新数据语句中使用子查询

使用带有子查询的更新数据(UPDATE)语句，可以利用子查询结果修改表中的数据。其语句格式如下：

```
UPDATE <table_name> SET [(column_name [, column_name, …])]= subquery
```

其中，table_name 用于指定表名或视图名；column_name 用于指定列名，如果要指定多个列，那么列与列之间要用逗号分开，若省略该选项，默认选定指定表或视图的所有列；subquery 用于为指定表提供修改数据的子查询。

另外，column_name 指定的列的数据类型和个数，必须与子查询列的数据类型和个数完全匹配。

带有子查询的更新数据语句的使用方法见下例。

**例 7-26**：将奖金未定的教师的奖金，更新为教师的平均奖金。

```
SQL> UPDATE Teachers SET bonus -
  2    (SELECT AVG(bonus) FROM Teachers)
  3      WHERE bonus IS NULL;
```

已更新 3 行。

### 3. 删除数据语句中使用子查询

使用带有子查询的删除数据(DELETE)语句，可以利用子查询结果作为删除表中的数据的条件。其语句格式如下：

```
DELETE FROM <table_name> WHERE [(column_name [, column_name, …])]= subquery
```

其中，table_name 用于指定表名或视图名；column_name 用于指定列名，如果要指定多个列，那么列与列之间要用逗号分开，若省略该选项，默认选定指定表或视图的所有列；subquery 结果作为删除表中数据的条件。

另外，column_name 指定的列的数据类型和个数，必须与子查询列的数据类型和个数完全匹配。

带有子查询的删除数据语句的使用方法见下例。

**例 7-27**：删除工资超过平均工资 10%的教师信息。

```
SQL> DELETE FROM Teachers
  2    WHERE wage >
  3    (SELECT 1.1*AVG(wage) FROM Teachers);
```

已删除 7 行。

# 7.2  数据事务处理

事务(transaction)是将对一个或多个表中数据进行的一组 DML 操作作为一个单元来处理的方法。这些 DML 操作是通过使用 INSERT、UPDATE 和 DELETE 语句进行的。当把对数据的一组 DML 操作组成一个事务时，这些 DML 操作要么会全部成功，要么会全部取消。

事务被用来确保数据库中数据的一致性。假设有人利用银行卡中的存款准备购买某商品，这就需要将购货款从银行卡存款账户转到商家的银行存款账户。执行这一数据修改任务的事务，需要同时成功完成减少客户银行卡中的存款、增加商家的银行存款账户的金额两项操作。否则，将会出现客户银行卡中的存款减少，但商家的银行存款账户的金额没有相应增加，或者出现客户银行卡中的存款没有减少，但商家的银行存款账户的金额却有增加的矛盾现象。这一现象在数据库中产生了数据的不一致性，为了确保数据库中的数据一致性，类似上述事务中的操作要么全部成功，要么全部取消。

数据库事务开始于应用程序中的第一条 DML 语句，当执行 COMMIT 或 ROLLBACK 语句时显式结束事务(执行某些语句或操作隐式结束事务)。数据库事务开始后，Oracle 会为 DML 操作涉及的表加上表锁，涉及的行加上行锁。加表锁防止其他用户改变表结构，加行锁防止其他事务在相应的行上执行 DML 操作。数据库事务结束后，释放该事务的封锁(表锁和行锁)。

## 7.2.1 显式处理事务

事务显式处理，需要使用 COMMIT(提交)语句或 ROLLBACK(撤销)语句。建议在应用程序中用 COMMIT 或 ROLLBACK 语句显式结束每一事务。如果不显式处理事务，程序异常中止时，最后未提交的事务会自动被撤销。

### 1. 提交事务

提交事务使用 COMMIT 语句，其作用是结束当前事务，并把当前事务所执行的全部修改，保存到外存的数据库中。同时该命令还删除事务所设置的全部保留点，释放该事务的封锁。其语句格式如下：

```
COMMIT;
```

**例 7-28**：给 departments 表添加一条新的系部信息，然后执行提交事务语句 COMMIT，使这一修改永久地保存到数据库中。

```
SQL> INSERT  INTO departments VALUES(111,'地球物理','X 号教学楼');

已创建 1 行。

SQL> COMMIT;

提交完成。

SQL> SELECT * FROM departments;
```

运行结果：

```
DEPARTMENT_ID DEPARTME ADDRESS
------------- -------- ----------------------------------------
          101 信息工程  1 号教学楼
          102 电气工程  2 号教学楼
          103 机电工程  3 号教学楼
          104 工商管理  4 号教学楼
          111 地球物理  X 号教学楼
```

### 2. 撤销事务

撤销事务使用 ROLLBACK 语句。该语句的作用是撤销当前事务中所做的修改。其语句格式如下：

```
ROLLBACK [ TO savepoint_name ];
```

其 中， TO savepoint_name 为可选项，当选择 TO savepoint_name 可选项时，ROLLBACK 语句撤销保留点 savepoint_name 之后的部分事务，删除保留点 savepoint_name 后所建的全部保留点；当省略该可选项时，ROLLBACK 语句结束事务，撤销当前事务中所做的全部修改，删除该事务中的全部保留点，释放该事务的封锁。

(1) 全部撤销。

**例 7-29**：修改 departments 表中的数据，然后执行撤销事务语句 ROLLBACK，取消所做的修改。

```
SQL> UPDATE departments SET address = '5 号教学楼'
  2    WHERE department_id = 104;

已更新 1 行。
```

运行结果:

```
SQL> SELECT * FROM departments;

DEPARTMENT_ID DEPARTME ADDRESS
------------- -------- ------------------------------------------
          101 信息工程  1 号教学楼
          102 电气工程  2 号教学楼
          103 机电工程  3 号教学楼
          104 工商管理  5 号教学楼
          111 地球物理  X 号教学楼

SQL> ROLLBACK;

回退已完成。
```

运行结果:

```
SQL> SELECT * FROM departments;

DEPARTMENT_ID DEPARTME ADDRESS
------------- -------- ------------------------------------------
          101 信息工程  1 号教学楼
          102 电气工程  2 号教学楼
          103 机电工程  3 号教学楼
          104 工商管理  4 号教学楼
          111 地球物理  X 号教学楼
```

(2) 部分撤销。

部分撤销事务,需要使用保留点。保留点的设置,需要使用 SAVEPOINT 语句。其语句格式如下:

```
SAVEPOINT savepoint_name;
```

其中,savepoint_name 为设置的保留点的名称。该命令用于标识事务中的一个保留点,可回退到该点。保留点与 ROLLBACK 语句一起使用,可部分撤销当前事务。可以利用保留点进行程序查错和调试。

**例 7-30:** 设置保留点 sp1,然后删除一行数据,再执行撤销事务语句 ROLLBACK TO sp1,部分撤销事务到保留点 sp1。

```
SQL> UPDATE departments SET address = '5 号教学楼'
  2    WHERE department_id = 104;

已更新 1 行。
```

运行结果:

```
SQL> SAVEPOINT sp1;

保存点已创建。

SQL> DELETE FROM departments WHERE department_id = 104;

已删除 1 行。

SQL> SELECT * FROM departments;

DEPARTMENT_ID DEPARTME ADDRESS
------------- -------- ----------------------------------------
          101 信息工程 1 号教学楼
          102 电气工程 2 号教学楼
          103 机电工程 3 号教学楼
          111 地球物理 X 号教学楼

SQL> ROLLBACK TO sp1;

回退已完成。
```

运行结果：

```
SQL> SELECT * FROM departments;

DEPARTMENT_ID DEPARTME ADDRESS
------------- -------- ----------------------------------------
          101 信息工程 1 号教学楼
          102 电气工程 2 号教学楼
          103 机电工程 3 号教学楼
          104 工商管理 5 号教学楼
          111 地球物理 X 号教学楼
```

## 7.2.2 隐式处理事务

使用 COMMIT 语句或 ROLLBACK 语句属于显式处理事务。但执行某些语句或操作时 Oracle 系统也会自动结束事务，这就是隐式处理事务。

(1) 当执行 DDL 语句时，Oracle 系统会自动提交(COMMIT)事务，例如 CREATE TABLE、ALTER TABLE、DROP TABLE 等语句。

(2) 当执行 DCL 语句时，Oracle 系统会自动提交(COMMIT)事务，例如 GRANT、REVOKE 等语句。

(3) 当正常退出(执行 EXIT 命令)SQL*Plus 时，Oracle 系统会自动提交(COMMIT)事务；当非正常退出(被意外终止)SQL*Plus 时，Oracle 系统会自动撤销(ROLLBACK)事务。

## 7.2.3 特殊事务

### 1. 只读事务

只读事务只允许执行查询语句，而不允许执行任何 DML 语句。设置只读事务使用命令 SET TRANSACTION READ ONLY 来实现，并且该命令必须为事务的第一条语句。必须使用 COMMIT 或 ROLLBACK 语句结束只读事务。

例 7-31：设当前事务为只读事务。

```
SQL> SET TRANSACTION READ ONLY;

事务处理集。
```

当在某一会话中使用只读事务时，尽管其他会话可能会提交新事务，但只读事务将不会取得新的数据变化，可以使得这一会话中的用户取得特定时间点的数据。

### 2. 顺序事务

只读事务可以取得特定时间点的数据，但设置了只读事务的会话将不能执行 DML(INSERT、UPDATE、DELETE)操作。顺序事务不仅可以取得特定时间点的数据，而且允许在其中使用 DML(INSERT、UPDATE、DELETE)操作。

设置顺序事务使用命令 SET TRANSACTION ISOLATION LEVEKL SERIALIZABLE 实现，并且该命令必须为事务的第一条语句。必须使用 COMMIT 或 ROLLBACK 语句结束顺序事务。

例 7-32：设置当前事务为顺序事务。

```
SQL> SET TRANSACTION ISOLATION LEVEL SERIALIZABLE;

事务处理集。
```

# 上机实训：编写在 PAY_TABLE 表中插入记录的过程

## 实训内容和要求

王佳编写程序，对 PAY_TABLE 表写一个插入一条记录的过程，要求输入参数为一条记录。

## 实训步骤

相关代码如下。

```
SQL>  CREATE or replace procedure addpay_pro2(
  2   v_name in pay_table.name%type,
  3    v_pay_type in pay_table.pay_type%type,
  4    v_pay_rate in pay_table.pay_rate%type,
  5    v_eff_date in pay_table.eff_date%type) is
  6    begin
  7     insert into pay_table(name,pay_type,pay_rate,eff_date)
values(v_name,v_pay_type,v_pay_rate,v_eff_date);
  8    end addpay_pro2;
  9
 10  /

Procedure created
```

```
SQL> exec addpay_pro2('yanglz','salary',60000.00,'15-6月-13');

PL/SQL procedure successfully completed
```

# 本 章 小 结

数据操纵语言(DML)包括 INSERT、DELETE、UPDATE 等语句。它们分别完成对数据库进行数据增、删、改的功能。Oracle 处理 DML 语句的结果时，以事务(transaction)为单位进行，一个事务为一个工作的逻辑单位，是一个 SQL 语句序列，Oracle 将它作为一个单位进行处理。事务处理语句决定如何处置由 DML 语句所做的修改。在执行每一个 DML 语句时，所有的操作都在内存中完成，在执行完一系列 DML 语句后，需要决定由 DML 语句所做的修改是全部或部分地保留到硬盘文件上，还是全部撤销。这些决定可以通过事务处理语句来完成。事务处理语句主要有三个，COMMIT(提交)、ROLLBACK(撤销)、SAVEPOINT(保留点)。在学习了本章内容之后，读者将会使用 DML 的 INSERT、DELETE、UPDATE 语句分别完成对数据库进行数据增、删、改的操作；了解事务处理的概念，掌握事务处理语句 COMMIT(提交)、ROLLBACK(撤销)、SAVEPOINT(保留点)的使用方法。

# 习  题

## 一、填空题

1. INSERT 语句的作用是_____。
2. UPDATE 语句的作用是_____。
3. 删除数据可以使用_____或_____。
4. 实体完整性是指_____。
5. 事务是_____。

## 二、选择题

1. (    )用于指定表名或视图名。
   A. table_name        B. column_name        C. VALUES        D. value
2. (    )用于指定列名。
   A. table_name        B. column_name        C. VALUES        D. value
3. 指定多个列名时用(    )分开。
   A. 句号              B. 逗号                C. 分号          D. 问号
4. (    )给出数据的具体值。
   A. table_name        B. column_name        C. VALUES        D. value
5. 数据操纵语言由(    )语句组成。
   A. 插入数据          B. 更新数据            C. 删除数据      D. 更换数据

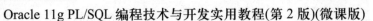
## 三、上机实验

### 实验一: 内容要求

在 PROJECTS 表插入两条记录。

```
SQL> Insert into PROJECTS
2  values(3,'WRITE C030 COURSE','02-1月-88','07-1月-88',400,1, 'BR
CREATIVE');
SQL> Insert into PROJECTS
2  values(4,'PROOF READ NOTES','01-1月-90','10-1月-90',700,1, 'YOUR
CHOICE');
```

### 实验二: 内容要求

在 ASSIGNMENTS 表插入两条记录。

```
SQL> Insert into ASSIGNMENTS
2  values(3,7521,'04-5月-88','07-5月-88',58.00,'WR',20);
SQL> Insert into ASSIGNMENTS
2  values(4,7499,'01-2月-89','10-2月-89',65.50,'PF',25);
```

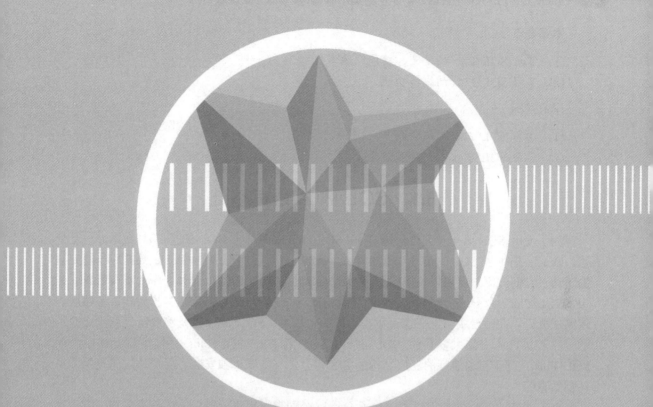

# 第 8 章

SQL*Plus 基础简介

**本章要点**

(1) 掌握 SQL*Plus 的定义、功能、编写规则。

(2) 掌握 SQL*Plus 的编辑功能。

**学习目标**

(1) 学习 SQL*Plus 的编辑命令。

(2) 学习 SQL*Plus 如何加入注释。

# 8.1　SQL*Plus 语言基础

为了使用 SQL 语句及其过程语言 PL/SQL(Oracle 对标准 SQL 的扩展)与数据库进行交互，Oracle 提供了 SQL*Plus 和 iSQL*Plus 两个工具，它们都是与 Oracle 数据库一起安装的。通过它们，用户就可以使用 SQL 以及 PL/SQL 语句创建并管理数据库的所有对象。其中，SQL*Plus 是一个基于传统 C/S 两层结构的 SQL 开发工具，包括客户层和服务器层，这两层既可以在一台主机上，也可以在不同的主机上。SQL*Plus 也是将要给大家重点介绍的一个工具，本书绝大多数的 SQL 和 PL/SQL 都将在 SQL*Plus 环境下进行演示。而 SQL*Plus 是基于目前流行的三层结构的 B/S 模型，不需要单独安装，用户通过浏览器即可访问数据库。

SQL 及 PL/SQL 的使用环境，除了 Oracle 公司自己提供的以外，还有许多第三方厂家的 Oracle 开发工具，如 TOAD (Tools of Oracle Application Developer)和 PL/SQL Developer 等，它们均有与 SQL*Plus 同样的功能，甚至还具备了 SQL*Plus 不具备的许多功能。

## 8.1.1　SQL*Plus 的功能与编写规则

### 1. SQL*Plus 的功能

SQL*Plus 工具主要用来做数据查询和数据处理。利用 SQL*Plus 工具可将 SQL 和 Oracle 专有的 PL/SQL 结合起来进行数据查询和数据处理。SQL*Plus 工具具备以下功能：

(1) 插入、修改、删除、查询以及执行 SQL、PL/SQL 块。

(2) 查询结果的格式化、运算处理、保存、打印以及输出 Web 格式。

(3) 显示任何一个表的字段定义，并与终端用户交互。

(4) 连接数据库，定义变量。

(5) 完成数据库管理。

(6) 运行存储在数据库中的子程序或包。

(7) 启动/停止数据库实例(要完成该功能，必须以 sysdba 身份登录数据库)。

### 2. SQL*Plus 的编写规则

SQL*Plus 对英文字母大小写是不敏感的。即在 SQL*Plus 环境中，SQL 语句和 PL/SQL 程序代码既可以使用英文字母大写格式，也可以使用英文字母小写格式。然而，为了增加程序的可读性，按以下规则使用英文字母大小写格式：

- SQL 语句关键字采用英文字母大写格式。
- PL/SQL 语句关键字采用英文字母大写格式。
- 数据类型采用英文字母大写格式。
- 变量等标识符采用英文字母小写格式。
- 数据库对象和表的列采用英文字母小写格式。

## 8.1.2 启动 SQL*Plus 连接数据库

如前文所述，SQL*Plus 是 Oracle 系统为用户提供的使用 SQL 和 PL/SQL 进行创建、管理和使用数据库对象，并与 Oracle 服务器进行交互的前端工具。可以把它想象成一个编辑器。SQL*Plus 用于输入、调试 SQL 和 PL/SQL 语句，并在其中获得结果。

下面介绍在不同的环境下启动 SQL*Plus 的两种方法。

### 1. Oracle 数据库安装于 Windows 操作系统，从命令窗口直接启动 SQL*Plus

(1) 选择"开始"菜单中的"运行"命令，打开"运行"对话框。

(2) 输入 sqlplus，如图 8-1 所示(当然，也可输入 cmd，打开 DOS 命令行窗口后再输入 sqlplus 命令，结果是一样的)。

(3) 如果指定某个具体用户登录，则可以输入 sqlplus "scott/tiger"，如图 8-2 所示。

图 8-1 "运行"对话框

图 8-2 指定确定的用户登录数据库

(4) 如果是以 sysdba 的身份登录数据库，则需要明确指出，也可输入 sqlplus"/as sysdba"，如图 8-3 所示。

(5) 如果是以无连接的方式输入，则也可输入 sqlplus /nolog，如图 8-4 所示，进入 sqlplus 以后再决定以哪种身份连接数据库(此时需要使用 connect 命令)。以下是一些对应的图片，读者可以从中选择一种自己喜欢的方式。

图 8-3 以 dba 身份登录本机的数据库

图 8-4 以无连接的方式进入 sqlplus 环境

(6) 图 8-5 所示为连接到 Oracle 数据库的结果图片，其他情况就不再一一列举了。

(7) 输入 SQL 命令，在命令的结尾处输入一个";"，然后按 Enter 键执行，如图 8-6

所示。如果 SQL 语句的结尾没有";"，sqlplus 会认为 SQL 语句还没有结束，而自动往下执行。

图 8-5　连接到 Oracle 数据库中　　　　　图 8-6　执行 SQL 语句

(8) 如果要退出 sqlplus，直接输入 exit 命令就可以了。

(9) 如果不想退出 sqlplus，但是想运行 Windows 操作系统的命令，则可以在 SQL>提示符下面直接输入 host 命令，按 Enter 键后可以输入 dos 命令进行操作，如图 8-7 所示。此时输入 exit 命令，则退回到 sqlplus 环境。

### 2. 从菜单命令中启动窗口程序形式的 SQL*Plus

依次选择"开始"→"程序"→Oracle-OraDb 11g_home1→"应用程序开发>SQL Plus"菜单命令，弹出输入用户名和口令的窗口，如图 8-8 所示。其余的操作与前面的讲述相同，此处不再重复。

图 8-7　运行操作系统命令　　　　　图 8-8　从菜单命令中启动窗口程序形式的 SQL*Plus

提示：用户需要明确 SQL 语句、PL/SQL 块和 SQL*Plus 命令这三个概念之间的差异。
① SQL 语句是以数据库为操作对象的语言，主要包括数据定义语言(DDL)、数据操纵语言(DML)和数据控制语言(DCL)以及数据存储语言(DSL)。当输入 SQL 语句后，SQL*Plus 将其保存在内部缓冲区中。当 SQL 命令输入完毕时，有三种方法可以结束 SQL 命令：在命令行的末尾输入";"(分号)并按 Enter 键；在单独一行上用斜杠(/)或用空行表示。

② PL/SQL 块同样是以数据库中的数据为操作对象。但由于 SQL 语句不具备过程控制功能，所以，为了能够与其他语言一样具备面向过程的处理功能，在 SQL 语句中加入了诸如循环、选择等面向过程的处理功能，由此形成了 PL/SQL。所有 PL/SQL 语句的解释均由 PL/SQL 引擎来完成。使用 PL/SQL 块可编写过程、触发器和包等数据库永久对象。

③ SQL*Plus 命令主要用来格式化查询结果，设置选择、编辑及存储 SQL 命令，以及设置查询结果的显示格式，并且可以设置环境选项。

## 8.2　使用 SQL*Plus 的编辑功能

作为一个调试、运行 SQL 语句和 PL/SQL 的软件工具，SQL*Plus 的功能远远不止在里面输入命令行，然后执行得到结果这么简单。使用 SQL*Plus 可以十分方便地编辑和管理编程的过程。本节主要介绍 SQL*Plus 的管理功能。SQL*Plus 的主要功能如下。

- 编辑命令。
- 保存命令。
- 加入注释。
- 运行命令。
- 编写交互命令。
- 使用绑定变量。
- 跟踪语句。

### 8.2.1　编辑命令

下面介绍使用 SQL*Plus 的编辑命令时应注意的几个问题。

(1) 当运行 SQL*Plus 时，Oracle 会在缓冲区中保留最后执行的命令，因而方便了命令的修改和执行。要访问缓冲区，只要输入 "/"(斜杠)并按 Enter 键即可，该操作将使最后输入的 SQL 查询语句再次被运行，如图 8-9 所示。

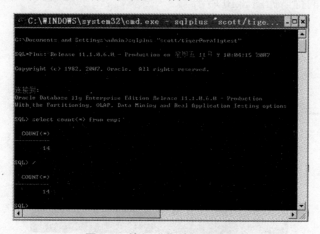

图 8-9　输入 "/" 访问缓冲区

(2) 很多情况下，在 SQL*Plus 环境下输入 SQL 命令时，往往难免出错。此时，使用 SQL*Plus 的行编辑功能比重新输入整行要方便快捷得多。尽管 SQL*Plus 的行编辑功能相对简单，但它十分有用，可以很快地修改 SQL 缓冲区中的 SQL 语句并再次执行。表 8-1 所示为 SQL*Plus 行编辑命令。

表 8-1  SQL*Plus 行编辑命令

| 命　　令 | 缩　　写 | 说　　明 |
|---|---|---|
| APPEND text | A text | 在行的尾端添加文本 |
| CHANGE /old/new | C/old/new | 在行中将旧的变为新的 |
| CHANGE /text | C/text | 从行中删除文本 |
| CLEAR BUFFER | CL BUFF | 删除所有行 |
| DEL | (无) | 删除当前行 |
| DEL n | (无) | 删除行 n |
| DEL * | (无) | 删除当前行 |
| DEL n * | (无) | 通过当前行删除行 |
| DEL LAST | (无) | 删除最后一行 |
| DEL m n | (无) | 删除所在范围的行(从 m 到 n) |
| DEL * n | (无) | 通过行 n 删除当前行 |
| INPUT | I | 添加一个或者多个行 |
| INPUT text | I text | 添加包含文本的行 |
| LIST | L | 列出在 SQL 缓冲区中所有的行 |
| LIST n | L n or n | 列出行 n |
| LIST * | L * | 列出当前行 |
| LIST n * | L n * | 通过当前行列出行 n |
| LIST LAST | L LAST | 列出最后一行 |
| LIST m n LIST * n | L m n L * n | 列出从 m 到 n 的行；通过行 n 列出当前行 |

因为 SQL*Plus 具备的是行编辑功能，所以使用编辑器的关键是要明白什么是"当前行"，即允许修改的行，如图 8-10 所示。

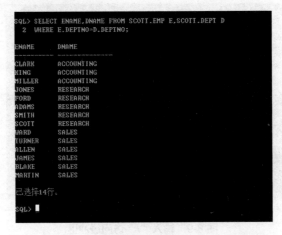

图 8-10  代码 1

此时，如果输入 List 命令，会列出在缓冲区中 SQL 语句的所有行，但是需要注意的是，前面带有 * 的行是"当前行"，也就是 SQL*Plus 目前正在编辑的行，如图 8-11 所示。

```
SQL> list
  1  SELECT ENAME,DNAME FROM SCOTT.EMP E,SCOTT.DEPT D
  2* WHERE E.DEPTNO=D.DEPTNO
SQL>
```

图 8-11　代码 2

如果想将第 1 行变为当前行，则可以使用命令 LIST(L)后面直接跟行号 1，简写为 L1，即可以将第 1 行变为当前行，如图 8-12 所示。

```
SQL> list
  1  SELECT ENAME,DNAME FROM SCOTT.EMP E,SCOTT.DEPT D
  2* WHERE E.DEPTNO=D.DEPTNO
SQL> L1
  1* SELECT ENAME,DNAME FROM SCOTT.EMP E,SCOTT.DEPT D
SQL>
```

图 8-12　代码 3

(3) 上面介绍的这个命令行编辑器很有用，但它只允许编辑 SQL 查询语句本身。很多情况下，为了使简单的 SQL 查询成为实用的报表，需要许多格式和设置，这项工作最好由全屏编辑器来完成。在 SQL*Plus 中有一个命令，允许定义直接在 SQL*Plus 中使用的编辑器，其命令格式为 define_editor=editor_name，其中的 editor_name 是用户选择的编辑器的名称。在 Unix 中，这个编辑器名称可以是 vi；在 VMS 中，该名称可以是 edt；在 Windows 下，编辑器是 notepad。

用户可以设置自选的任何编辑器。为了使用以上述格式定义的编辑器，输入命令 edit 或者用缩写 ed，Oracle 将使用用户在 define_editor 命令中定义的编辑器。例如，在 Windows 操作系统下，启动 SQL*Plus 后执行 ed 命令，将打开记事本程序，缓冲区中的 SQL 语句自动出现在记事本中，如图 8-13 所示。

图 8-13　打开记事本编辑 SQL 语句

在记事本程序中，用户可以像编辑普通文本那样编辑 SQL 语句，然后保存所做的修改，关闭记事本。这时候再在 SQL*Plus 中输入斜杠"/"，就可以执行更新后的 SQL 语句了。

## 8.2.2 保存命令

通过 SQL*Plus，可以将命令存储在命令文件中，当创建了一个命令文件以后，可以重新提取、编辑和运行它。使用命令文件保存命令，可以使该命令能够被重复使用，特别是对于复杂的 SQL 命令和 PL/SQL 块尤为如此。

在 SQL*Plus 中，可以将一个或者多个 SQL 命令、PL/SQL 块和 SQL*Plus 命令存储在命令文件中。用户可以用三种方式在 SQL*Plus 中创建命令文件。

- 通过使用 SAVE 命令，可以直接保存缓冲区中的 SQL 语句到指定的文件。
- 通过使用 INPUT(输入)命令，可以连同 SQL*Plus 命令与 SQL 语句一起保存在缓冲区，然后使用 SAVE 命令保存在指定的文件中。
- 可以直接使用 EDIT 命令创建文件。

(1) 输入 SAVE 命令，保存缓冲区中的 SQL 命令或者 PL/SQL 块。

格式为：

```
SAVE file_name
```

默认保存在当前路径下，也可以是绝对路径，如 SAVE D:\test，则会将命令保存在 D 盘中，文件全名为 test.sql。

SQL*Plus 为文件名添加.sql 扩展名，标识它是一个 SQL 查询文件。下面的示例显示了如何保存当前的 SQL 语句(首先显示一下缓冲区中的 SQL 语句)，如图 8-14 所示。

(2) SQL*Plus 命令(注意不是 SQL 语句和 PL/SQL 块)不会自动保存到缓冲区中。用户可以使用 INPUT 命令，将 SQL*Plus 命令输入缓冲区中。然后使用 SAVE 命令将包含 SQL*Plus 命令在内的查询语句保存到指定的文件。

下面的示例显示如何结合使用 IINPUT 和 SAVE 命令。

为了使用 INPUT 编写和保存查询，先清除缓冲区；然后，使用 INPUT 命令输入 SQL*Plus 命令和 SQL 语句，最后使用 SAVE 命令(注意，此处以空行回车)，如图 8-15 所示。

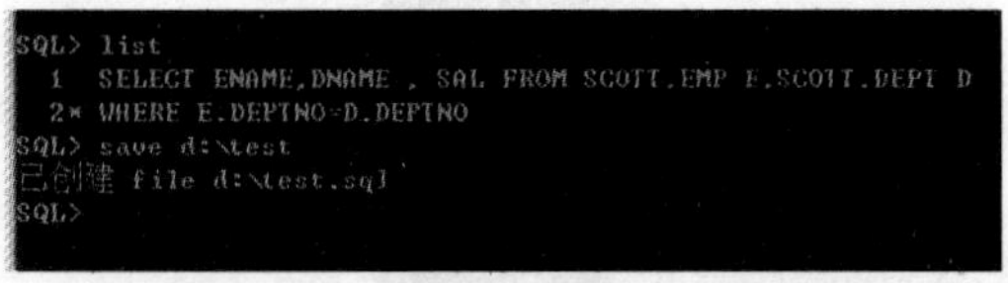

图 8-14 保存当前的 SQL 语句

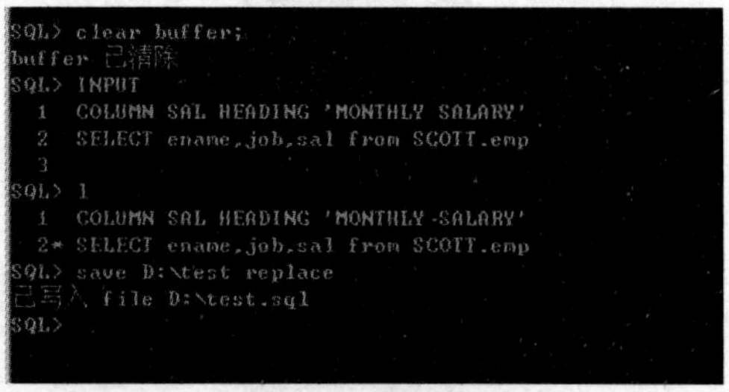

图 8-15 使用 INPUT 和 SAVE 命令

💡 **注意：**

① 在上面的例子中，SAVE 命令后面的 REPLACE 关键字将覆盖同名的文件。如果不使用这个关键字而又恰恰存在该文件名的文件，将不能写入。

② 使用 INPUT 命令将 SQL*Plus 命令加到缓冲区中，因此不能在缓冲区中直接执行该命令，否则会报错。

③ 如果要执行刚刚保存的 SQL*Plus 命令和 SQL 命令，需要使用 SQL>@filename，如图 8-16 所示。

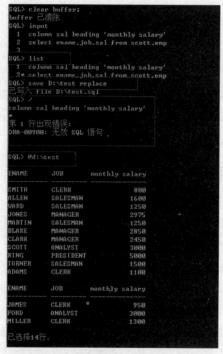

**图 8-16　使用 SQL>@filename**

## 8.2.3　加入注释

在代码中加入注释能够使用户的编程更加有可读性。下面再系统地讨论一下加入注释的方法以及应该注意的一些问题。

用户可以使用三种方式在命令文件中输入注释。

● 使用 SQL*Plus REMARK 命令输入单行注释。

● 使用 SQL 注释分隔符/*...*/，用于输入多行注释。

● 使用 ANSI/ISO 样式注释"--"，用于输入单行注释。

### 1. 使用 REMARK 命令

使用 REMARK 命令在一个命令文件的一行上加上注释：

```
REMARK Commission Report;
REMARK to be run monthly;
COLUMN LAST_NAME HEADING 'LAST_NAME';
```

```
COLUMN SALARY HEADING 'MONTHLY SALARY' FORMAT $99,999;
COLUMN COMMISSION_PCT HEADING 'COMMISSION %' FORMAT 90.90;
REMARK Includes only salesmen;
SELECT LAST_NAME, SALARY, COMMISSION_PCT;
FROM EMP_DETAILS_VIEW;
WHERE JOB_ID='SA_MAN';
```

### 2. 使用注释分隔符 "/*...*/"

使用 SQL 注释分隔符/*...*/:

```
/* Commission Report to be run monthly. */
COLUMN LAST_NAME HEADING 'LAST_NAME';
COLUMN SALARY HEADING 'MONTHLY SALARY' FORMAT $99,999;
COLUMN COMMISSION_PCT HEADING 'COMMISSION %' FORMAT 90.90;
REMARK Includes only salesmen;
SELECT LAST_NAME, SALARY, COMMISSION_PCT;
FROM EMP_DETAILS_VIEW;
/* Include only salesmen.*/ ;
WHERE JOB_ID='SA_MAN';
```

### 3. 使用 ANSI/ISO 样式注释 "--"

使用 ANSI/ISO 样式注释 "--" 输入单行注释:

```
-- Commissions report to be run monthly;
DECLARE --block for reporting monthly sales;
```

对于 SQL*Plus 命令,如果本身占一行,可以只包含 "--",例如下面的注释是合法的:

```
-- set maximum width for LONG to 777;
SET LONG 777;
```

如果输入下面的 SQL*Plus 命令,SQL*Plus 将它解释为注释,而不会执行这个命令。

```
-- SET LONG 777;
```

SQL*Plus 不会编译和执行作为注释的语句。SQL*Plus 没有 SQL 或者 PL/SQL 命令编译器。它扫描每个新语句的前面几个关键字,确定命令类型。下面的一些规则,可以帮助读者更好地使用 SQL*Plus。

(1) 不要将注释放在语句前面的几个关键字中,例如:

```
SQL> CREATE OR REPLACE
  2  /* HELLO */
  3  PROCEDURE HELLO AS
  4  BEGIN
  5  DBMS_OUTPUT.PUT_LINE('HELLO');
```

警告:创建的过程带有编译错误。

(2) 不要将注释语句放在语句终止符后面。例如,如果输入:

```
SQL> SELECT * FROM SCOTT.EMP;--TESTING
  2
```

系统认为 SQL 语句还没有终止。应将终止符放在注释语句的后面,例如:

```
SQL> SELECT * FROM SCOTT.DEPT --GET DEPARTMENT INFORMATION;
```

运行结果：

```
DEPTNO DNAME          LOC
------ -------------- -------------
    10 ACCOUNTING     NEW YORK
    20 RESEARCH       DALLAS
    30 SALES          CHICAGO
    40 OPERATIONS     BOSTON
```

## 8.2.4　运行命令

本小节将系统讨论运行命令的方法。在前面的介绍中，都是采用在 SQL 命令行的后面加分号(;)来运行命令。实际上，运行 SQL 命令和 PL/SQL 块有三种方式。

### 1. 命令行方式

命令行方式就是前文介绍的在命令后面加分号(;)作为终止符来运行 SQL 命令的方式。

### 2. SQL 缓冲区方式

为了以缓冲区方式执行 SQL 命令或 PL/SQL 块，SQL*Plus 提供了 RUN 命令和"/"(斜杠)命令。RUN 命令的语法是：

```
[RUN]
```

RUN 命令列出并执行当前存储在缓冲区中的 SQL 命令或 PL/SQL 块。

RUN 命令显示缓冲区中的命令并返回查询结果。另外，RUN 命令使得缓冲区中的最后一行成为当前行。

"/"命令类似于 RUN 命令，它执行存储在缓冲区中的 SQL 命令或 PL/SQL 块，但不显示缓冲区中的内容。此外，"/"命令不会使缓冲区中的最后一行成为当前行。

### 3. 命令文件方式

要以命令文件方式运行一个 SQL 命令、一个 SQL*Plus 命令或一个 PL/SQL 块，有以下两种命令。

(1) START。

(2) @(读作 at)。

START 命令的语法是：

```
START file_name[.sql] [arg1 arg2]
```

参数 file_name[.sql]代表用户想运行的命令文件，如果省略扩展名，SQL*Plus 使用默认的命令文件扩展名(通常为.sql)。

SQL*Plus 在当前目录下查找具有在 START 命令中指定的文件名和扩展名的文件。如果没有找到符合条件的文件，SQL*Plus 将在 SQLPATH 环境变量定义的目录中查找该文件。在参数文件中也可以包括文件的全路径名。例如，C:\MYSQL\TEST.SQL。

参数部分([arg1 arg2])代表用户希望传递给命令文件的参数值，命令文件的参数必须使用如下格式声明：&1、&2(或&&1、&&2)。如果输入一个或多个参数，SQL*Plus 使用这些值替代命令文件中的参数。第一个参数替代每个&1，第二个参数替代每个&2，以此类推。

@命令的功能与 START 命令非常类似，唯一的区别就是@命令既可以在 SQL*Plus 会话内部运行，又可以在启动 SQL*Plus 时的命令行级别运行，而 START 命令只能在 SQL*Plus 会话内部运行。

此外，使用 EXECUTE 命令能够直接在 SQL*Plus 提示符状态下执行单条 PL/SQL 语句，而不需要在缓冲区或命令文件中执行。EXECUTE 命令的主要用途是运行涉及一个函数或存储过程的 PL/SQL 语句。

## 8.2.5  编写交互命令

SQL*Plus 以下的这些特性使得用户能够设置命令文件。

### 1. 定义用户变量

用户可以定义用户变量，称为 User variables，该变量可以在命令文件中被重复使用。注意：用户还可以在标题中定义用户变量。下面的示例显示如何定义用户变量。

为了定义用户变量 MYFRIEND，赋值为 SMITH，输入下面的命令：

```
DEFINE MYFRIEND=SMITH
```

如果需要列出所有的变量定义，可以在命令提示符处输入 DEFINE。

```
SQL> DEFINE
DEFINE _SQLPLUS_RELEASE = "900010001" (CHAR)
DEFINE _EDITOR = "Notepad" (CHAR)
DEFINE _O_VERSION = "Oracle9i Enterprise Edition Release 8.0.1.1.1 -
Production
With the Partitioning option
JServer Release 8.0.1.1.1 - Production" (CHAR)
DEFINE _O_RELEASE = "900010101" (CHAR)
DEFINE MYFRIEND = "SMITH" (CHAR);
```

注意：任何用户都必须使用 DEFINE 显示定义。如果需要删除一个用户变量，可以使用 SQL*Plus 命令 UNDEFINE 加上变量名。

### 2. 在命令中替代值

如果希望编写一个查询，列出具有某种工作的雇员信息，用户很容易想到使用 WHERE 子句设置关于工作的列名的条件，例如：

```
WHERE JOB='SALES'
```

可是，如果需要列出不同工作的雇员信息，且这个工作的部门由最终的用户选择而不是 SQL 语句的输入者选择，那么就需要替代变量编写交互 SQL 命令。

替代变量是在用户变量名前加入一个或者两个&的变量。当 SQL*Plus 遇到一个替代变量的时候，SQL*Plus 执行命令，好像它包含替代变量的值一样。例如，如果变量 SORTCOL 包含值 JOB_ID，变量 MYABLE 包含值 EMP_DETAILS_VIEW，SQL*Plus 执行命令：

```
SELECT &SORTCOL, SALARY
FROM &MYTABLE
WHERE SALARY>12000;
```

就等于是执行下面的 SQL 语句：

```
SELECT JOB_ID, SALARY
FROM EMP_DETAILS_VIEW
WHERE SALARY>12000;
```

但是，要明确如何使用替代变量和在哪儿使用替代变量。用户可以在 SQL 和
SQL*Plus 命令的任何位置使用替代变量，除了在语句的第一个关键词之外(例如，不能用
替代变量替代查询关键词 SELECT)。

**例 8-1**：下面创建一个包含替代变量的交互 SQL 命令。

```
SQL> CLEAR BUFFER
buffer 已清除
SQL> INPUT
  1  SELECT ENAME,JOB,SAL
  2  FROM SCOTT.EMP E,SCOTT.DEPT D
  3  WHERE E.DEPTNO=D.DEPTNO
  4  AND DNAME=&DNAME
  5
SQL> SAVE TEST
已创建文件 TEST.sql。
```

上面这个例子用替代变量 DNAME 来代替具体的部门名称，由最终执行该命令的用户
来指定，而不是由 SQL 命令的编写者来指定。从这个角度来说，这个命令对于命令的开发
者和使用者是交互的。

**例 8-2**：下面运行这个命令：

```
SQL> @TEST
输入 dname 的值： 'SALES'
原值    4: AND DNAME=&DNAME
新值    4: AND DNAME='SALES'
```

运行结果：

```
ENAME    JOB         SAL
------   ----------  --------------
ALLEN    SALESMAN    1600
WARD     SALESMAN    1250
MARTIN   SALESMAN    1250
BLAKE    MANAGER     2850
TURNER   SALESMAN    1500
JAMES    CLERK       950

已选择 6 行。
```

如果希望在替代变量后面添加字符，可以使用"."将变量和字符隔开。此外，还可以
在变量上加引号，这样对于字符串变量，执行命令的时候用户就无须使用引号了。

**例 8-3:** 对上面保存得到的命令 TEST.sql 进行一些修改,如下所示:

```
SQL> GET TEST
 1  SELECT ENAME,JOB,SAL
 2  FROM SCOTT.EMP E,SCOTT.DEPT D
 3  WHERE E.DEPTNO=D.DEPTNO
 4* AND DNAME=&DNAME
SQL> C/&DNAME/'&DNAME.S'
 4* AND DNAME='&DNAME.S'
SQL> SAVE TEST REPLACE
已写入文件 TEST.sql。
SQL> @TEST
输入 dname 的值: SALE
原值   4: AND DNAME='&DNAME.S'
新值   4: AND DNAME='SALES'
```

运行结果:

```
ENAME      JOB        SAL
--------------  ------------  --------------
ALLEN    SALESMAN    1600
WARD     SALESMAN    1250
MARTIN   SALESMAN    1250
BLAKE    MANAGER     2850
TURNER   SALESMAN    1500
JAMES    CLERK       950

已选择 6 行。
```

**例 8-4:** 在什么情况下使用两个&来表示替代变量呢?请看下面这个例子。

```
SQL> SELECT ENAME,&COL FROM SCOTT.EMP
 2  ORDER BY &COL;
输入 col 的值: SAL
原值   1: SELECT ENAME,&COL FROM SCOTT.EMP
新值   1: SELECT ENAME,SAL FROM SCOTT.EMP
输入 col 的值: SAL
原值   2: ORDER BY &COL
新值   2: ORDER BY SAL
```

运行结果:

```
ENAME      SAL
---------  --------------
SMITH      800
JAMES      950
ADAMS      1100
WARD       1250
MARTIN     1250
MILLER     1300
TURNER     1500
ALLEN      1600
CLARK      2450
BLAKE      2850
JONES      2975
SCOTT      3000
```

```
FORD                3000
KING                5000
```

已选择 14 行。

在上面这个例子中，两次用到了变量 COL，而实际上编写者的本意是按照执行命令的用户指定的列进行查询并根据该列排序查询结果。因此，这里就可以使用两个&符号来标识替代变量，这样在运行的时候，就只需输入一次变量的值，如下所示。

**例 8-5：**使用两个&符号来标识替代变量。

```
SQL> SELECT ENAME,&&COL2 FROM SCOTT.EMP
  2  ORDER BY &&COL2;
输入 col2 的值： SAL
原值    1: SELECT ENAME,&&COL2 FROM SCOTT.EMP
新值    1: SELECT ENAME,SAL FROM SCOTT.EMP
原值    2: ORDER BY &&COL2
新值    2: ORDER BY SAL
```

运行结果：

```
ENAME           SAL
--------   -------------
SMITH           800
JAMES           950
ADAMS          1100
WARD           1250
MARTIN         1250
MILLER         1300
TURNER         1500
ALLEN          1600
CLARK          2450
BLAKE          2850
JONES          2975
SCOTT          3000
FORD           3000
KING           5000
```

已选择 14 行。

在上面这个例子中，用户不再使用变量 COL 是由于执行过交互命令后，变量 COL 已经被赋值；而使用两个&标识变量，如果系统发现该变量已经赋值，则不再要求用户输入，而直接使用原来的赋值。

**例 8-6：**执行如下命令，就会发现系统不再需要用户输入变量 COL 的值了。

```
SQL> SELECT ENAME,&&COL FROM SCOTT.EMP
  2  ORDER BY &&COL;
原值    1: SELECT ENAME,&&COL FROM SCOTT.EMP
新值    1: SELECT ENAME,SAL FROM SCOTT.EMP
原值    2: ORDER BY &&COL
新值    2: ORDER BY SAL
```

运行结果：

```
ENAME            SAL
----------  -------------
SMITH            800
JAMES            950
ADAMS            1100
WARD             1250
MARTIN           1250
MILLER           1300
TURNER           1500
ALLEN            1600
CLARK            2450
BLAKE            2850
JONES            2975
SCOTT            3000
FORD             3000
KING             5000

已选择 14 行。
```

**例 8-7**：用户只需使用 DEFINE 命令就会发现其中的奥妙，即一经赋值，这个变量的值就保留在 SQL*Plus 中，如果再在命令中用到这个变量，系统就直接将该值赋给变量。

```
SQL> DEFINE
DEFINE _SQLPLUS_RELEASE = "900010001" (CHAR)
DEFINE _EDITOR = "Notepad" (CHAR)
DEFINE _O_VERSION = "Oracle9i Enterprise Edition Release 8.0.1.1.1 - Production
With the Partitioning option
JServer Release 8.0.1.1.1 - Production" (CHAR)
DEFINE _O_RELEASE = "900010101" (CHAR)
DEFINE MYFRIEND = "SMITH" (CHAR)
DEFINE DNAME = "SALE" (CHAR)
DEFINE COL = "SAL" (CHAR)
DEFINE COL2 = "SAL" (CHAR)
```

### 3. 使用 START 命令提供值

在编写 SQL*Plus 命令的时候，也可以使用 START 命令将命令文件的参数值传给替代变量。为此，仅需将符号(&)置于命令文件数字的前面，替换替代变量。每次运行这个命令文件的时候，STRAT 就会使用第一个值替换每个&1，使用第二个值替换&2。

例如，将下面的命令包含在命令文件 MYFILE 中：

```
SELECT * FROM EMP_DETAILS_VIEW
WHERE JOB_ID='&1'
AND SALARY='&2';
```

在下面的 STRAT 命令中，SQL*Plus 将使用 PU_CLERK 替换&1，使用 3100 替换&2：

```
START MYFILE PU_CLERK 3100;
```

### 4. 与用户通信

在 SQL*Plus 中，可以使用三个命令——PROMPT、ACCEPT 和 PAUSE 与最终用户进行通信。这些命令可以用来发送消息到屏幕，接受最终用户的输入。用户可以使用 PROMPT 和 ACCEPT 自定义值的提示，SQL*Plus 自动生成替代变量。

PROMPT 在屏幕上显示定义的消息，使用这个消息引导用户进行操作。ACCEPT 提示用户输入值，将输入的值存储在定义的变量中。

**例 8-8：** 下面的代码将提供报告标题，并将它存储在变量 MYTITLE 中。

```
SQL> CLEAR BUFFER
buffer 已清除。
SQL> INPUT
  1  PROMPT Please input a title
  2  ACCEPT MYTITLE PROMPT 'Title:'
  3  TTITLE LEFT MYTITLE SKIP2
  4  SELECT ENAME,JOB
  5  FROM SCOTT.EMP E,SCOTT.DEPT D
  6  WHERE E.DEPTNO=D.DEPTNO
  7  AND DNAME='SALES'
  8
SQL> SAVE TEST1
已创建文件 TEST1.sql。
```

在上面这个命令文件的第三行中，TTITLE 命令是用来为报告设置标题的。运行该命令文件，如下所示：

```
SQL> @TEST1
Please input a title
Title:Employee in Sales

Employee in Sales
```

运行结果：

```
ENAME               JOB
-----------         ----------------
ALLEN               SALESMAN
WARD                SALESMAN
MARTIN              SALESMAN
BLAKE               MANAGER
TURNER              SALESMAN
JAMES               CLERK

已选择 6 行。
```

在继续操作以前，关闭 TTITLE 命令：

```
TTITLE OFF
```

对于上面介绍的替代变量，如果在执行命令的时候突然要求用户给一个变量赋值，用户往往会不知所措。因此，利用 PROMPT 命令创建提示信息，可以避免这种尴尬。并且，使用 ACCEPT 命令还可以指定接受赋值的数据类型。例如，希望用户输入合适的部门ID(数字型)，可是用户偏要输入部门名称(字符串)，这样导致的错误往往不能引起用户的注意。用户往往会以为是在编写命令时的错误，而不是在自己输入变量值时发生的错误。

**例 8-9：** 下面的例子给出了一个范本。

```
SQL> CLEAR BUFFER
buffer 已清除。
SQL> INPUT
```

```
1  PROMPT Enter a valid department ID
2  PROMPT For example 10, 20, 30 or 40
3  ACCEPT DEPTNO NUMBER PROMPT 'Department ID: '
4  SELECT * FROM SCOTT.DEPT
5  WHERE DEPTNO=&DEPTNO
6
SQL> SAVE TEST2
已创建文件 TEST2.sql。
```

执行这个命令文件：

```
SQL> TTITLE OFF
SQL> @TEST2
Enter a valid department ID
For example 10, 20, 30 or 40
Department ID: 20
原值    2: WHERE DEPTNO=&DEPTNO
新值    2: WHERE DEPTNO= 20
```

运行结果：

```
    DEPTNO            DNAME           LOC
------------------ ----------------- -------------
        20          RESEARCH         DALLAS
```

如果用户不输入数字，系统则会显示错误，并要求用户再次输入变量的值：

```
SQL> @TEST2
Enter a valid department ID
For example 10, 20, 30 or 40
Department ID: RESEARCH
SP8-0425: "RESEARCH" 是无效的数字
Department ID;
```

如果希望在用户的屏幕上显示消息，然后当用户读取消息以后再让用户输入，可以使用 SQL*Plus 的 PAUSE 命令。例如，将上面的命令文件 TEST2 更改为如下所示：

```
PROMPT Enter a valid department ID
PROMPT For example 10, 20, 30 or 40
PAUSE Press ENTER to continue
ACCEPT DEPTNO PROMPT 'Department ID: '
SELECT * FROM SCOTT.DEPT
WHERE DEPTNO=&DEPTNO
```

运行这个命令文件，结果如下：

```
SQL> @TEST2
Enter a valid department ID
For example 10, 20, 30 or 40
Press ENTER to continue
```

首先要求用户按 Enter 键表示已经阅读完提示内容，用户按 Enter 键后命令才继续运行。

```
Department ID: 20
原值    2: WHERE DEPTNO=&DEPTNO
新值    2: WHERE DEPTNO= 20
```

| DEPTNO | DNAME | LOC |
|--------|-------|-----|
| 20 | RESEARCH | DALLAS |

如果希望在显示报告之前首先清除屏幕，可以使用 CLEAR 命令加上 SCREEN。将命令文件 TEST2 更改为如下所示：

```
PROMPT Enter a valid department ID
PROMPT For example 10, 20, 30 or 40
PAUSE Press ENTER to continue
ACCEPT DEPTNO PROMPT 'Department ID: '
CLEAR SCREEN
SELECT * FROM SCOTT.DEPT
WHERE DEPTNO=&DEPTNO
```

运行一下这个命令文件，看看会得到什么结果？

## 8.2.6　使用绑定变量

假设用户希望显示在 SQL*Plus 中的 PL/SQL 子程序，或者在多个子程序中使用相同的变量。如果在 PL/SQL 子程序中声明变量不能在 SQL*Plus 中显示，可以在 PL/SQL 中使用绑定变量引用来自 SQL*Plus 的变量。

绑定变量是在 SQL*Plus 中创建的变量，然后在 PL/SQL 和 SQL 中引用，就像在 PL/SQL 子程序中声明的变量一样。用户可以使用绑定变量存储返回的代码调试 PL/SQL 子程序。

用户可以使用 VARIABLE 命令在 SQL*Plus 中创建绑定变量，例如：

```
VARIABLE ret_val NUMBER
```

这个命令创建了一个绑定变量，称为 ret_val，数据类型是 NUMBER 类型。

在 PL/SQL 中通过输入冒号(:)引用绑定变量，例如：

```
:ret_val := 1;
```

当需要在 SQL*Plus 中改变绑定变量的值的时候，必须进入 PL/SQL 块中，例如：

```
SQL> VARIABLE ret_val NUMBER
SQL> BEGIN
  2  :ret_val:=4;
  3  END;
  4  /
PL/SQL 过程已成功完成。
```

这个命令将值赋予绑定变量 ret_val。

**例 8-10**：如果需要在 SQL*Plus 中显示绑定变量，可以使用 SQL*Plus 命令 PRINT，例如：

```
SQL> PRINT RET_VAL
```

运行结果：

```
   RET_VAL
----------------
         4
```

SQL*Plus 提供了 REFCURSOR 绑定变量，使得 SQL*Plus 能够提取和格式化 PL/SQL 块中包含的 SELECT 语句返回的结果。REFCURSOR 绑定变量能够用于引用存储过程中的 PL/SQL 块的游标变量，使得用户能够将 SELECT 语句存储在数据库中，被 SQL*Plus 引用。

下面的示例显示如何创建、引用和显示 REFCURSOR 绑定变量。首先，声明 REFCURSOR 数据类型的本地绑定变量：

```
VARIABLE employee_info REFCURSOR
```

然后，进入 OPEN...FOR SELECT 语句的绑定变量，这个语句打开一个游标，执行查询。

**例 8-11**：将 SQL*Plus employee_info 变量绑定给游标变量。

```
BEGIN
OPEN :employee_info FOR SELECT EMPLOYEE_ID, SALARY FROM EMP_DETAILS_VIEW
WHERE
JOB_ID='SA_MAN';
END;
/

PL/SQL 过程已成功完成。
```

SELECT 语句的结果显示在 SQL*Plus 中：

```
PRINT employee_info
EMPLOYEE_ID      SALARY
--------------   --------------------
145              14000
146              13500
147              12000
148              11000
149              10500
```

PRINT 命令同样关闭游标，如果需要重新打印结果，需要重新执行 PL/SQL 块。

下面用户看看如何在过程中使用 REFCURSOR 绑定变量。REFCURSOR 绑定变量作为参数传给过程，参数包含 REFCURSOR 类型。

首先，定义类型：

```
CREATE OR REPLACE PACKAGE cv_types AS
TYPE EmpInfoTyp is REF CURSOR RETURN emp%ROWTYPE;
END cv_types;
/

包已创建。
```

然后，创建存储过程，包含 OPEN...FOR SELECT 语句：

```
CREATE OR REPLACE PROCEDURE EmpInfo_rpt
(emp_cv IN OUT cv_types.EmpInfoTyp) AS
BEGIN
OPEN emp_cv FOR SELECT EMPLOYEE_ID, SALARY FROM EMP_DETAILS_VIEW -
WHERE JOB_ID='SA_MAN';
```

```
END;
/
```

过程已创建。

再执行带有 SQL*Plus 绑定变量的过程：

```
VARIABLE odcv REFCURSOR
EXECUTE EmpInfo_rpt(:odcv)
```

PL/SQL 过程已成功完成。

现在，打印绑定变量：

```
PRINT odcv

EMPLOYEE_ID      SALARY
------------     --------------------
145                 14000
146                 13500
147                 12000
148                 11000
149                 10500
```

这个过程可以使用相同或者不同的 REFCURSOR 绑定变量，执行多次：

```
VARIABLE pcv REFCURSOR
EXECUTE EmpInfo_rpt(:pcv)
```

其结果为：

```
PL/SQL 过程已成功完成。
```

输入下面的命令：

```
PRINT pcv
```

得到结果：

```
EMPLOYEE_ID      SALARY
------------     --------------------
145                 14000
146                 13500
147                 12000
148                 11000
149                 10500
```

同样，可以在存储的函数中使用 REFCURSOR 变量，首先创建一个包含 OPEN…FOR SELECT 语句的存储函数：

```
CREATE OR REPLACE FUNCTION EmpInfo_fn RETURN -
cv_types.EmpInfo IS
resultset cv_types.EmpInfoTyp;
BEGIN
OPEN resultset FOR SELECT EMPLOYEE_ID, SALARY FROM EMP_DETAILS_VIEW -
WHERE JOB_ID='SA_MAN';
```

```
RETURN(resultset);
END;
/
```

函数已创建。

执行这个函数：

```
VARIABLE rc REFCURSOR
EXECUTE :rc := EmpInfo_fn
```

PL/SQL 过程已成功完成。

现在，打印绑定变量：

```
PRINT rc
```

得到的结果如下：

```
EMPLOYEE_ID    SALARY
-----------    --------------------
145            14000
146            13500
147            12000
148            11000
149            10500
```

这个函数可以使用相同的绑定变量，也可以是不同的绑定变量执行多次：

```
EXECUTE :rc := EmpInfo_fn
```

PL/SQL 过程已成功完成。

打印绑定变量：

```
PRINT rc
```

输出的结果：

```
EMPLOYEE_ID    SALARY
-----------    --------------------
145            14000
146            13500
147            12000
148            11000
149            10500
```

## 8.2.7  跟踪语句

用户通过 SQL 优化器和语句执行统计自动获得执行路径的报告，这个报告在成功执行 SQL DML 以后生成，对于监视这些语句的性能以及调整它们是非常重要的。

### 1. 控制报告

用户可以设置 AUTOTRACE 系统变量控制报告。

(1)　SET AUTOTRACE OFF：不会生成 AUTOTRACE 报告，这是默认情况。

(2)　SET AUTOTRACE ON EXPLAIN：AUTOTRACE 报告只显示优化器执行路径的报告。

(3)　SET AUTOTRACE ON STATISTICS：AUTOTRACE 显示 SQL 语句执行的统计。

(4)　SET AUTOTRACE ON：AUTOTRACE 报告优化器执行路径和 SQL 语句执行统计。

(5)　SET AUTOTRACE TRACEONLY：与 SET AUTOTRACE ON 类似，但不显示查询输出。

为了使用这些特性，必须在方案中创建 PLAN_TABLE 表，然后将 PLUSTRACE 角色赋予用户。为此，需要 DBA 权限进行授权。

在 SQL*Plus 会话中执行下面的命令创建 PLAN_TABLE：

```
CONNECT HR/HR
@$ORACLE_HOME\RDBMS\ADMIN\UTLXPLAN.SQL

(例如 C:\ORACLE\RDBMS\ADMIN\UTLXPLAN.SQL)

表已创建。
```

用户可以在 SQL*Plus 会话中使用下面的命令创建 PLUSTRACE 角色，将该角色授予 DBA：

```
CONNECT PLUSTRACE/PLUSTRACE AS SYSDBA
@$ORACLE_HOME/SQLPLUS/ADMIN/PLUSTRCE.SQL
```

显示结果如下：

```
SQL> drop role plustrace;
角色已丢弃。

SQL> create role plustrace;

角色已创建。

SQL> grant select on v_$sesstat to plustrace;

授权成功。

SQL> grant select on v_$statname to plustrace;

授权成功。

SQL> grant select on v_$session to plustrace;

授权成功。

SQL> grant plustrace to dba with admin option;

授权成功。
```

创建角色以后，进行授权，执行下面的命令，将 PLUSTRACE 角色授权给 HR 用户：

```
CONNECT / AS SYSDBA
GRANT PLUSTRACE TO HR;
```

授权成功。

### 2. 执行计划

执行计划显示了 SQL 优化器执行查询的路径。执行计划的每一行都包含一个序列号，SQL*Plus 显示了父操作的序列号。

执行计划包含四列，如表 8-2 所示。

表 8-2　执行计划

| 列　名 | 说　明 |
| --- | --- |
| ID_PLUS_EXP | 显示每个执行步骤的行号 |
| PARENT_ID_PLUS_EXP | 显示每步和其父操作之间的关系，对于大型报告很有用 |
| PLAN_PLUS_EXP | 显示报告的每个步骤 |
| OBJECT_NODE_PLUS_EXP | 显示数据库连接和并行查询服务器 |

列的格式可以使用 COLUMN 命令进行修改。例如，为了停止 PARENT_ID_PLUS_EXP 列的显示，可以输入下面的命令：

```
COLUMN PARENT_ID_PLUS_EXP NOPRINT
```

可以使用 EXPLAIN PLAN 命令生成执行计划输出。

当语句执行的时候，请求服务器资源，服务器就会生成统计信息，在统计中的客户就是 SQL*Plus。Oracle Net 是指 SQL*Plus 与服务器之间的进程通信。用户不能改变统计报告的格式。下面，我们看看如何跟踪性能统计和查询执行路径的语句。首先假定 SQL 缓冲区中包含下面的语句：

```
SELECT E.LAST_NAME, E.SALARY, J.JOB_TITLE
FROM HR.EMPLOYEES E, HR.JOBS J
WHERE E.JOB_ID=J.JOB_ID AND E.SALARY>12000
```

当语句执行的时候，可以自动执行：

```
SET AUTOTRACE ON
/
```

返回的结果如下：

```
LAST_NAME        SALARY           JOB_TITLE
------------     --------------   ----------------------------
King             24000            President
Kochhar          17000            AdministrationVice President
De Haan          17000            Administration Vice President
Russell          14000            Sales Manager
Partners         13500            Sales Manager
Hartstein        13000            Marketing Manager
```

已选择 6 行。

```
Execution Plan
-------------------------------------------------------------
   0         SELECT STATEMENT Optimizer=CHOOSE (Cost=3 Card=59 Bytes=2832)

   1    0    HASH JOIN (Cost=3 Card=59 Bytes=2832)
   2    1    TABLE ACCESS (FULL) OF 'JOBS' (Cost=1 Card=19 Bytes=513)
   3    1    TABLE ACCESS (FULL) OF 'EMPLOYEES' (Cost=1 Card=59 Bytes
             =1239)
Statistics
-------------------------------------------------------------
         0  recursive calls
         0  db block gets
         0  consistent gets
         0  physical reads
         0  redo size
         0  bytes sent via SQL*Net to client
         0  bytes received via SQL*Net from client
         0  SQL*Net roundtrips to/from client
         0  sorts (memory)
         0  sorts (disk)
         6  rows processed
```

用户也可以跟踪语句，不用显示查询结果，输入下面的代码：

```
SET AUTOTRACE TRACEONLY
/
```

已选择 6 行。

```
Execution Plan
-------------------------------------------------------------
   0         SELECT STATEMENT Optimizer=CHOOSE (Cost=3 Card=59 Bytes=2832)

   1    0    HASH JOIN (Cost=3 Card=59 Bytes=2832)
   2    1    TABLE ACCESS (FULL) OF 'JOBS' (Cost=1 Card=19 Bytes=513)
   3    1    TABLE ACCESS (FULL) OF 'EMPLOYEES' (Cost=1 Card=59 Bytes
             =1239)

Statistics
-------------------------------------------------------------
         0  recursive calls
         0  db block gets
         0  consistent gets
         0  physical reads
         0  redo size
         0  bytes sent via SQL*Net to client
         0  bytes received via SQL*Net from client
         0  SQL*Net roundtrips to/from client
         0  sorts (memory)
         0  sorts (disk)
         6  rows processed
```

这个选项在调试大型查询的时候非常有用。

下面我们看看如何使用数据库连接跟踪语句，输入下面的语句：

```
SET AUTOTRACE TRACEONLY EXPLAIN
SELECT * FROM HR.EMPLOYEES@SID;
(例如 SELECT * FROM HR.EMPLOYEES@luyao)
```

显示结果如下：

```
Execution Plan
----------------------------------------------------------
   0      SELECT STATEMENT Optimizer=CHOOSE (Cost=1 Card=107 Bytes=7276)

   1   0   TABLE ACCESS (FULL) OF 'EMPLOYEES' (Cost=1 Card=107 Bytes=7276)
```

有时，我们需要跟踪并行和分布式查询，当跟踪并行和分布式查询的时候，执行计划显示了优化器估计的成本。例如，使用并行查询选项跟踪语句，输入下面的代码：

```
CREATE TABLE D2_T1 (UNIQUE1 NUMBER) PARALLEL -
(DEGREE 6);
```

表已创建。

再输入下面的代码：

```
CREATE TABLE D2_T2 (UNIQUE1 NUMBER) PARALLEL -
(degree 6);
```

表已创建。

输入下面的代码：

```
CREATE UNIQUE INDEX D2_I_UNIQUE1 ON D2_T1(UNIQUE1);
```

索引已创建。

为了创建执行计划，输入下面的代码：

```
SET LONG 500 LONGCHUNKSIZE 500
SET AUTOTRACE ON EXPLAIN
SELECT /*+ INDEX(B,D2_I_UNIQUE1) USE_NL(B) ORDERED -
*/ COUNT (A.UNIQUE1)
FROM D2_T2 A, D2_T1 B
WHERE A.UNIQUE1 = B.UNIQUE1;
```

显示结果如下：

```
----------------------------------------------------------
0 SELECT STATEMENT Optimizer=CHOOSE (Cost=1 Card=1 Bytes=26)
1 0 SORT (AGGREGATE)
2 1 SORT* (AGGREGATE) :Q2000
3 2 NESTED LOOPS* (Cost=1 Card=41 Bytes=1066) :Q2000
4 3 TABLE ACCESS* (FULL) OF 'D2_T2' (Cost=1 Card=41 Byte :Q2000
s=533)
5 3 INDEX* (UNIQUE SCAN) OF 'D2_I_UNIQUE1' (UNIQUE) :Q2000
2 PARALLEL_TO_SERIAL SELECT /*+ PIV_SSF */ SYS_OP_MSR(COUNT(A1.C0
)) FROM (SELECT /*+ ORDERED NO_EXPAND USE_NL
```

```
(A3) INDEX(A3 "D2_I_UNIQUE1") */ A2.C0 C0,A3
.ROWID C1,A3."UNIQUE1" C2 FROM (SELECT /*+ N
O_EXPAND ROWID(A4) */ A4."UNIQUE1" C0 FROM "
D2_T2" PX_GRANULE(0, BLOCK_RANGE, DYNAMIC)
A4) A2,"D2_T1" A3 WHERE A2.C0=A3."UNIQUE1")
A1
3 PARALLEL_COMBINED_WITH_PARENT
4 PARALLEL_COMBINED_WITH_PARENT
5 PARALLEL_COMBINED_WITH_PARENT
```

# 上机实训：打印出 EMP 表中各个工资级别的人数

## 实训内容和要求

孙江明创建一个过程，打印出 EMP 表中各个工资级别的人数。

备注：显示的格式为三种情况。

(1) 工资少于 2000 元的人数为：****。

(2) 工资在 2000~3000 元的人数为****。

(3) 工资大于 3000 元的人数为：****。

## 实训步骤

代码如下：

```
SQL> create or replace procedure sal_grade
  2 as
  3 Count1 int;Count2 int;Count3 int;
  4 Begin
  5    select count(*) into Count1 from emp where sal<2000;
  6    select count(*) into Count2 from emp where sal>=2000 and
sal<=3000;
  7    select count(*) into Count3 from emp where sal>3000;
  8    dbms_output.put_line('工资少于 2000 元的人数为：'||Count1);
  9    dbms_output.put_line('工资在 2000~3000 元的人数为：'||Count2);
 10    dbms_output.put_line('工资大于 3000 元的人数为：'||Count3);
 11 end sal_grade;
 12 /

Procedure created

SQL> set serveroutput on;
SQL>  exec sal_grade;

工资少于 2000 元的人数为：8
工资在 2000~3000 元的人数为：5
工资大于 3000 元的人数为：1
```

# 本 章 小 结

SQL*Plus 是在 SQL*Plus 基础上开发的一个三层结构的基于 Web 访问的新工具,与传统的命令行模式的 SQL*Plus 相比,它提供了更为友好的界面,不需要安装 Oracle 客户端就可以用浏览器访问,直接操作数据库,大大方便了用户的使用。本章介绍了 SQL*Plus 系列产品的使用。SQL*Plus 是一个被系统管理员和开发人员广泛使用的功能强大而且很直接的 Oracle 工具。SQL*Plus 可以运行在任何 Oracle 可以运行的平台上,在客户端可以通过安装 Oracle 客户端软件时安装,在服务器端可以通过安装 Oracle Server 软件时安装。SQL*Plus 可以执行输入的 SQL 语句和包含 SQL 语句的文件,以及 PL/SQL 语句。用户通过 SQL*Plus 可以与数据库进行"对话"。

# 习　　题

## 一、填空题

1. SQL*Plus 工具主要用来做_____。

2. 利用_____工具可将 SQL 与 Oracle 专有的 PL/SQL 结合起来进行数据查询和处理。

3. SQL 语句关键字采用_____格式。

4. SQL*Plus 命令主要用来格式化查询结果,_____、_____及_____。

5. 通过 SQL*Plus 的_____命令,用户可以改变列的标头,重新格式化查询中的列的数据。

## 二、选择题

1. 在 SQL*Plus 中,(　　)命令用于在行的尾端添加文本。

    A. APPEND text            B. CHANGE /old/new

    C. CHANGE /text           D. CLEAR BUFFER

2. 在 SQL*Plus 中,(　　)命令用于在行中将旧变为新。

    A. APPEND text            B. CHANGE /old/new

    C. CHANGE /text           D. CLEAR BUFFER

3. 在 SQL*Plus 中,(　　)命令用于从行中删除文本。

    A. APPEND text            B. CHANGE /old/new

    C. CHANGE /text           D. CLEAR BUFFER

4. 在 SQL*Plus 中,(　　)命令用于删除所有行。

    A. APPEND text            B. CHANGE /old/new

    C. CHANGE /text           D. CLEAR BUFFER

5. 在 SQL*Plus 中,(　　)命令用于删除当前行。

    A. APPEND text            B. CHANGE /old/new

    C. DEL                  D. CLEAR BUFFER

## 三、上机实验

实验一：内容要求

编写一个 PL/SQL，显示 ASCII 从 32 至 120 的字符。

实验二：内容要求

计算 myEMP 表中 COMM 最高与最低的差值，COMM 值为空时按 0 计算。

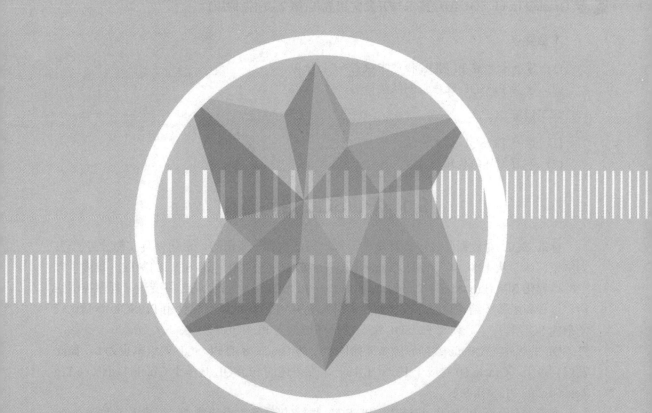

# 第9章

PL/SQL 编程基础

**本章要点**

(1) 掌握如何在 PL/SQL 程序中执行 SQL 语句。

(2) 掌握 PL/SQL 程序控制结构语句。

**学习目标**

(1) 学习 PL/SQL 基本语法。

(2) 学习循环结构语句。

# 9.1 PL/SQL 语句基础

标准 SQL 对数据库进行各种操作，每次只能执行一条语句，语句以英文的分号";"为结束标识。从 1988 年发布的 Oracle 6 开始，Oracle 公司在标准 SQL 的基础上发展了自己的过程化 SQL(Procedural Language/SQL)——PL/SQL 1.0。PL/SQL 将变量、程序控制结构、过程和函数等结构化程序设计的要素引入 SQL 中，因此就可以使用 PL/SQL 编制比较复杂的 SQL 程序了。使用 PL/SQL 编写的程序被称为 PL/SQL 程序块。从 Oracle 8 开始，PL/SQL 的版本与 Oracle 数据库版本开始同步，即 Oracle 8 的 PL/SQL 的版本也为 8。如此发展到今天，Oracle 10 对应于 PL/SQL 10。本书讲述的 PL/SQL 是基于 Oracle Database 11g Release 2 的 PL/SQL 9.2。

本节主要介绍 PL/SQL 块结构、PL/SQL 基础(包括基本语法要素、变量及其数据类型)等内容。

## 9.1.1 PL/SQL 块

PL/SQL 程序由块结构构成，在 PL/SQL 程序中含有变量、各种不同的程序控制结构、异常处理模块、子程序(过程、函数、包)、触发器等。

构成 PL/SQL 程序的基本单元是语句块，所有的 PL/SQL 程序都是由语句块构成的，每个语句块完成特定的功能，语句块可以具有名字(命名块)，也可以不具有名字(匿名块)，语句块之间还可以相互嵌套。

### 1. 块结构

一个完整的 PL/SQL 语句块由以下三个部分组成。

```
DECLARE
    Declarations

BEGIN
    Executable code

EXCEPTION
    Exceptional handlers

END;
```

(1) 定义部分。

定义部分以关键字 DECLARE 为标识，从 DECLARE 开始，到 BEGIN 结束。在此主要定义程序中所要使用的常量、变量、数据类型、游标、异常处理名称等。PL/SQL 程序中所有需要定义的内容必须在该部分集中定义，而不能像某些高级语言那样可以在程序执行过程中定义。声明部分是可选的。

(2) 执行部分。

执行部分以关键字 BEGIN 为开始标识，以关键字 END 作为结束标识(如果 PL/SQL 块中有异常处理部分，则以 EXCEPTION 结束)。它是 PL/SQL 块的功能实现部分，该部分通过一系列语句和流程控制，实现数据查询、数据操纵、事务控制、游标处理等数据库操作的功能。执行部分是必需的。

(3) 异常处理部分。

异常处理部分以关键字 EXCEPTION 为开始标识，以关键字 END 作为结束标识。该部分用于处理该 PL/SQL 块执行过程中产生的错误。异常部分是可选的。

所有的 PL/SQL 块都是以"END;"结束的。用户可以在一个块的执行部分或异常处理部分嵌套其他的 PL/SQL 块。

### 2. 匿名块

PL/SQL 匿名块，是指动态生成，只能执行一次的块，它没有名字，不能由其他应用程序调用。下面三个示例程序都是匿名块。

**例 9-1：** 编写一个 PL/SQL 块，输出字符串 This a minimum anonymous block。

```
SQL> SET SERVEROUTPUT ON
SQL>    BEGIN
  2        DBMS_OUTPUT.PUT_LINE('This a minimum anonymous block');
  3      END;
  4  /
```

运行结果：

```
This a minimum anonymous block

PL/SQL 过程已成功完成。
```

本例的 PL/SQL 块执行后，显示出字符串 This a minimum anonymous block。例子中使用了 Oracle 系统包 DBMS_OUTPUT 中所提供的过程 PUT_LINE，该过程用于输出字符串信息。

另外，当使用 DBMS_OUTPUT 包输出信息时，SQL*Plus 的环境变量 SERVEROUTPUT 需设置为 ON，否则，本例输出字符串 This a minimum anonymous block 将不会显示在屏幕上。

**例 9-2：** 编写一个 PL/SQL 块，输出学号为 10318 的学生的姓名。

```
SQL> DECLARE
  2        v_sname VARCHAR2(10);
  3      BEGIN
  4        SELECT name INTO v_sname
  5          FROM Students WHERE student_id = 10318;
```

```
  6       DBMS_OUTPUT.PUT_LINE ('学生姓名: '||v_sname);
  7     END;
  8  /
```

运行结果:

学生姓名: 张冬云

PL/SQL 过程已成功完成。

本例的 PL/SQL 块执行后, 显示学号为 10318 的学生姓名, 但未考虑学号不存在的情况。若出现此情况, 本例会提示 "ORA-01403: 未找到数据" 的错误信息。要避免该错误, 用户可以在 PL/SQL 块中加入异常处理部分(见下例)。

**例 9-3**: 编写一个 PL/SQL 块, 根据输入的学号, 输出该名学生的姓名, 并且考虑输入不存在的学号的情况。

```
SQL>    DECLARE
  2        v_sname VARCHAR2(10);
  3     BEGIN
  4       SELECT name INTO v_sname
  5         FROM Students WHERE student_id = &student_id;
  6       DBMS_OUTPUT.PUT_LINE ('学生姓名: '||v_sname);
  7     EXCEPTION
  8       WHEN NO_DATA_FOUND THEN
  9         DBMS_OUTPUT.PUT_LINE ('输入的学号不存在! ');
 10     END;
 11  /
```

运行结果:

```
输入 student_id 的值: 10228
原值   5:        FROM Students WHERE student_id = &student_id;
新值   5:        FROM Students WHERE student_id = 10228;
学生姓名: 林紫寒
```

PL/SQL 过程已成功完成。

再运行一次该程序, 考虑指定学生不存在的情况。

```
SQL>    DECLARE
  2        v_sname VARCHAR2(10);
  3     BEGIN
  4       SELECT name INTO v_sname
  5         FROM Students WHERE student_id = &student_id;
  6       DBMS_OUTPUT.PUT_LINE ('学生姓名: '||v_sname);
  7     EXCEPTION
  8       WHEN NO_DATA_FOUND THEN
  9         DBMS_OUTPUT.PUT_LINE ('输入的学号不存在! ');
 10     END;
 11  /
```

运行结果:

```
输入 student_id 的值: 88888
原值   5:        FROM Students WHERE student_id = &student_id;
```

```
新值    5:         FROM Students WHERE student_id = 88888;
输入的学号不存在！

PL/SQL 过程已成功完成。
```

### 3．命名块

PL/SQL 命名块是指一次编译可多次执行的 PL/SQL 程序，包括自定义函数、过程、包、触发器等。它们编译后放在服务器中，由应用程序或系统在特定条件下调用执行。这些内容将在第 12 章介绍。

另外，在复杂的 PL/SQL 程序中，可以在一个 PL/SQL 块内包含另外一个 PL/SQL 块，这种现象被称为块嵌套。

## 9.1.2　PL/SQL 基本语法要素

PL/SQL 程序都是由基本语法要素构成。PL/SQL 基本语法要素包括字符集、标识符、文本、分隔符、注释等。下面开始介绍 PL/SQL 的基本语法要素。

### 1．字符集

PL/SQL 的字符集(Character Set)包括以下几种。

- 大小写英文字母：包括 A～Z 和 a～z。
- 数字：包括 0～9。
- 空白符：包括制表符、空格和回车符。
- 符号：包括~、！、@、#、$、%、*、( )、_、-、+、=、|、：、；、、"、'、<>、,、.、?、/、^等。

📑 **提示**：PL/SQL 字符集不区分大小写。

### 2．标识符

标识符(Identifier)用于定义 PL/SQL 变量、常量、异常、游标名称、游标变量、参数、子程序名称和其他的程序单元名称等。

在 PL/SQL 程序中，标识符是以字母开头，后边可以跟字母、数字、下划线(_)、美元符号($)或井号(#)，其最大长度为 30 个字符，并且所有字符都是有效的。如果标识符区分大小写、使用预留关键字或包含空格等特殊符号时，需要用英文双引号("")括起来，称为引证标识符。标识符示例如下。

合法标识符　X、v_mpno、v_$。

非法标识符　X+y、_temp。

引证标识符　"my firstname"、"exception"。

### 3．文字

所谓文字(Literal)是指不能作为标识符的数字型、字符型、日期型和布尔型数值。

1)　数字型文字

数字型文字分为整数与实数两类。数字型文字可以直接在 SQL 语句的算术表达式中引用。在 PL/SQL 程序中，用户还可以使用科学记数法和幂操作符(**)。数字型文字的示例如下。

SQL 语句和 PL/SQL 程序中均可引用：2008、3.14。

只有 PL/SQL 程序中可以引用：−10E4、5.123e−6、7*10**2。

2) 字符型文字

字符型文字是用单引号引起来的一个或多个字符。在字符型文字中的字符区分大小写。如果字符型文字中本身包含单引号，则用两个连续的单引号进行转义。在 Oracle 11g 中，如果字符串文本包含单引号，那么还可以使用其他分隔符(如[]、()、<>等)赋值。注意，如果要使用分隔符[]、()、<>为字符串赋值，那么不仅需要在分隔符前后加单引号，而且需要带有前缀 q。字符型文字的示例如下。

使用单引号：'7'、'K'、'='、'I am a student.'、'我是一名学生。'。

使用其他分隔符([]、()、<>等)：'I"m a student.'、q'[I'm a student.]'。

3) 日期型文字

日期型文字表示日期时间值，形式与字符串类似。日期型数值也必须放在单引号之中，同时日期型数值格式随日期类型格式和日期语言不同而不同。日期型文字的示例如下：

```
'01-04 月-1963'   '11-JAN-1990'   '2015-01-01 08:00:01'
```

4) 布尔型文字

布尔型文字表示布尔型数值，包括 TRUE(真)、FALSE(假)、NULL(空)三个值。

**4．分隔符**

分隔符(Delimiter)由具有特定含义的单个字符或组合字符构成。用户可以使用分隔符完成诸如算术运算、数值比较、给变量赋值等操作。分隔符如表 9-1 所示。

表 9-1　分隔符及说明

| 符　号 | 说　明 |
| --- | --- |
| 算术运算符 | |
| + | 加法运算符或表示数据为正 |
| − | 减法运算符或表示数据为负 |
| * | 乘法运算符 |
| / | 除法运算符 |
| ** | 幂运算符 |
| 比较操作符 | |
| = | 相等比较操作符 |
| <> | 不相等比较操作符 |
| ~= | 不相等比较操作符 |
| != | 不相等比较操作符 |
| ^= | 不相等比较操作符 |
| < | 小于比较操作符 |
| <= | 小于等于比较操作符 |
| > | 大于比较操作符 |

| 符 号 | 说 明 |
|---|---|
| >= | 大于等于比较操作符 |
| 其他分隔符 | |
| ( | 括号运算符开始 |
| ) | 括号运算符结束 |
| := | 赋值运算操作符 |
| ' | 字符串分隔符 |
| " | 引用标识分隔符 |
| , | 列表项分隔符 |
| @ | 数据库连接分隔符 |
| ; | 语句结束符 |
| ‖ | 字符串连接运算操作符 |
| => | 联合操作符，调用子程序，给其传递参数时使用 |
| << | 标号开始分隔符 |
| >> | 标号结束分隔符 |
| -- | 单行注释分隔符 |
| /* | 开始多行注释分隔符 |
| */ | 结束多行注释分隔符 |
| % | 属性指示器，一般与 TYPE、ROWTYPE 等一起使用 |

### 5. 注释

注释(Comment)用于说明 PL/SQL 代码功能。注释提高了 PL/SQL 程序的可读性。当编译并执行 PL/SQL 代码时，PL/SQL 编译器会忽略注释。注释包括单行注释和多行注释。

1) 单行注释

单行注释是指放置在一行上的注释文本。在 PL/SQL 中使用符号"--"开始单行注释，直到该行结尾。单行注释一般用于解释某行代码的作用。举例如下：

```
DECLARE
  v_id Teachers.teacher_id%TYPE;
  v_job_title Teachers.job_title%TYPE;
BEGIN
  v_id := &teacher_id;
  SELECT job_title INTO v_job_title FROM Teachers
WHERE teacher_id = v_id; --将编号为 v_id 的教师的职称赋给变量 v_job_title
  CASE
    WHEN v_job_title = '教授' THEN
      UPDATE Teachers SET wage = 1.1*wage WHERE teacher_id=v_id;
    WHEN v_job_title = '高级工程师' OR v_job_title = '副教授' THEN
      UPDATE Teachers SET wage = 1.05*wage WHERE teacher_id=v_id;
    ELSE
      UPDATE Teachers SET wage = wage+100 WHERE teacher_id=v_id;
  END CASE;
END;
```

2)　多行注释

多行注释以符号"/*"开始，以符号"*/"结束。多行注释分布在多行上，并且多行注释一般用来说明多行代码构成的一段 PL/SQL 程序的作用。举例如下：

```
DECLARE
  v_id Teachers.teacher_id%TYPE;
  v_job_title Teachers.job_title%TYPE;
BEGIN
  v_id := &teacher_id;
  SELECT job_title INTO v_job_title FROM Teachers
WHERE teacher_id = v_id;
  CASE
/* CASE 语句将按照教师职称的不同，分别提高教师的工资，其中：教授工资提高 10%，高级工程
师和副教授工资提高 5%，其他教师在原工资的基础上增加 100 元*/
  WHEN v_job_title = '教授' THEN
    UPDATE Teachers SET wage = 1.1*wage WHERE teacher_id=v_id;
  WHEN v_job_title = '高级工程师' OR v_job_title= '副教授' THEN
    UPDATE Teachers SET wage = 1.05*wage WHERE teacher_id=v_id;
  ELSE
    UPDATE Teachers SET wage = wage+100 WHERE teacher_id=v_id;
  END CASE;
END;
```

💡 **知识要点**：PL/SQL 变量的数据类型包括标量(Scalar)类型、复合(Composite)类型、引用(Reference)类型和 LOB(Large Object)类型等四种类型。

① 标量类型：包括多种数值型、多种字符型、日期时间型、布尔型(BOOLEAN)。

② 复合类型：包括记录型、集合类型(索引表、嵌套表、数组 VARRAY)。

③ 引用类型：包括游标类型(REF CURSOR)、对象类型(REF)。

④ LOB 类型：包括 CLOB、BLOB、NCLOB、BFILE。

## 9.1.3　PL/SQL 的开发和运行环境

PL/SQL 编译和运行系统是一项技术，而不是一个独立的产品，将这项技术想象为一个可以编译和执行 PL/SQL 块和子程序的引擎，这个引擎可以安装在 Oracle 服务器上或应用开发工具中，如 Oracle Form 和 Oracle Reports。为此，PL/SQL 能够应用在两个环境中。

(1) Oracle 数据库服务器。

(2) Oracle 开发工具。

这两个环境是独立的，PL/SQL 与 Oracle 服务器是捆绑在一起的。在这两个环境中，PL/SQL 引擎接受任何 PL/SQL 块和子程序作为输入，图 9-1 显示了 PL/SQL 引擎是如何处理块的。引擎执行过程语句，将 SQL 语句发送给 Oracle 服务器的 SQL 语句执行器执行。

缺乏本地 PL/SQL 引擎的应用开发工具必须依靠 Oracle 处理 PL/SQL 块和子程序，当它包含 PL/SQL 引擎的时候，Oracle 服务器能够处理 PL/SQL 块和子程序，就像处理简单的 SQL 语句一样，Oracle 将块和子程序发送给本地 PL/SQL 引擎。

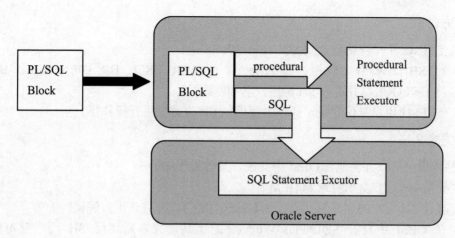

图 9-1　PL/SQL 引擎

　　匿名 PL/SQL 块能够嵌套在 Oracle 预编译器或者 OCI 程序中，在运行的时候，如果缺乏本地 PL/SQL 引擎，程序将这些块发送给 Oracle 服务器，在服务器上进行编译和执行。而且像 SQL*Plus 和 Enterprise Manager 这样的工具，如果没有 PL/SQL 引擎，都必须将匿名块发送给 Oracle 服务器。

　　子程序可以经过编译存储在 Oracle 数据库中，准备执行。一个子程序可以使用 Oracle 工具显示创建，这个子程序称为存储的子程序，经过编译，并存储在数据字典中，成为一个方案对象，能够被连接到数据库的应用引用。

　　数据库触发器是与数据库表、视图和事件相关联的存储子程序，可以在 INSERT、UPDATE 和 DELETE 语句影响 Oracle 的一个表时触发执行。数据库触发器的其中一个用途是审计数据修改情况。例如，下面的 table-level 触发器在 emp 表的 salaries 修改的时候启动：

```
CREATE TRIGGER audit_sal
AFTER UPDATE OF sal ON emp
FOR EACH ROW
BEGIN
INSERT INTO emp_audit VALUES ...
END;
```

　　当应用开发工具包含 PL/SQL 引擎的时候，它就能处理 PL/SQL 块和子程序，这个工具将块传给 PL/SQL 引擎，引擎执行所有的过程语句，将 SQL 语句发送给 Oracle。因此，大量的工作在应用站点就完成了，而在服务器上只进行少量工作，从而减少了服务器的负载。

　　而且，如果块中没有包含 SQL 语句，引擎能够在应用站点处理整个块，这对于使用条件和循环控制的应用是非常有益的。

## 9.1.4　运行 PL/SQL 程序

　　为了读者的方便，我们将采用 Oracle 的示例数据库——SH 方案，并以 Oracle 的 SQL*Plus Worksheet 工具来调试 PL/SQL 程序，通过以下方式进入编译的 SQL*Plus Worksheet 环境。

## 1. 方式 1

(1) 使用 sys 用户身份登录到 SQL*Plus Worksheet。

(2) 对 SH 表和用户解锁，输入命令：ALTER USER HR IDENTIFIED BY HR ACCOUNT UNLOCK，并更改 SH 的用户名和密码。

(3) 使用 SH 用户身份登录，即可方便地以 SH 方案来进行操作了。

## 2. 方式 2

这些步骤也可以方便地在 OEM 中完成，具体操作如下。

(1) 使用 sys 用户身份登录到 OEM 中。

(2) 打开 SH 用户的属性页，修改 SH 用户的密码，并将该用户解锁。

(3) 在 OEM 中打开 SQL*Plus Worksheet 工具，并重新使用 SH 用户身份登录到 SQL*Plus Worksheet 中，此时即可以 SH 方案来操作。

**注意：** 此处只是为了方便读者调试 PL/SQL 程序，所以没有采用直接的 SQL*Plus 编译环境，其实 SQL*Plus Worksheet 只是 SQL*Plus 的一个外挂模型，最终的代码编译还是要通过 SQL*Plus 来执行。

**例 9-4：** 通过一个简单的 PL/SQL 程序，并通过运行该程序和得到的结构来描述 PL/SQL 程序的执行过程。

```
DECLARE
  v_Number sales.prod_id%TYPE;
  v_Comment VARCHAR2(35);
  v_Test VARCHAR2(10):='See Here';
BEGIN
  SELECT Min(prod_id)
    INTO v_Number
    FROM sales;
    CASE
  WHEN v_Number < 500 THEN
    v_Comment := 'Too small';
    INSERT INTO temp_table (my_com, vcomment)
      VALUES ('This is too cazy', v_Comment);
  WHEN v_Number < 1000 THEN
    v_Comment := 'A little bigger';
    INSERT INTO temp_table (my_com, vcomment)
      VALUES ('This is only luck', v_Comment);
  WHEN v_Test:='See Here' THEN
    v_Comment := 'Test Model';
    INSERT INTO temp_table (my_com, vcomment)
      VALUES ('This is Test', v_Comment);
  ELSE
    v_Comment := 'That enough';
    INSERT INTO temp_table (my_com, vcomment)
      VALUES ('Maybe good', v_Comment);
  END IF;
END;
```

注　意： 本例使用了一个 temp_table 表，读者需要建立一个 temp_table 表，由于此处只是用来向读者展示 PL/SQL 程序的样式，在本章的流程控制中会有该程序的介绍以及 temp_table 表的建立过程，因此这里就不重复说明了。

# 9.2　在 PL/SQL 中执行 SQL 语句

在 PL/SQL 程序中可以执行 SQL 语句，如 SELECT 语句、DML 语句及事务处理语句等，本节将介绍这三方面的内容。

## 9.2.1　执行 SELECT 语句

在 PL/SQL 程序中，使用 SELECT INTO 语句查询一条记录的信息，其语句格式为：

```
SELECT expression_list INTO variable_list | record_variable
FROM table_name WHERE condition;
```

其中，expression_list 指定选择的列或表达式；variable_list 指定接收查询结果的标量变量名，record_variable 用于指定接收查询结果的记录变量名，接收查询结果可以使用标量变量，也可以使用记录变量，当使用标量变量时，变量的个数、顺序应该与查询的目标数据相匹配；table_name 指定表或视图名；condition 指定查询结果满足的条件。

提示： 在 PL/SQL 块中直接使用 SELECT INTO 语句时，该语句只能返回一行数据，如果 SELECT 语句返回了多行数据，会产生 TOO_MANY_ROW 异常；如果没有返回数据，则会产生 NO_DATA_FOUND 异常。

下面举例说明，在 PL/SQL 块中直接使用 SELECT INTO 语句的方法。

例 9-5： 在 departments 表中查询部门编号为 101 的记录，并把系部名称和系部所在地显示出来。使用标量变量。

```
SQL>   DECLARE
 2      v_id Departments.department_id%type;
 3      v_name Departments.department_name%type;
 4      v_address Departments.address%type;
 5     BEGIN
 6       SELECT * INTO v_id,v_name,v_address
 7         FROM Departments WHERE department_id = 101;
 8       DBMS_OUTPUT.PUT_LINE ('系部名称: '||v_name);
 9       DBMS_OUTPUT.PUT_LINE ('系部地址: '||v_address);
10     END;
11  /
```

运行结果：

```
系部名称：信息工程
系部地址：1 号教学楼

PL/SQL 过程已成功完成。
```

**例 9-6**：在 students 表中查询学号为 10212 的记录，并显示该生的姓名、性别、出生日期。使用记录变量。

```
SQL>   DECLARE
 2       v_student Students%ROWTYPE;
 3     BEGIN
 4       SELECT * INTO v_student
 5         FROM Students WHERE student_id = 10212;
 6       DBMS_OUTPUT.PUT_LINE ('姓名   性别   出生日期');
 7       DBMS_OUTPUT.PUT_LINE (v_student.name
 8         ||v_student.sex||v_student.dob);
 9     END;
10   /
```

运行结果：

```
姓名   性别   出生日期
欧阳春岚女12-3月 -89

PL/SQL 过程已成功完成。
```

**例 9-7**：在 students 表中查询"王"姓同学的记录，并显示该生的姓名、性别、出生日期。

```
SQL>   DECLARE
 2       v_student students%ROWTYPE;
 3     BEGIN
 4       SELECT * INTO v_student FROM students WHERE name LIKE '王%';
 5       DBMS_OUTPUT.PUT_LINE ('姓名   性别   出生日期');
 6       DBMS_OUTPUT.PUT_LINE (v_student.name
 7         ||v_student.sex||v_student.dob);
 8     END;
 9   /
   DECLARE
```

运行结果：

```
第 1 行出现错误：
ORA-01422：实际返回的行数超出请求的行数
ORA-06512：在 line 4
```

在 PL/SQL 块中直接使用 SELECT INTO 语句时，该语句只能返回一行数据，如果 SELECT 语句返回了多行数据，会产生 TOO_MANY_ROW 异常。

**例 9-8**：在 students 表中查询出生日期为 1989 年 12 月 31 日的学生记录，并显示该生的姓名、性别、出生日期。

```
SQL>   DECLARE
 2       v_student students%ROWTYPE;
 3     BEGIN
 4       SELECT * INTO v_student
 5         FROM students WHERE dob = '31-12月-1989';
 6       DBMS_OUTPUT.PUT_LINE ('姓名   性别   出生日期');
 7       DBMS_OUTPUT.PUT_LINE (v_student.name
 8         ||v_student.sex||v_student.dob);
```

```
 9     END;
10   /
  DECLARE
```

运行结果：

```
第 1 行出现错误：
ORA-01403: 未找到数据
ORA-06512: 在 line 4
```

在 PL/SQL 块中直接使用 SELECT INTO 语句时，该语句只能返回一行数据，如果 SELECT 语句没有返回数据，则会产生 NO_DATA_FOUND 异常。

## 9.2.2　执行 DML 语句

SQL 的 DML 语句有三种，它们是 INSERT、UPDATE、DELETE 语句。下面分别介绍这三种语句在 PL/SQL 程序中的使用。

### 1. 执行 INSERT 语句

在 PL/SQL 程序中，使用 INSERT INTO 语句插入一条记录，其语句格式为：

```
INSERT INTO table_name [(col1, col2, ..., coln)]
   VALUES (val1, val2, ..., valn);
```

其中，table_name 指定表名，col1、col2、…、coln 指定列名，val1、val2、…、valn 指定将插入对应列的值。

在 PL/SQL 程序中，使用 INSERT INTO 语句插入多条记录，其语句格式为：

```
INSERT INTO table_name [(col1, col2, ..., coln)]
   AS SubQuery;
```

其中，table_name 指定表名；col1、col2、…、coln 指定列名；SubQuery 指定一个子查询，用以形成插入的多条记录。

下面通过使用常量、变量、子查询为指定表提供记录值，分别给出对应的例子。

**例 9-9**：在 students 表中插入一条记录。使用常量为插入的记录提供数据。

```
SQL>    BEGIN
 2        INSERT INTO students
 3          VALUES(10188,NULL,'王一', '女', '07-5 月-1988','计算机');
 4      END;
 5  /

PL/SQL 过程已成功完成。
```

可以使用 SELECT 语句查询 students 表的变化。

```
SQL> select * from Students;

STUDENT_ID MONITOR_ID NAME    SEX   DOB             SPECIALTY
---------- ---------- ------- ----- --------------- ----------
   10188              王一    女    07-5 月 -88     计算机
   10101              王晓芳  女    07-5 月 -88     计算机
```

| 10205 | | 李秋枫 | 男 | 25-11 月 -90 | 自动化 |
| 10102 | 10101 | 刘春苹 | 女 | 12-8 月 -91 | 计算机 |
| 10301 | | 高山 | 男 | 08-10 月-90 | 机电工程 |
| 10207 | 10205 | 王刚 | 男 | 03-4 月 -87 | 自动化 |
| 10112 | 10101 | 张纯玉 | 男 | 21-7 月 -89 | 计算机 |
| 10318 | 10301 | 张冬云 | 女 | 26-12 月-89 | 机电工程 |
| 10103 | 10101 | 王天仪 | 男 | 26-12 月-89 | 计算机 |
| 10201 | 10205 | 赵风雨 | 男 | 25-10 月-90 | 自动化 |
| 10105 | 10101 | 韩刘 | 男 | 03-8 月 -91 | 计算机 |
| 10311 | 10301 | 张杨 | 男 | 08-5 月 -90 | 机电工程 |
| 10213 | 10205 | 高淼 | 男 | 11-3 月 -87 | 自动化 |
| 10212 | 10205 | 欧阳春岚 | 女 | 12-3 月 -89 | 自动化 |
| 10314 | 10301 | 赵迪帆 | 男 | 22-9 月 -89 | 机电工程 |
| 10312 | 10301 | 白菲菲 | 女 | 07-5 月 -88 | 机电工程 |
| 10328 | 10301 | 曾程程 | 男 | | 机电工程 |
| 10128 | 10101 | 白昕 | 男 | | 计算机 |
| 10228 | 10205 | 林紫寒 | 女 | | 自动化 |

已选择 19 行。

**例 9-10**：在 students 表中插入一条记录。使用变量为插入的记录提供数据。

```
SQL> DECLARE
  2    v_id students.student_id%TYPE := 10199;
  3    v_monitorid students.monitor_id%TYPE := NULL;
  4    v_name students.name%TYPE:='张三';
  5    v_sex students.sex%TYPE:='女';
  6    v_dob students.dob%TYPE:='07-5 月-1988';
  7    v_specialty students.specialty%TYPE:='计算机';
  8    BEGIN
  9      INSERT INTO students
 10        VALUES(v_id,v_monitorid,v_name,v_sex,v_dob,v_specialty);
 11    END;
 12  /
```

PL/SQL 过程已成功完成。

可以使用 SELECT 语句查询 students 表的变化。

**例 9-11**：在 students_computer 表中插入多条记录。使用子查询提供插入的多条记录。

```
SQL>    BEGIN
  2        INSERT INTO students_computer
  3          (SELECT * FROM students WHERE specialty='计算机');
  4      END;
  5  /
```

PL/SQL 过程已成功完成。

可以使用 SELECT 语句查询学生表 students_computer 的变化。

### 2. 执行 UPDATE 语句

在 PL/SQL 程序中，使用 UPDATE 语句修改记录值，其语句格式为：

```
UPDATE table_name SET col1 = val1 [, col2 = val2, ..., coln = valn]
```

```
[WHERE condition(s)];
```

其中，table_name 指定表名；col1、col2、....、coln 指定列名；val1、val2、....、valn 指定对应列修改后的值；WHERE 子句为可选项，如果没有使用 WHERE 子句，那么，UPDATE 语句会修改表中所有行的数据，如果使用 WHERE 子句的 condition(s)指定条件，那么，UPDATE 语句会修改表中满足条件的记录行数据。

下面通过使用常量、变量、子查询为指定表对应列提供修改后的值，分别给出对应的例子。

**例 9-12**：修改 students 表中的记录。使用常量为对应列提供修改后的值。

```
SQL>     BEGIN
2          UPDATE students
3            SET student_id = 10288,
4                dob = '07-5月-1988',
5                specialty ='自动化'
6          WHERE student_id = 10188;
7        END;
8    /

PL/SQL 过程已成功完成。
```

可以使用 SELECT 语句查询 students 表的变化。

```
SQL> SELECT * FROM students;
```

| STUDENT_ID | MONITOR_ID | NAME | SEX | DOB | SPECIALTY |
|-----------|-----------|------|-----|-----|-----------|
| 10288 | | 王一 | 女 | 07-5月-88 | 自动化 |
| 10199 | | 张三 | 女 | 07-5月-88 | 计算机 |
| 10101 | | 王晓芳 | 女 | 07-5月-88 | 计算机 |
| 10205 | | 李秋枫 | 男 | 25-11月-90 | 自动化 |
| 10102 | 10101 | 刘春苹 | 女 | 12-8月-91 | 计算机 |
| 10301 | | 高山 | 男 | 08-10月-90 | 机电工程 |
| 10207 | 10205 | 王刚 | 男 | 03-4月-87 | 自动化 |
| 10112 | 10101 | 张纯玉 | 男 | 21-7月-89 | 计算机 |
| 10318 | 10301 | 张冬云 | 女 | 26-12月-89 | 机电工程 |
| 10103 | 10101 | 王天仪 | 男 | 26-12月-89 | 计算机 |
| 10201 | 10205 | 赵风雨 | 男 | 25-10月-90 | 自动化 |
| 10105 | 10101 | 韩刘 | 男 | 03-8月-91 | 计算机 |
| 10311 | 10301 | 张杨 | 男 | 08-5月-90 | 机电工程 |
| 10213 | 10205 | 高淼 | 男 | 11-3月-87 | 自动化 |
| 10212 | 10205 | 欧阳春岚 | 女 | 12-3月-89 | 自动化 |
| 10314 | 10301 | 赵迪帆 | 男 | 22-9月-89 | 机电工程 |
| 10312 | 10301 | 白菲菲 | 女 | 07-5月-88 | 机电工程 |
| 10328 | 10301 | 曾程程 | 男 | | 机电工程 |
| 10128 | 10101 | 白昕 | 男 | | 计算机 |
| 10228 | 10205 | 林紫寒 | 女 | | 自动化 |

已选择 20 行。

**例 9-13**：修改 students 表中的记录。使用变量为对应列提供修改后的值。

```
SQL> DECLARE
 2    v_id students.student_id%TYPE := 10188;
 3    v_monitorid students.monitor_id%TYPE := NULL;
 4    v_dob students.dob%TYPE := '17-5 月-1988';
 5    v_specialty students.specialty%TYPE := '计算机';
 6    BEGIN
 7      UPDATE students
 8        SET student_id = v_id,
 9            dob = v_dob,
10            specialty = v_specialty
11      WHERE student_id = 10288;
12    END;
13  /
```

PL/SQL 过程已成功完成。

可以使用 SELECT 语句查询 students 表的变化。

例 9-14: 修改 teachers 表中的记录。使用子查询将奖金未定教师的奖金更新为教师的平均奖金。

对教师奖金修改之前，首先查询教师的奖金信息。

```
SQL> select * from teachers;
```

| TEACHER_ID | NAME | TITLE | HIRE_DATE | BONUS | WAGE | DEPARTMENT_ID |
| --- | --- | --- | --- | --- | --- | --- |
| 10101 | 王彤 | 教授 | 01-9 月 -90 | 1000 | 3000 | 101 |
| 10104 | 孔世杰 | 副教授 | 06-7 月 -94 | 800 | 2700 | 101 |
| 10103 | 邹人文 | 讲师 | 21-1 月 -96 | 600 | 2400 | 101 |
| 10106 | 韩冬梅 | 助教 | 01-8 月 -02 | 500 | 1800 | 101 |
| 10210 | 杨文化 | 教授 | 03-10 月-89 | 1000 | 3100 | 102 |
| 10206 | 崔天 | 助教 | 05-9 月 -00 | 500 | 1900 | 102 |
| 10209 | 孙晴碧 | 讲师 | 11-5 月 -98 | 600 | 2500 | 102 |
| 10207 | 张珂 | 讲师 | 16-8 月 -97 | 700 | 2700 | 102 |
| 10308 | 齐沈阳 | 高工 | 03-10 月-89 | 1000 | 3100 | 103 |
| 10306 | 车东日 | 助教 | 05-9 月 -01 | 500 | 1900 | 103 |
| 10309 | 臧海涛 | 工程师 | 29-6 月-99 | 600 | 2400 | 103 |
| 10307 | 赵昆 | 讲师 | 18-2 月 -96 | 800 | 2700 | 103 |
| 10128 | 王晓 | | 05-9 月 -07 | | 1000 | 101 |
| 10328 | 张笑 | | 29-9 月 -07 | | 1000 | 103 |
| 10228 | 赵天宇 | | 18-9 月 -07 | | 1000 | 102 |
| 10168 | 孔夫之 | | 15-7 月 -08 | 1000 | 3000 | |

已选择16 行。

教师中王晓、张笑、赵天宇的奖金未定，下面使用子查询将这 3 位教师的奖金更新为教师的平均奖金。

```
SQL> BEGIN
 2    UPDATE teachers
 3      SET bonus =
 4        (SELECT AVG(bonus)
 5    FROM teachers)
 6    WHERE bonus IS NULL;
```

```
  7  END;
  8  /
```

PL/SQL 过程已成功完成。

可以使用 SELECT 语句查询教师王晓、张笑、赵天宇的奖金变化。

```
SQL> select * from teachers;
```

运行结果：

| TEACHER_ID | NAME | TITLE | HIRE_DATE | BONUS | WAGE | DEPARTMENT_ID |
|---|---|---|---|---|---|---|
| 10101 | 王彤 | 教授 | 01-9 月 -90 | 1000 | 3000 | 101 |
| 10104 | 孔世杰 | 副教授 | 06-7 月 -94 | 800 | 2700 | 101 |
| 10103 | 邹人文 | 讲师 | 21-1 月 -96 | 600 | 2400 | 101 |
| 10106 | 韩冬梅 | 助教 | 01-8 月 -02 | 500 | 1800 | 101 |
| 10210 | 杨文化 | 教授 | 03-10 月 -89 | 1000 | 3100 | 102 |
| 10206 | 崔天 | 助教 | 05-9 月 -00 | 500 | 1900 | 102 |
| 10209 | 孙晴碧 | 讲师 | 11-5 月 -98 | 600 | 2500 | 102 |
| 10207 | 张珂 | 讲师 | 16-8 月 -97 | 700 | 2700 | 102 |
| 10308 | 齐沈阳 | 高工 | 03-10 月 -89 | 1000 | 3100 | 103 |
| 10306 | 车东日 | 助教 | 05-9 月 -01 | 500 | 1900 | 103 |
| 10309 | 臧海涛 | 工程师 | 29-6 月 -99 | 600 | 2400 | 103 |
| 10307 | 赵昆 | 讲师 | 18-2 月 -96 | 800 | 2700 | 103 |
| 10128 | 王晓 | | 05-9 月 -07 | 738.46 | 1000 | 101 |
| 10328 | 张笑 | | 29-9 月 -07 | 738.46 | 1000 | 103 |
| 10228 | 赵天宇 | | 18-9 月 -07 | 738.46 | 1000 | 102 |
| 10168 | 孔夫之 | | 15-7 月 -08 | 1000 | 3000 | |

已选择 16 行　　。

### 3. 执行 DELETE 语句

在 PL/SQL 程序中，使用 DELETE 语句删除记录，其语句格式为：

```
DELETE FROM table_name [WHERE condition(s)];
```

其中，table_name 用于指定表名或视图名；WHERE 子句为可选项，如果没有使用 WHERE 子句，那么，DELETE 语句会删除表中所有行的数据，如果使用 WHERE 子句的 condition(s)指定条件，那么，DELETE 语句会删除表中满足条件的记录行。

下面通过使用常量、变量、子查询为 DELETE 语句 WHERE 子句的 condition(s)指定条件，分别给出对应的例子。

**例 9-15**：删除 students 表中的记录。使用常量作为删除条件。

```
SQL> BEGIN
  2      DELETE FROM students
  3        WHERE student_id = 10188;
  4  END;
  5  /
```

PL/SQL 过程已成功完成。

**例 9-16**：删除 students 表中的记录。使用变量作为删除条件。

```
SQL> DECLARE
  2    v_specialty students.specialty%TYPE := '计算机';
  3    BEGIN
  4      DELETE FROM students
  5        WHERE specialty = v_specialty;
  6    END;
  7  /
```

PL/SQL 过程已成功完成。

**例 9-17:** 删除 teachers 表中的记录。使用子查询结果作为删除条件。

删除 teachers 表中的记录之前，首先查询 teachers 表中的原内容。

使用子查询结果作为删除条件，删除 teachers 表中的记录。

```
SQL> BEGIN
  2    DELETE FROM teachers
  3      WHERE wage >
  4      (SELECT 1.1*AVG(wage)
  5        FROM teachers);
  6  END;
  7  /
```

PL/SQL 过程已成功完成。

删除 teachers 表中的记录之后，再查询 teachers 表中的内容。

```
SQL> select * from teachers;
```

运行结果：

| TEACHER_ID | NAME | TITLE | HIRE_DATE | BONUS | WAGE | DEPARTMENT_ID |
|---|---|---|---|---|---|---|
| 10103 | 邹人文 | 讲师 | 21-1 月 -96 | 600 | 2400 | 101 |
| 10106 | 韩冬梅 | 助教 | 01-8 月 -02 | 500 | 1800 | 101 |
| 10206 | 崔天 | 助教 | 05-9 月 -00 | 500 | 1900 | 102 |
| 10306 | 车东日 | 助教 | 05-9 月 -01 | 500 | 1900 | 103 |
| 10309 | 臧海涛 | 工程师 | 29-6 月 -99 | 600 | 2400 | 103 |
| 10128 | 王晓 | | 05-9 月 -07 | 738.46 | 1000 | 101 |
| 10328 | 张笑 | | 29-9 月 -07 | 738.46 | 1000 | 103 |
| 10228 | 赵天宇 | | 18-9 月 -07 | 738.46 | 1000 | 102 |

已选择 8 行。

## 9.2.3  执行事务处理语句

在 PL/SQL 程序中，可以使用 DML 语句。这些 DML 语句构成了 Oracle 数据库事务。与在 SQL 操作中可以使用 COMMIT、ROLLBACK、SAVEPOINT 等语句处理事务一样，在 PL/SQL 程序中，同样可以使用上述事务处理语句处理 Oracle 数据库事务，并且在 PL/SQL 程序中使用事务处理语句的语法，与在 SQL 操作中使用事务处理语句的语法完全一致。

下面通过一个例子，说明 COMMIT、ROLLBACK、SAVEPOINT 等处理事务语句在

PL/SQL 程序中的使用。

**例 9-18**：利用 PL/SQL 程序对 students 表执行 DML 操作。在 PL/SQL 程序中使用了 COMMIT、ROLLBACK、SAVEPOINT 等事务处理语句。

```
SQL> BEGIN
  2    INSERT INTO students
  3      VALUES(10101,NULL,'王晓芳', '女', '07-5 月-1988','计算机');
  4    COMMIT;
  5    DELETE FROM students
  6      WHERE specialty = '计算机';
  7    ROLLBACK;
  8   UPDATE students
  9      SET student_id = 10288,
 10         dob = '07-5 月-1988',
 11         specialty ='自动化'
 12    WHERE student_id = 10101;
 13    SAVEPOINT sp1;
 14    DELETE FROM students
 15      WHERE student_id = 10101;
 16    SAVEPOINT sp2;
 17    ROLLBACK TO sp1;
 18   COMMIT;
 19  END;
 20  /
```

PL/SQL 过程已成功完成。

在执行完上述 PL/SQL 程序后，可以再执行 SELECT * FROM students 语句，通过显示 students 表的查询结果，来理解 COMMIT、ROLLBACK、SAVEPOINT 等处理事务语句的功能。

## 9.3　PL/SQL 程序控制结构

PL/SQL 是 Oracle 对关系数据库 SQL 的过程化扩充。它引入了过程化语言程序控制结构，包括顺序结构、分支结构、循环结构等。本节将详细介绍如何在 PL/SQL 代码中编写各种控制结构。

### 9.3.1　顺序结构

顺序结构的 PL/SQL 程序，是按照代码中语句的排列顺序，从前到后依次执行。程序控制逻辑简单，因此，顺序结构的 PL/SQL 程序一般只能完成比较简单的功能。在前面的 9.1 节与 9.2 节中 PL/SQL 程序的例子，均为顺序结构的 PL/SQL 程序，在此仅举一例。

**例 9-19**：显示学号为 10213 学生的详细信息。

```
SQL>    DECLARE
  2      v_student students%ROWTYPE;
  3      BEGIN
  4       SELECT * INTO v_student
  5         FROM students WHERE student_id = 10213;
```

```
 6        DBMS_OUTPUT.PUT_LINE ('姓名: '||v_student.name);
 7        DBMS_OUTPUT.PUT_LINE ('性别: '||v_student.sex);
 8        DBMS_OUTPUT.PUT_LINE ('出生日期: '||v_student.dob);
 9        DBMS_OUTPUT.PUT_LINE ('专业: '||v_student.specialty);
10    END;
11  /
```

运行结果:

```
姓名: 高淼
性别: 男
出生日期: 11-3月 -87
专业: 自动化

PL/SQL 过程已成功完成。
```

从程序运行的结果(显示信息的顺序)可以看出,顺序结构的 PL/SQL 程序,是按照代码中语句的排列顺序,从前到后依次执行的。

## 9.3.2  分支结构

在 PL/SQL 中,可以通过 IF 语句或者 CASE 语句来实现分支结构。下面详细介绍使用 IF 语句或者 CASE 语句来实现的分支结构。

### 1. IF 语句

IF 语句的语句格式为:

```
IF condition_1 THEN
statements_1;
    …
    [ELSIF condition_n THEN
      statements_n;]
    [ELSE
      else_statements;]
END IF;
```

其中,condition 为条件表达式,statements_1 到 statements_n 与 else_statements 为要执行的 PL/SQL 语句序列;放在中括号 "[ ]" 里的内容为可选项,不选可选项,构成简单的分支结构,选择可选项,构成复杂的分支结构,下面分别予以介绍。

1)  IF-THEN-END IF

IF-THEN-END IF 构成最简单的分支结构,其语句格式为:

```
IF condition THEN
statements;
END IF;
```

该语句的功能为:如果条件 condition 为真(TRUE),那么执行语句序列 statements,然后执行 END IF 语句后面的语句(序列);如果条件 condition 为假(FALSE),那么直接执行 END IF 语句后面的语句(序列)。

**例 9-20**:在 teachers 表中,将讲师职称的某位教师的工资提高 10%(其他职称的教师的工资不变)。

```
SQL> DECLARE
  2    v_id teachers.teacher_id%TYPE;
  3    v_title teachers.title%TYPE;
  4  BEGIN
  5    v_id := &teacher_id;
  6    SELECT title INTO v_title
  7      FROM Teachers
  8      WHERE teacher_id = v_id;
  9    IF v_title = '讲师' THEN
 10      UPDATE Teachers
 11        SET wage = 1.1*wage
 12        WHERE teacher_id = v_id;
 13    END IF;
 14  END;
 15  /
```

运行结果：

```
输入 teacher_id 的值： 10103
原值    5:   v_id := &teacher_id;
新值    5:   v_id := 10103;

PL/SQL 过程已成功完成。
```

2)　IF-THEN-ELSE-END IF

IF-THEN-ELSE-END IF 语句格式为：

```
IF condition THEN
statements_1;
   ELSE
      statements_2;
END IF;
```

该语句的功能为：如果条件 condition 为真(TRUE)，那么执行语句序列 statements_1，然后执行 END IF 语句后面的语句(序列)；如果条件 condition 为假(FALSE)，那么执行语句序列 statements_2，然后执行 END IF 语句后面的语句(序列)。

**例 9-21**：在 teachers 表中，将教授职称的某位教师的工资提高 10%，若教师的职称不是教授，则工资提高 100 元。

```
SQL> DECLARE
  2    v_id Teachers.teacher_id%TYPE;
  3    v_title Teachers.title%TYPE;
  4  BEGIN
  5    v_id := &teacher_id;
  6    SELECT title INTO v_title
  7      FROM Teachers WHERE teacher_id = v_id;
  8    IF v_title = '教授' THEN
  9      UPDATE Teachers
 10        SET wage = 1.1*wage WHERE teacher_id = v_id;
 11    ELSE
 12      UPDATE Teachers
 13        SET wage = wage+100 WHERE teacher_id = v_id;
```

```
14      END IF;
15    END;
16    /
```

运行结果:

```
输入 teacher_id 的值: 10103
原值    5:  v_id := &teacher_id;
新值    5:  v_id := 10103;

PL/SQL 过程已成功完成。
```

3)  IF-THEN-ELSIF-THEN-ELSE-END IF

IF-THEN-ELSIF-THEN-ELSE-END IF 语句格式为:

```
IF condition_1 THEN
statements_1;
    ELSIF condition_2 THEN
      statements_2;
    ELSE
      else_statements;
END IF;
```

该语句的功能为: 如果条件 condition_1 为真(TRUE), 那么执行语句序列 statements_1, 然后执行 END IF 语句后面的语句(序列); 如果条件 condition_2 为真(TRUE), 那么执行语句序列 statements_2, 然后执行 END IF 语句后面的语句(序列), 如果条件 condition_2 为假(FALSE), 那么执行语句序列 else_statements, 然后执行 END IF 语句后面的语句(序列)。

例 9-22: 在 teachers 表中, 将教授职称的某位教师的工资提高 10%, 若教师的职称不是教授, 而是高工或副教授工资提高 5%, 否则(既不是教授, 也不是高工或副教授), 工资提高 100 元。

```
SQL> DECLARE
  2     v_id Teachers.teacher_id%TYPE;
  3     v_title Teachers.title%TYPE;
  4   BEGIN
  5    v_id := &teacher_id;
  6    SELECT title INTO v_title
  7      FROM Teachers WHERE teacher_id = v_id;
  8    IF v_title = '教授' THEN
  9      UPDATE Teachers
 10        SET wage = 1.1*wage WHERE teacher_id=v_id;
 11    ELSIF v_title = '高工' OR v_title= '副教授' THEN
 12      UPDATE Teachers
 13        SET wage = 1.05*wage WHERE teacher_id = v_id;
 14    ELSE
 15      UPDATE Teachers
 16        SET wage = wage+100 WHERE teacher_id = v_id;
 17    END IF;
 18   END;
 19   /
```

运行结果：

```
输入 teacher_id 的值：10103
原值     5:  v_id := &teacher_id;
新值     5:  v_id := 10103;

PL/SQL 过程已成功完成。
```

#### 2．CASE 语句

使用 IF 语句处理复杂的分支(多分支)操作，程序结构不够清晰，往往会给编制程序、调试程序、阅读程序带来一定的困难，因此，从 Oracle 9i 开始，PL/SQL 引入 CASE 语句处理多重条件分支。使用 CASE 语句可以使程序结构比较清晰，执行效率更高。在处理多重条件分支时，应尽量使用 CASE 语句。

PL/SQL 提供的 CASE 语句，有两种基本语句格式，第一种是使用单一选择符进行等值比较；第二种是使用多种条件进行比较。下面分别介绍这两种 CASE 语句的基本语句格式及其使用方法。

1)　等值比较的 CASE 语句

等值比较的 CASE 语句的基本语句格式为：

```
CASE expression
   WHEN result_1 THEN
      statements_1;
   WHEN result_2 THEN
      statements_2;
   …
   [ELSE
      else_statements;]
END CASE;
```

其中，expression 指定条件表达式，statements_1、statements_2 等与 else_statements 为要执行的 PL/SQL 语句序列，result_1、result_2 等是与表达式 expression 相对应的值，ELSE 子句为可选项。

等值比较的 CASE 语句的功能为：首先判断 expression 是否与 result_1、result_2…值相等。如果相等，则执行其后的 statements_1、statements_2 等语句；如果 expression 与任何一个 result 值都不等，则执行 ELSE 后的语句 else_statements。

当使用 CASE 语句执行多重条件分支时，如果条件表达式完全相同，并且条件表达式为相等条件选择，那么可以选择使用等值比较的 CASE 语句。

例 9-23：在 teachers 表中，将教授职称的某位教师的工资提高 15%，若教师的职称是高工则工资提高 5%，若教师的职称是副教授则工资提高 10%，否则(既不是教授，也不是高工或副教授)，工资提高 100 元。

```
SQL> DECLARE
  2    v_id Teachers.teacher_id%TYPE;
  3    v_title Teachers.title%TYPE;
  4  BEGIN
  5    v_id := &teacher_id;
  6    SELECT title INTO v_title
```

```
 7        FROM Teachers WHERE teacher_id = v_id;
 8     CASE v_title
 9       WHEN '教授' THEN
10         UPDATE Teachers
11           SET wage = 1.15*wage WHERE teacher_id = v_id;
12       WHEN '高工' THEN
13         UPDATE Teachers
14           SET wage = 1.05*wage WHERE teacher_id = v_id;
15       WHEN '副教授' THEN
16         UPDATE Teachers
17           SET wage = 1.1*wage WHERE teacher_id = v_id;
18       ELSE
19         UPDATE Teachers
20           SET wage = wage+100 WHERE teacher_id = v_id;
21     END CASE;
22  END;
23  /
```

运行结果:

```
输入 teacher_id 的值: 10103
原值     5:   v_id := &teacher_id;
新值     5:   v_id := 10103;

PL/SQL 过程已成功完成。
```

2) 多种条件比较的 CASE 语句

多种条件比较的 CASE 语句的基本语句格式为:

```
CASE
    WHEN expression_1 THEN
        statements_1;
    WHEN expression_2 THEN
        statements_2;
    …
    [ELSE
      else_statements;]
    END CASE;
```

其中,expression_1、expression_2…为指定的多个条件表达式,statements_1、statements_2…与 else_statements 为要执行的 PL/SQL 语句序列,ELSE 子句为可选项。

多种条件比较的 CASE 语句的功能为,首先对 expression_1 进行判断,当条件为真(TRUE)时,执行其后的 statements_1 语句;当条件为假(FALSE)时,再对 expression_2 进行判断,当条件为真(TRUE)时,执行其后的 statements_2 语句;当条件为假(FALSE)时……如果所有条件都为假(FALSE),则执行 ELSE 后的 else_statements 语句。

当使用 CASE 语句执行多重条件分支时,如果条件表达式不相同,或条件表达式不完全为相等条件选择,那么需要选择使用多种条件比较的 CASE 语句。

**例 9-24:** 在 teachers 表中,将教授职称的某位教师的工资提高 10%,若教师的职称不是教授,而是高工或副教授工资提高 5%,否则(既不是教授,也不是高工或副教授),工资提高 100 元。

```
SQL> DECLARE
  2     v_id Teachers.teacher_id%TYPE;
  3     v_title Teachers.title%TYPE;
  4  BEGIN
  5   v_id := &teacher_id;
  6   SELECT title INTO v_title
  7     FROM Teachers WHERE teacher_id = v_id;
  8   CASE
  9    WHEN v_title = '教授' THEN
 10      UPDATE Teachers
 11        SET wage = 1.1*wage WHERE teacher_id = v_id;
 12    WHEN v_title = '高工' OR v_title= '副教授' THEN
 13      UPDATE Teachers
 14        SET wage = 1.05*wage WHERE teacher_id = v_id;
 15    ELSE
 16      UPDATE Teachers
 17        SET wage = wage+100 WHERE teacher_id = v_id;
 18   END CASE;
 19  END;
 20  /
输入 teacher_id 的值: 10103
原值    5:   v_id := &teacher_id;
新值    5:   v_id := 10103;

PL/SQL 过程已成功完成。
```

**例 9-25**：在 teachers 表中，根据教师的收入计算个人所得税。收入低于或等于 1000 元，无个人所得税，收入在 1000～3000 元的个人所得税税率为 3%，收入在 3000 元以上的个人所得税税率为 5%。

```
SQL> DECLARE
  2     v_id teachers.teacher_id%TYPE;
  3     v_bonus teachers.bonus%TYPE;
  4     v_wage teachers.wage%TYPE;
  5     v_income NUMBER(7,2);
  6  BEGIN
  7   v_id := &teacher_id;
  8   SELECT bonus, wage INTO v_bonus, v_wage
  9     FROM teachers WHERE teacher_id = v_id;
 10   v_income := v_bonus + v_wage;
 11   CASE
 12    WHEN v_income <= 1000 THEN
 13      DBMS_OUTPUT.PUT_LINE ('个人所得税: 0');
 14    WHEN v_income >1000 AND v_income < 3000 THEN
 15      DBMS_OUTPUT.PUT_LINE ('个人所得税: '||v_income*0.03);
 16    WHEN v_income >= 3000 THEN
 17      DBMS_OUTPUT.PUT_LINE ('个人所得税: '||v_income*0.05);
 18   END CASE;
 19  END;
 20  /
输入 teacher_id 的值: 10103
原值    7:   v_id := &teacher_id;
新值    7:   v_id := 10103;

PL/SQL 过程已成功完成。
```

### 9.3.3　循环结构

在编写 PL/SQL 代码时,有时需要某一程序段重复执行,PL/SQL 提供的循环结构就是完成这一功能的。循环结构控制重复执行某一程序段,直到满足指定的条件后退出循环。使用循环结构编写 PL/SQL 程序时,注意一定要确保相应的退出条件得到满足,以免形成死循环。

在 PL/SQL 中,循环结构有三种形式,分别为 LOOP 循环、WHILE 循环和 FOR 循环。下面分别介绍使用这三种循环语句的方法。

#### 1. LOOP 循环

LOOP 循环将循环条件包含在循环体内,其基本语句的格式为:

```
LOOP
      statement(s);
      EXIT [WHEN condition];
END LOOP;
```

其中,LOOP 指定循环语句开始,END LOOP 指定循环语句结束,放在二者之间的 PL/SQL 语句为循环体,EXIT 为退出循环语句,可选项 WHEN 子句由 condition 给出退出循环的条件。

使用 LOOP 循环时,循环体至少会被执行一次。当 condition 为真(TRUE)时,会退出循环,并执行 END LOOP 后面的 PL/SQL 语句;当 condition 为假(FALSE)时,重复执行循环体。为了避免 PL/SQL 程序陷入死循环,当编写 LOOP 循环时,一定要包含 EXIT 语句。下面举例说明使用 LOOP 循环的方法。

后面的例子将要使用 total 表,通过执行 CREATE TABLE 建立 total 表。

```
SQL> CREATE TABLE total(n INT,result INT);

表已创建。
```

**例 9-26**:使用 LOOP 循环,分别计算 1 到 10 的累加和,并将结果存入 total 表中。

```
SQL> DECLARE
  2     v_i INT:=1;
  3     v_sum INT:=0;
  4  BEGIN
  5     LOOP
  6       v_sum := v_sum + v_i;
  7       INSERT INTO TOTAL VALUES(v_i, v_sum);
  8       EXIT WHEN v_i = 10;
  9       v_i := v_i+1;
 10     END LOOP;
 11  END;
 12  /

PL/SQL 过程已成功完成。
```

可以使用 SQL 语句 SELECT * FROM total 查看例 9-26 程序的计算结果,以便加深理解 LOOP 循环语句的功能和使用方法。

```
SQL> SELECT * FROM total;
```

运行结果：

```
         N     RESULT
---------- ----------
         1          1
         2          3
         3          6
         4         10
         5         15
         6         21
         7         28
         8         36
         9         45
        10         55
```

已选择 10 行。

### 2. WHILE 循环

WHILE 循环先判断循环条件，只有满足循环条件，才能进入循环体进行循环操作，其基本语句的格式为：

```
WHILE condition LOOP
statement(s);
END LOOP;
```

其中，WHILE-LOOP 指定循环语句开始，END LOOP 指定循环语句结束，放在二者之间的 PL/SQL 语句 statement(s)为循环体。

使用 WHILE 循环时，循环体可能一次也不被执行(第一次执行 WHILE-LOOP 语句时，condition 即为 FALSE)。当 condition 为真(TRUE)时，首先执行循环体 statement(s)，再执行 END LOOP 后，返回执行 WHILE 语句，重新判断循环条件；当 condition 为假(FALSE)时，会退出循环，并执行 END LOOP 后面的 PL/SQL 语句。下面举例说明使用 WHILE 循环的方法。

**例 9-27**：使用 WHILE 循环，分别计算 $1^2$ 到 $10^2$ 的累加和，并将结果存入 total 表中。

```
SQL> DECLARE
  2     v_i INT:=1;
  3     v_sum INT:=0;
  4  BEGIN
  5    WHILE v_i <= 10  LOOP
  6      v_sum := v_sum + v_i*v_i;
  7      INSERT INTO TOTAL VALUES(v_i,v_sum);
  8      v_i := v_i+1;
  9    END LOOP;
 10  END;
 11  /

PL/SQL 过程已成功完成。
```

可以使用 SQL 语句 SELECT * FROM total 查看程序的计算结果，以便加深理解

WHILE 循环语句的功能和使用方法。

### 3．FOR 循环

上面讲述的 LOOP 循环和 WHILE 循环，需要定义循环控制变量来控制循环次数；然而 FOR 循环不需要定义循环控制变量，系统默认定义一个循环控制变量，以控制循环的次数。FOR 循环语句的格式为：

```
FOR loop_index IN [REVERSE] lowest_number ..highest_number LOOP
    statement(s);
END LOOP;
```

其中，FOR-IN-LOOP 指定循环语句开始，END LOOP 指定循环语句结束，放在二者之间的 PL/SQL 语句 statement(s)为循环体；loop_index 为循环控制变量，系统将其默认定义为 BINARY_INTEGER 数据类型；lowest_number 为循环控制变量的下限，highest_number 为循环控制变量的上限，系统默认时，循环控制变量从下限往上限递增(加 1)计数，如果选用 REVERSE 关键字，则表示循环控制变量从上限向下限递减(减 1)计数。

使用 FOR 循环时，循环体可能一次也不被执行(第一次执行 FOR-IN-LOOP 语句时，控制变量 loop_index 即小于下限 lowest_number 或大于上限 lowest_number 的值)。当循环控制变量 loop_index 的值在下限 lowest_number 和上限 highest_number 之间时，首先执行循环体 statement(s)，再执行 END LOOP 后，返回执行 FOR-IN-LOOP 语句，循环控制变量 loop_index 递增或递减后，重新判断循环条件；当循环控制变量 loop_index 的值不在下限 lowest_number 和上限 highest_number 之间(小于下限或大于上限)时，会退出循环，并执行 END LOOP 后面的 PL/SQL 语句。下面举例说明使用 FOR 循环的方法。

**例 9-28**：使用 FOR 循环，分别计算 1 到 10 的阶乘，并将结果存入 total 表中。

```
SQL> DECLARE
  2     v_i INT:=1;
  3     v_factorial INT:=1;
  4  BEGIN
  5   FOR v_i IN 1..10 LOOP
  6      v_factorial := v_factorial*v_i;
  7      INSERT INTO TOTAL VALUES(v_i,v_factorial);
  8   END LOOP;
  9  END;
 10  /

PL/SQL 过程已成功完成。
```

可以使用 SQL 语句 SELECT * FROM total 查看例 9-28 程序的计算结果，以便加深理解 FOR 循环语句的功能和使用方法。

## 9.3.4　GOTO 语句与 NULL 语句

PL/SQL 除了提供上述构成分支结构和循环结构的语句外，还提供了顺序控制语句 GOTO 和空操作语句 NULL。与构成分支结构和循环结构的语句相比，顺序控制语句 GOTO 和空操作语句 NULL 较少使用。下面简单介绍在 PL/SQL 程序中使用 GOTO 语句和 NULL 语句的方法。

## 1. GOTO 语句

GOTO 语句用于改变 PL/SQL 程序的执行顺序。GOTO 语句的语法格式为：

```
GOTO label_name;
```

其中，label_name 给出已经定义的标号名。GOTO 语句的功能为，PL/SQL 程序无条件地跳转到标号 label_name 处执行。

💡 **注意：** 使用 GOTO 语句应注意：①标号后至少要有一条可执行语句；②PL/SQL 块内部可以跳转，内层块可以跳到外层块，但外层块不能跳到内层块；③不能从某一 IF 语句外部跳到其内部；④不能从某一循环体外跳到其体内；⑤不能从某一子程序外部跳到其内部。

由于 GOTO 语句破坏了程序的结构化特性，增加了程序的复杂性，并且使得应用程序可读性和可维护性变差，因此建议尽量少用甚至不用 GOTO 语句。

**例 9-29：** 分别计算 1 到 10 的累加和，并将结果存入 total 表中；使用 GOTO 语句结束循环，并显示最后的累加和。

```
SQL> SET SERVEROUTPUT ON
SQL> DECLARE
  2     v_i INT:=1;
  3     v_sum INT:=0;
  4  BEGIN
  5     LOOP
  6       v_sum := v_sum + v_i;
  7       INSERT INTO TOTAL VALUES(v_i,v_sum);
  8       IF v_i = 10 THEN
  9          GOTO output;
 10       END IF;
 11       v_i := v_i+1;
 12     END LOOP;
 13  <<output>>
 14  DBMS_OUTPUT.PUT_LINE ('v_sum = '||v_sum);
 15  END;
 16  /
v_sum = 55

PL/SQL 过程已成功完成。
```

可以使用 SQL 语句 SELECT * FROM total 查看例 9-29 程序的计算结果，以便加深理解 GOTO 语句的功能和使用方法。

## 2. NULL 语句

NULL 语句被称为空语句，它不执行任何操作，便将程序控制交给下一条语句。NULL 语句的语法格式为：

```
NULL;
```

使用 NULL 语句，可以提高程序的可读性，一般在标号之后或在异常处理程序段中使用。

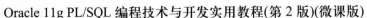 

**例 9-30**：分别计算 1 到 10 的累加和，并将结果存入 total 表中；利用 GOTO 语句与 NULL 语句配合结束循环。

```
SQL> DECLARE
  2     v_i INT:=1;
  3     v_sum INT:=0;
  4  BEGIN
  5     LOOP
  6       v_sum := v_sum + v_i;
  7       INSERT INTO TOTAL VALUES(v_i,v_sum);
  8       IF v_i = 10 THEN
  9         GOTO output;
 10       END IF;
 11       v_i := v_i+1;
 12     END LOOP;
 13  <<output>>
 14     NULL;
 15  END;
 16  /

PL/SQL 过程已成功完成。
```

由于 GOTO 语句跳转到标号<<output>>之后，至少要有一条可执行语句，因此使用了 NULL 语句以满足这一要求。

# 上机实训：实现数据交换

## 实训内容和要求

孙颖利用外部变量，实现两个 PL/SQL 程序间的数据交换。

## 实训步骤

编写程序代码如下：

```
SQL> variable a1 number;
SQL> begin
  2   :a1:=1000;
  3  end;
  4  /

PL/SQL 过程已成功完成。

SQL> begin
  2     dbms_output.put_line(:a1);
  3  end;
  4  /
1000
```

# 本 章 小 结

本章介绍了 PL/SQL 程序设计，在学习本章之后，读者应已了解 PL/SQL 中 PL/SQL 块、变量、数据类型等基本概念；掌握了 SQL 语句在 PL/SQL 程序中的使用方法；会使用分支、循环等语句，构成分支结构、循环结构的程序，实现程序的顺序控制。

# 习　　题

## 一、填空题

1. PL/SQL 匿名块，是指_____。
2. 顺序结构的 PL/SQL 程序，是_____。
3. 在 PL/SQL 中，可以通过_____或者_____来实现分支结构。
4. _____用于改变 PL/SQL 程序的执行顺序。
5. PL/SQL 程序的错误可以分为两类，一类是_____；另一类是_____。

## 二、选择题

1. PL/SQL 标识最大长度为(　　)个字符。
    A. 10　　　　　　B. 20　　　　　　　　C. 30　　　　　　D. 40
2. (　　)为条件表达式。
    A. condition　　B. exit　　　　　　　C. name　　　　D. for
3. LOOP 指定循环语句开始，(　　)指定循环语句结束。
    A. LOOPS　　　B. END LOOP　　　C. END　　　　D. LOOP END

## 三、上机实验

实验一：内容要求
在 emp 表中查询部门号为 30 的所有人员的管理层次图。
实验二：内容要求
在 emp 表中查询员工 SMITH 的各个层次领导。

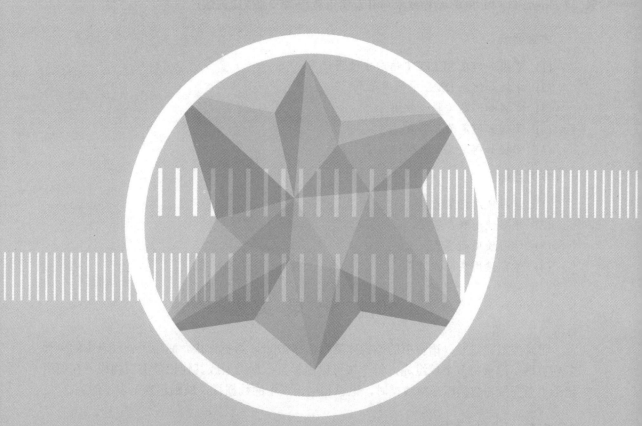

# 第 10 章

PL/SQL 记录集合应用

**本章要点**

(1) 掌握如何在 SELECT 语句中使用记录。
(2) 掌握如何在 DML 中使用记录。
(3) 掌握如何定义联合数组。
(4) 掌握如何定义嵌套表。
(5) 掌握如何定义变长数组。

**学习目标**

(1) 学习使用记录表。
(2) 学习使用联合数组。
(3) 学习使用嵌套表。
(4) 学习使用集合操作符。

# 10.1  记 录 类 型

记录类型类似 C++语言中的结构体类型，在 Oracle 数据库中，它用于处理表中的单行多列数据。记录由多个域组成，每个域可以由标量数据类型或其他记录类型构成。在使用记录类型变量与数据库交换数据时，记录相当于表中的数据行，域则相当于表中的列。

## 10.1.1  定义记录

定义记录有三种方法。第一种是基于表(视图)的记录定义记录变量的方法；第二种是基于游标的记录定义记录变量的方法；第三种方法是在 PL/SQL 程序中，首先定义记录类型，再定义记录变量。其中前两种定义记录的方法，也统称为隐式定义方法，第三种方法也称为显式定义方法。下面分别介绍这三种定义记录的方法。

### 1. 基于表(视图)的记录定义记录变量

基于表(视图)的记录定义记录变量，不用描述记录的每一个域，Oracle 提供了使用%ROWTYPE 属性的记录变量定义方式，即把记录变量定义为与指定表的记录行的数据类型相一致。示例如下：

```
DECLARE
    s1 students %ROWTYPE;
```

其中，students 为表名。通过上述定义，PL/SQL 记录变量 s1 与 students 表的记录行建立了联系，即记录变量 s1 每个域的数据类型与 students 表定义的每个列数据类型对应一致。如果 students 表定义的数据类型发生改变，那么记录变量 s1 对应域的数据类型也随之改变。

这里记录变量 s1 各个域(成员)的数据类型定义为：

```
student_id NUMBER(5)
monitor_id NUMBER(5)
name VARCHAR2(10)
```

```
sex VARCHAR2(6)
dob DATE
specialty VARCHAR2(10)
```

记录变量 s1 的成员个数、名称、数据类型与 students 表列的个数、对应列的名称及所定义的数据类型一致。

### 2．基于游标定义记录变量

基于游标定义记录变量，可以使用%ROWTYPE 属性，将记录变量定义为与显式游标或游标变量结构相一致。示例如下：

```
DECLARE
    CURSOR students_cur
      IS
        SELECT name, dob
          FROM students
          WHERE specialty = '计算机' ;
    s2 students_cur%ROWTYPE;
```

这里记录变量 s2 各个域(成员)的数据类型定义为：

```
name VARCHAR2(10)
dob DATE
```

记录变量 s2 的成员个数、名称、数据类型与游标 students_cur 列的个数、对应列的名称及所定义的数据类型一致。

### 3．显式定义记录

显式定义记录，是在 PL/SQL 程序的定义部分，先定义一个记录类型，然后定义记录类型的变量。显式定义记录的语句格式如下：

```
TYPE record_type_name IS RECORD(
      field1_name datatype1,
      field2_name datatype2,
      …
      fieldn_name datatypen
      );
variable_name record_type_name;
```

其中，record_type_name 指定显式定义记录类型的名字；field1_name datatype1、field2_name datatype2、...、fieldn_name datatypen 指定记录成员(域)的定义；variable_name 指定记录变量名字。

显式定义记录类型 teacher_record_type、记录类型变量 teacher 的示例如下：

```
DECLARE
TYPE teacher_record_type IS RECORD(
      name teacher.name%TYPE,
      wage teacher.wage%TYPE,
      bonus teacher.bonus%TYPE
      );
teacher teacher_record_type;
```

其中，记录类型 teacher_record_type 包含三个记录成员 name、wage 和 bonus，与

teacher 表中的 name、wage 和 bonus 列的数据类型一致；变量 teacher 是基于记录类型 teacher_record_type 所定义的记录变量。

以上介绍了定义记录的三种方法，下面将介绍记录的使用方法。

## 10.1.2　在 SELECT 语句中使用记录

### 1. 使用%ROWTYPE 属性定义记录

使用%ROWTYPE 属性可以基于表、视图或游标定义记录。下面的例子分别介绍这三种使用方法。

**例 10-1**：使用%ROWTYPE 属性基于 students 表定义记录。在 students 表中查询学号为 10201 的记录，并显示该学生的姓名、性别、专业等信息。

```
SQL> SET SERVEROUTPUT ON
SQL>   DECLARE
  2     v_student Students%ROWTYPE;
  3     BEGIN
  4       SELECT * INTO v_student
  5         FROM Students WHERE student_id = 10201;
  6       DBMS_OUTPUT.PUT_LINE ('姓名　性别　专业');
  7       DBMS_OUTPUT.PUT_LINE
  8         (v_student.name||'  '||v_student.sex||'
'||v_student.specialty);
  9     END;
 10  /
```

运行结果：

```
姓名　性别　专业
赵风雨　男　自动化

PL/SQL 过程已成功完成。
```

**例 10-2**：使用%ROWTYPE 属性基于视图 students_view 定义记录。在 students 表中查询学号为 10201 的记录，并显示该学生的姓名、性别、专业等信息。

```
SQL> SET SERVEROUTPUT ON
SQL>   DECLARE
  2     v_student Students_view%ROWTYPE;
  3     BEGIN
  4       SELECT * INTO v_student
  5         FROM Students_view WHERE student_id = 10201;
  6       DBMS_OUTPUT.PUT_LINE ('姓名　性别　专业');
  7       DBMS_OUTPUT.PUT_LINE
  8         (v_student.name||'  '||v_student.sex||'
'||v_student.specialty);
  9     END;
 10  /
```

运行结果：

```
姓名　性别　专业
赵风雨　男　自动化
```

PL/SQL 过程已成功完成。

提示：如果视图 students_view 不存在，请执行下面的语句创建。

```
CREATE VIEW Students_view AS
  SELECT * FROM Students
    WHERE sex='男';
```

**例 10-3：**使用%ROWTYPE 属性基于游标 students_cur 定义记录。显示计算机专业学生的姓名、出生日期等信息。

```
SQL> SET SERVEROUTPUT ON
SQL>    DECLARE
  2      CURSOR students_cur
  3      IS
  4        SELECT name,dob
  5          FROM Students
  6          WHERE specialty = '计算机';
  7      v_student students_cur%ROWTYPE;
  8    BEGIN
  9      DBMS_OUTPUT.PUT_LINE ('序号  学生姓名   出生日期');
 10      FOR Students_record IN Students_cur LOOP
 11        v_student.name := Students_record.name;
 12        v_student.dob := Students_record.dob;
 13        DBMS_OUTPUT.PUT_LINE (Students_cur%ROWCOUNT||'
'||v_student.name||'
dent.dob);
 14      END LOOP;
 15    END;
 16  /
```

运行结果：

```
序号  学生姓名    出生日期
1     王晓芳      07-5 月 -88
2     刘春苹      12-8 月 -91
3     张纯玉      21-7 月 -89
4     王天仪      26-12 月-89
5     韩刘        03-8 月 -91
6     白昕

PL/SQL 过程已成功完成。
```

### 2. 使用显式方法定义记录

如前文所述，显式定义记录，先定义一个记录类型，然后定义记录类型的变量。显式定义记录的使用方法见例 10-4。

**例 10-4：**先定义记录类型 s_record，然后定义基于 s_record 的类型变量 students_record。通过使用 students_record 显示指定学号的学生信息。

```
SQL> SET SERVEROUT ON
SQL>    DECLARE
  2      TYPE s_record IS RECORD
```

```
3          (name Students.name%TYPE,
4           sex Students.sex%TYPE,
5           dob Students.dob%TYPE);
6        students_record s_record;
7        v_id Students.student_id%TYPE;
8        BEGIN
9          v_id := &student_id;
10         DBMS_OUTPUT.PUT_LINE ('学生姓名  性别   出生日期');
11         SELECT name,sex,dob INTO students_record
12           FROM Students WHERE student_id = v_id;
13         DBMS_OUTPUT.PUT_LINE (students_record.name||'
'||Students_record.sex||'
ts_record.dob);
14       EXCEPTION
15         WHEN OTHERS THEN
16           DBMS_OUTPUT.PUT_LINE (sqlcode||sqlerrm);
17       END;
18  /
```

运行结果:

```
输入 student_id 的值: 10314
原值    9:          v_id := &student_id;
新值    9:          v_id := 10314;
学生姓名  性别   出生日期
赵迪帆     男     22-9 月 -89

PL/SQL 过程已成功完成。
```

### 3. 使用记录成员

记录变量可以作为一个整体使用, 也可以通过其中的成员分别使用。一般情况下, 使用记录成员与使用标量变量一样。

**例 10-5:** 定义 students_record 和 students_row 两个记录变量, 使用两者的成员进行数据传递, 显示指定专业的学生信息。

```
SQL> SET SERVEROUT ON
SQL>    DECLARE
2       TYPE s_record IS RECORD
3          (name Students.name%TYPE,
4           sex Students.sex%TYPE,
5           dob Students.dob%TYPE);
6        students_record s_record;
7        v_specialty Students.specialty%TYPE;
8        i INT := 0;
9        BEGIN
10         v_specialty := '&specialty';
11         DBMS_OUTPUT.PUT_LINE ('序号  学生姓名  性别   出生日期');
12         FOR students_row
13           IN (SELECT * FROM Students WHERE specialty=v_specialty) LOOP
14           i:=i+1;
15           students_record.name := students_row.name;
16           students_record.sex := students_row.sex;
17           students_record.dob := students_row.dob;
```

```
18                    DBMS_OUTPUT.PUT_LINE (i||' '||students_record.name||'
                  '||Students_record.sex||' '||Students_record.dob);
19        END LOOP;
20     EXCEPTION
21        WHEN OTHERS THEN
22          DBMS_OUTPUT.PUT_LINE (sqlcode||sqlerrm);
23     END;
24  /
```

运行结果：

```
输入 specialty 的值：计算机
原值   10:             v_specialty := '&specialty';
新值   10:             v_specialty := '计算机';
序号   学生姓名   性别    出生日期
1      王晓芳     女     07-5 月 -88
2      刘春苹     女     12-8 月 -91
3      张纯玉     男     21-7 月 -89
4      王天仪     男     26-12 月-89
5      韩刘       男     03-8 月 -91
6      白昕       男

PL/SQL 过程已成功完成。
```

## 10.1.3　在 DML 中使用记录

DML 有 UPDATE、INSERT 和 DELETE 三条语句，其中，在 UPDATE 和 INSERT 语句中，既可以使用记录变量，也可以使用记录成员，而在 DELETE 语句中只能使用记录成员。

### 1. 在 UPDATE 语句中

下面的例子介绍在 UPDATE 语句中使用记录的方法，其中例 10-6 使用记录成员，例 10-7 使用记录变量。

**例 10-6：** 先定义记录类型 s_record，然后定义基于 s_record 的类型变量 students_record。通过在 UPDATE 语句中使用 students_record 成员变量修改指定学号的学生信息。

修改指定学号的学生信息之前，首先查询 students 表中的原学生信息。

```
SQL> SELECT * FROM students;
```

运行结果：

| STUDENT_ID | MONITOR_ID | NAME | SEX | DOB | SPECIALTY |
|-----------|-----------|------|-----|-----|-----------|
| 10101 | | 王晓芳 | 女 | 07-5 月 -88 | 计算机 |
| 10205 | | 李秋枫 | 男 | 25-11 月-90 | 自动化 |
| 10102 | 10101 | 刘春苹 | 女 | 12-8 月 -91 | 计算机 |
| 10301 | | 高山 | 男 | 08-10 月-90 | 机电工程 |
| 10207 | 10205 | 王刚 | 男 | 03-4 月 -87 | 自动化 |
| 10112 | 10101 | 张纯玉 | 男 | 21-7 月 -89 | 计算机 |
| 10318 | 10301 | 张冬云 | 女 | 26-12 月-89 | 机电工程 |
| 10103 | 10101 | 王天仪 | 男 | 26-12 月-89 | 计算机 |

| | | | | | |
|---|---|---|---|---|---|
| 10201 | 10205 | 赵风雨 | 男 | 25-10 月-90 | 自动化 |
| 10105 | 10101 | 韩刘 | 男 | 03-8 月 -91 | 计算机 |
| 10311 | 10301 | 张杨 | 男 | 08-5 月 -90 | 机电工程 |
| 10213 | 10205 | 高淼 | 男 | 10-3 月 -87 | 自动化 |
| 10212 | 10205 | 欧阳春岚 | 女 | 12-3 月 -89 | 自动化 |
| 10314 | 10301 | 赵迪帆 | 男 | 22-9 月 -89 | 机电工程 |
| 10312 | 10301 | 白菲菲 | 女 | 07-5 月 -88 | 机电工程 |
| 10328 | 10301 | 曾程程 | 男 | | 机电工程 |
| 10128 | 10101 | 白昕 | 男 | | 计算机 |
| 10228 | 10205 | 林紫寒 | 女 | | 自动化 |

已选择 18 行。

通过在 UPDATE 语句中使用 students_record 成员变量修改指定学号的学生信息。

```
SQL>    DECLARE
 2        TYPE s_record IS RECORD
 3            (id Students.student_id%TYPE,
 4             dob Students.dob%TYPE);
 5        students_record s_record;
 6      BEGIN
 7        students_record.id := 10101;
 8        students_record.dob := '25-11 月-1990';
 9        UPDATE Students SET dob = students_record.dob
10            WHERE student_id = students_record.id;
11      END;
12  /
```

PL/SQL 过程已成功完成。

修改指定学号的学生信息之后，再查询 students 表中的学生信息。students 表中的内容变化，反映了例 10-6 程序的功能。

```
SQL>  SELECT * FROM students;
```

运行结果：

| STUDENT_ID | MONITOR_ID | NAME | SEX | DOB | SPECIALTY |
|---|---|---|---|---|---|
| 10101 | | 王晓芳 | 女 | 25-11 月-90 | 计算机 |
| 10205 | | 李秋枫 | 男 | 25-11 月-90 | 自动化 |
| 10102 | 10101 | 刘春苹 | 女 | 12-8 月 -91 | 计算机 |
| 10301 | | 高山 | 男 | 08-10 月-90 | 机电工程 |
| 10207 | 10205 | 王刚 | 男 | 03-4 月 -87 | 自动化 |
| 10112 | 10101 | 张纯玉 | 男 | 21-7 月 -89 | 计算机 |
| 10318 | 10301 | 张冬云 | 女 | 26-12 月-89 | 机电工程 |
| 10103 | 10101 | 王天仪 | 男 | 26-12 月-89 | 计算机 |
| 10201 | 10205 | 赵风雨 | 男 | 25-10 月-90 | 自动化 |
| 10105 | 10101 | 韩刘 | 男 | 03-8 月 -91 | 计算机 |
| 10311 | 10301 | 张杨 | 男 | 08-5 月 -90 | 机电工程 |
| 10213 | 10205 | 高淼 | 男 | 10-3 月 -87 | 自动化 |
| 10212 | 10205 | 欧阳春岚 | 女 | 12-3 月 -89 | 自动化 |
| 10314 | 10301 | 赵迪帆 | 男 | 22-9 月 -89 | 机电工程 |
| 10312 | 10301 | 白菲菲 | 女 | 07-5 月 -88 | 机电工程 |

| 10328 | 10301 | 曾程程 | 男 | | 机电工程 |
| 10128 | 10101 | 白昕 | 男 | | 计算机 |
| 10228 | 10205 | 林紫寒 | 女 | | 自动化 |

已选择 18 行。

**例 10-7**：先定义记录类型 s_record，然后定义基于 s_record 的类型变量 students_record。通过在 UPDATE 语句中使用 students_record 记录变量修改指定学号的学生信息。

```
SQL>  DECLARE
  2      TYPE s_record IS RECORD
  3        (id Students.student_id%TYPE,
  4         monitor_id Students.monitor_id%TYPE,
  5         name Students.name%TYPE,
  6         sex Students.sex%TYPE,
  7         dob Students.dob%TYPE,
  8         specialty Students.specialty%TYPE);
  9      students_record s_record;
 10    BEGIN
 11      students_record.id := 10288;
 12      students_record.monitor_id := 10205;
 13      students_record.name := '王天仪';
 14      students_record.sex := '男';
 15      students_record.dob := '25-11 月-1990';
 16      students_record.specialty := '自动化';
 17      UPDATE Students SET ROW = students_record
 18          WHERE student_id = 10103;
 19    END;
 20  /

PL/SQL 过程已成功完成。
```

可以使用 SELECT 语句，查询 students 表中的内容变化。

### 2．在 INSERT 语句中

下面的例子介绍在 INSERT 语句中使用记录的方法，其中例 10-8 使用记录变量，例 10-9 使用记录成员。

**例 10-8**：在 INSERT 语句中使用记录变量，插入一名学生记录。

```
SQL>   DECLARE
  2      TYPE s_record IS RECORD
  3        (id Students.student_id%TYPE,
  4         dob Students.dob%TYPE);
  5      students_record s_record;
  6    BEGIN
  7      students_record.id := 10101;
  8      students_record.dob := '25-11 月-1990';
  9      UPDATE Students SET dob = students_record.dob
 10          WHERE student_id = students_record.id;
 11    END;
 12  /

PL/SQL 过程已成功完成。
```

可以使用 SELECT 语句，查询 students 表中的内容变化。

**例 10-9**：在 INSERT 语句中使用记录成员变量，在 departments 表中插入一行记录，其中记录成员变量分别指定部门编号与部门名称。

在 departments 表中插入一行记录之前，首先查询系部 departments 表中的原有信息。

```
SQL> SELECT * FROM Departments;

DEPARTMENT_ID DEPARTME ADDRESS
------------- -------- ------------------------------------------
          101 信息工程  1 号教学楼
          102 电气工程  2 号教学楼
          103 机电工程  3 号教学楼
          104 工商管理  4 号教学楼
```

在 INSERT 语句中使用记录成员变量，在 departments 表中插入一行记录。

```
SQL> DECLARE
  2      TYPE s_record IS RECORD
  3          (id Departments.department_id%TYPE,
  4          name Departments.department_name%TYPE);
  5      departments_record s_record;
  6    BEGIN
  7      departments_record.id := 111;
  8      departments_record.name := '地球物理';
  9      INSERT INTO Departments(department_id,department_name)
 10          VALUES (departments_record.id,departments_record.name);
 11    END;
 12  /
```

PL/SQL 过程已成功完成。

在 departments 表中插入一行记录之后，再查询系部 departments 表中的信息。系部 departments 表中的内容变化反映了例 10-9 的功能。

```
SQL> SELECT * FROM Departments;
```

运行结果：

```
DEPARTMENT_ID DEPARTME ADDRESS
------------- -------- ------------------------------------------
          101 信息工程  1 号教学楼
          102 电气工程  2 号教学楼
          103 机电工程  3 号教学楼
          104 工商管理  4 号教学楼
          111 地球物理
```

### 3. 在 DELETE 语句中

在 DELETE 语句中只能使用记录成员，示例如下。

**例 10-10**：先定义记录类型 d_record，然后定义基于 d_record 的记录变量 departments_record。通过在 DELETE 语句中使用 departments_record 的成员变量作为删除记录的条件。

```
SQL> DECLARE
  2      TYPE d_record IS RECORD
```

```
3          (id Departments.department_id%TYPE);
4      departments_record d_record;
5    BEGIN
6      departments_record.id := 111;
7      DELETE FROM Departments WHERE department_id = departments_record.id;
8    END;
9    /
```

PL/SQL 过程已成功完成。

可以使用 SELECT 语句，查询系部 departments 表中的内容变化。

# 10.2　记录表类型

记录表类型类似 C++语言中的结构体数组，在 Oracle 数据库中，它用于处理表中的多行多列数据。记录表元素由多个域组成，每个域可以由标量数据类型或其他记录类型构成。在使用记录表元素与数据库交换数据时，记录表元素相当于表中的数据行，域则相当于表中的列。

## 10.2.1　定义记录表

定义记录表，是在 PL/SQL 程序的定义部分，先定义一个记录表类型，然后定义记录表类型的变量。定义记录表的语句格式如下：

```
TYPE recordtable_type_name IS TABLE OF
    table_name%ROWTYPE | column_name %TYPE INDEX BY BINAY_INTEGER;
variable_name recordtable_type_name;
```

其中，recordtable_type_name 指定定义记录表类型的名字；table_name 指定记录表元素成员(域)的定义所依据的表，或者由 column_name 指定记录表元素成员(域)的定义所依据的列；BINAY_INTEGER 指定记录表元素下标所使用的数据类型，因此下标的取值范围为-2147483647～+2147483647；variable_name 指定记录表变量名字。

定义记录表类型 teacher_recordtable_type、记录表类型变量 teacher 的示例如下：

```
DECLARE
TYPE teacher_recordtable_type IS TABLE OF teachers%ROWTYPE
    INDEX BY BINAY_INTEGER;
teacher teacher_recordtable_type;
```

其中，记录表类型 teacher_recordtable_type 结构与 teachers 表的定义一致。变量 teacher 是基于记录表类型 teacher_recordtable_type 所定义的记录表类型变量。每个记录表元素的成员与 teacher 表中的对应列的数据类型一致。

## 10.2.2　使用记录表

下面通过例子介绍使用记录表的方法。

**例 10-11**：定义记录表类型 student_tab_type 和基于 student_tab_type 的记录表类型变量

student_tab，然后使用 student_tab 元素获取 students 表中指定学号的学生信息，并显示出来。

```
SQL>      SET SERVEROUT ON
SQL>      DECLARE
  2         TYPE student_tab_type IS TABLE OF
  3           Students%ROWTYPE INDEX BY BINARY_INTEGER;
  4         student_tab student_tab_type;
  5         v_id Students.student_id%TYPE;
  6       BEGIN
  7         v_id := &student_id;
  8         SELECT * INTO student_tab(999)
  9           FROM Students WHERE student_id = v_id;
 10         DBMS_OUTPUT.PUT_LINE ('学生姓名：'||student_tab(999).name);
 11         DBMS_OUTPUT.PUT_LINE ('学生性别：'||student_tab(999).sex);
 12         DBMS_OUTPUT.PUT_LINE ('出生日期：'||student_tab(999).dob);
 13         DBMS_OUTPUT.PUT_LINE ('专    业：
'||student_tab(999).specialty);
 14       END;
 15  /
```

运行结果：

```
输入 student_id 的值：10101
原值     7:           v_id := &student_id;
新值     7:           v_id := 10101;
学生姓名：王晓芳
学生性别：女
出生日期：25-11 月-90
专    业：计算机

PL/SQL 过程已成功完成。
```

**例 10-12**：定义记录表类型 student_tab_type 和基于 student_tab_type 的记录表类型变量 student_tab，然后使用 student_tab 元素获取游标中指定专业的学生信息，并循环显示出来。

```
SQL>      SET SERVEROUT ON
SQL>      DECLARE
  2         TYPE student_tab_type IS TABLE OF
  3           students%ROWTYPE INDEX BY BINARY_INTEGER;
  4         student_tab student_tab_type;
  5         v_specialty students.specialty%TYPE;
  6         CURSOR students_cur
  7         IS
  8           SELECT *
  9             FROM students
 10             WHERE specialty = v_specialty;
 11         i INT := 1;
 12       BEGIN
 13         v_specialty := '&specialty';
 14         OPEN students_cur;
 15         DBMS_OUTPUT.PUT_LINE ('学生姓名    出生日期');
 16         LOOP
```

```
17              FETCH Students_cur INTO student_tab(i);
18              EXIT WHEN Students_cur%NOTFOUND;
19              DBMS_OUTPUT.PUT_LINE
20                (student_tab(i).name||'        '||student_tab(i).dob);
21              i := i+1;
22           END LOOP;
23           CLOSE Students_cur;
24        END;
25   /
```

运行结果：

```
输入 specialty 的值：计算机
原值   13:          v_specialty := '&specialty';
新值   13:          v_specialty := '计算机';
学生姓名    出生日期
王晓芳    25-11 月-90
刘春苹    12-8 月 -91
张纯玉    21-7 月 -89
韩刘     03-8 月 -91
白昕

PL/SQL 过程已成功完成。
```

**例 10-13：** 定义记录表类型 sname_tab_type 和 sdob_tab_type 以及基于两者的记录表类型变量 sname_tab 和 sdob_tab，然后使用 sname_tab 元素和 sdob_tab 元素获取游标中指定专业的学生信息，并循环显示出来。

```
SQL> SET SERVEROUT ON
SQL>     DECLARE
 2         TYPE sname_tab_type IS TABLE OF
 3           Students.name%TYPE INDEX BY BINARY_INTEGER;
 4         sname_tab sname_tab_type;
 5         TYPE sdob_tab_type IS TABLE OF
 6           Students.dob%TYPE INDEX BY BINARY_INTEGER;
 7         sdob_tab sdob_tab_type;
 8         v_specialty Students.specialty%TYPE;
 9         CURSOR Students_cur
10         IS
11           SELECT name,dob
12             FROM Students
13             WHERE specialty = v_specialty;
14         i INT:=1;
15       BEGIN
16         v_specialty := '&specialty';
17         OPEN Students_cur;
18         DBMS_OUTPUT.PUT_LINE ('学生姓名    出生日期');
19         LOOP
20           FETCH Students_cur INTO sname_tab(i),sdob_tab(i);
21           EXIT WHEN Students_cur%NOTFOUND;
22           DBMS_OUTPUT.PUT_LINE (sname_tab(i)||'        '||sdob_tab(i));
23           i := i+1;
24         END LOOP;
25         CLOSE Students_cur;
```

```
26        END;
27  /
```

运行结果：

```
输入 specialty 的值：机电工程
原值   16:        v_specialty := '&specialty';
新值   16:        v_specialty := '机电工程';
学生姓名      出生日期
高山          08-10 月-90
张冬云        26-12 月-89
张杨          08-5 月 -90
赵迪帆        22-9 月 -89
白菲菲        07-5 月 -88
曾程程

PL/SQL 过程已成功完成。
```

以上介绍了两种记录复合数据类型，下面将介绍另外一种复合数据类型——集合，它包括联合数组、嵌套表、变长数组三种类型。

# 10.3 联合数组类型

联合数组是 Oracle 较早引入的数据类型，首次在 Oracle 7 中引入时，它被称为 PL/SQL 表，在 Oracle 8 中更名为索引表，在 Oracle 11g 中又更名为联合数组。

联合数组是一维结构体，它只能作为程序设计的结构体，即只能在 PL/QL 程序中作为变量使用，而不能在数据库表的定义中使用联合数组类型。下面介绍联合数组的定义与使用方法。

## 10.3.1 定义联合数组

定义联合数组，是在 PL/SQL 程序的定义部分，先定义一个联合数组类型，然后定义联合数组类型的变量。定义联合数组的语句格式如下：

```
TYPE associativearray_type_name AS TABLE OF
    element_ datatype [NOT NULL] INDEX BY index_datatype;
variable_name associativearray_type_name;
```

其中，associativearray_type_name 指定定义联合数组类型的名字；element_datatype 指定联合数组元素的数据类型；可选项[NOT NULL]指定联合数组元素不能为 NULL 值；index_datatype 指定联合数组元素下标所使用的数据类型；variable_name 指定联合数组变量名字。

联合数组元素下标所使用的数据类型由 index_datatype 指定。index_datatype 分别可以取 PLS_INTEGER、BINARY_INTEGER、VARCHAR2、STRING 或 LONG 等类型，因此联合数组元素的下标，既可以是数字(-2147483647～+2147483647)，也可以是字符。

定义联合数组类型 sname_tab_type、联合数组类型变量 sname_tab 的示例如下：

```
DECLARE
TYPE sname_tab_type IS TABLE OF
    VARCHAR2(10) INDEX BY BINARY_INTEGER;
sname_tab sname_tab_type;
```

其中，变量 sname_tab 是基于联合数组类型 sname_tab_type 所定义的联合数组类型变量。每个联合数组元素的数据类型均为 VARCHAR2 类型。

## 10.3.2　使用联合数组

前面介绍了联合数组的定义方法，下面将通过例子介绍联合数组的使用方法。

**例 10-14**：定义联合数组 sname_tab_type 和基于它的联合数组类型变量 sname_tab。通过 sname_tab 的元素获得指定学生的学生姓名，并将学生姓名显示出来。本例使用 BINARY_INTEGER 作为联合数组的下标。

```
SQL>    SET SERVEROUT ON
SQL>    DECLARE
 2        TYPE sname_tab_type IS TABLE OF
 3          VARCHAR2(10) INDEX BY BINARY_INTEGER;
 4        sname_tab sname_tab_type;
 5        v_id students.student_id%TYPE;
 6      BEGIN
 7        v_id := &student_id;
 8        SELECT name INTO sname_tab(-999)
 9          FROM students WHERE student_id = v_id;
10        DBMS_OUTPUT.PUT_LINE ('学生姓名：'||sname_tab(-999));
11      END;
12  /
```

运行结果：

```
输入 student_id 的值：  10101
原值     7:          v_id := &student_id;
新值     7:          v_id := 10101;
学生姓名：王晓芳

PL/SQL 过程已成功完成。
```

**例 10-15**：定义联合数组类型 sname_tab_type 和 sdob_tab_type 以及分别基于它们的联合数组类型变量 sname_tab 和 sdob_tab。通过 sname_tab 的元素获得指定专业的某名学生的姓名，通过 sdob_tab 的元素获得指定专业的某名学生的出生日期，并利用循环将指定专业的学生姓名和出生日期显示出来。

```
SQL>    SET SERVEROUT ON
SQL>    DECLARE
 2        TYPE sname_tab_type IS TABLE OF
 3          students.name%TYPE INDEX BY BINARY_INTEGER;
 4        sname_tab sname_tab_type;
 5        TYPE sdob_tab_type IS TABLE OF
 6          Students.dob%TYPE INDEX BY BINARY_INTEGER;
 7        sdob_tab sdob_tab_type;
 8        v_specialty students.specialty%TYPE;
```

```
 9          CURSOR students_cur
10            IS
11              SELECT name,dob
12                FROM students
13                WHERE specialty = v_specialty;
14          i INT:=1;
15        BEGIN
16          v_specialty := '&specialty';
17          OPEN students_cur;
18          DBMS_OUTPUT.PUT_LINE ('学生姓名   出生日期');
19          LOOP
20            FETCH students_cur INTO sname_tab(i),sdob_tab(i);
21            EXIT WHEN students_cur%NOTFOUND;
22            DBMS_OUTPUT.PUT_LINE
23              (sname_tab(i)||'     '||sdob_tab(i));
24            i := i+1;
25          END LOOP;
26          CLOSE students_cur;
27        END;
28    /
```

运行结果:

```
输入 specialty 的值: 自动化
原值    16:         v_specialty := '&specialty';
新值    16:         v_specialty := '自动化';
学生姓名   出生日期
李秋枫     25-11 月-90
王刚     03-4 月 -87
王天仪     25-11 月-90
赵风雨     25-10 月-90
高淼     10-3 月 -87
欧阳春岚     12-3 月 -89
林紫寒

PL/SQL 过程已成功完成。
```

**例 10-16:** 定义联合数组类型 sname_tab_type 和基于它的联合数组类型变量 sname_tab。通过 sname_tab 的元素获得指定学生的学生姓名,并将学生姓名显示出来。本例使用 VARCHAR2 作为联合数组的下标。

```
SQL>      SET SERVEROUT ON
SQL>      DECLARE
 2          TYPE sname_tab_type IS TABLE OF
 3            Students.name%TYPE INDEX BY VARCHAR2(10);
 4          sname_tab sname_tab_type;
 5          v_id Students.student_id%TYPE;
 6        BEGIN
 7          v_id := &student_id;
 8          SELECT name INTO sname_tab('学生姓名')
 9            FROM Students WHERE student_id = v_id;
10          DBMS_OUTPUT.PUT_LINE
11            ('学生姓名: '||sname_tab('学生姓名'));
12        END;
```

```
13   /
```

运行结果：

```
输入 student_id 的值： 10101
原值    7:           v_id := &student_id;
新值    7:           v_id := 10101;
学生姓名：王晓芳

PL/SQL 过程已成功完成。
```

# 10.4　嵌套表类型

嵌套表是在 Oracle 8 中首次引入的数据类型，一直沿用至今。嵌套表是一维结构体，它不仅能作为程序设计的结构体，即在 PL/SQL 程序中作为变量使用，而且可以在数据库表的定义中使用嵌套表类型。下面介绍嵌套表的定义与使用方法。

## 10.4.1　定义嵌套表

定义嵌套表，是在 PL/SQL 程序的定义部分，先定义一个嵌套表类型，然后定义嵌套表类型的变量。定义嵌套表的语句格式如下：

```
TYPE nestedtable_type_name AS TABLE OF element_datatype [NOT NULL];
variable_name nestedtable_type_name(value [,value]… );
```

其中，nestedtable_type_name 指定定义嵌套表类型的名字；element_datatype 指定嵌套表元素的数据类型；可选项[NOT NULL]指定嵌套表元素不能为 NULL 值；variable_name 指定嵌套表变量名字；value 指定嵌套表变量初始化的值。

💡**知识要点：** 在嵌套表的定义中没有明确给出嵌套表元素下标的数据类型，但 Oracle 规定嵌套表元素下标从 1 开始，并且下标上限大小没有限制。嵌套表变量定义时，必须对其进行初始化。初始化通过使用嵌套表类型构造方法实现。由于嵌套表不限制其元素的个数，因此，在初始化嵌套表类型变量时，必须设置嵌套表中所含元素的个数。

定义嵌套表类型 sname_tab_type、嵌套表类型变量 sname_tab 的示例如下：

```
DECLARE
TYPE sname_tab_type IS TABLE OF VARCHAR2(10);
sname_tab sname_tab_type(NULL, NULL);
```

其中，变量 sname_tab 是基于嵌套表类型 sname_tab_type 所定义的嵌套表类型变量。每个嵌套表元素的数据类型均为 VARCHAR2 类型。由于定义嵌套表类型 sname_tab_type 时没有指定[NOT NULL] 可选项，因此嵌套表类型变量 sname_tab 可以取 NULL 值。在定义嵌套表类型变量 sname_tab 时，使用两个 NULL 值进行初始化，这样既为变量 sname_tab 初始化了 NULL 值，又为变量 sname_tab 的元素个数设置为 2。

### 10.4.2 使用嵌套表

嵌套表不仅能作为程序设计的结构体，即在 PL/SQL 程序中作为变量使用，而且可以在数据库表的定义中把嵌套表作为表列的数据类型。

#### 1. 嵌套表在 PL/SQL 块中作为数据变量

如前文所述，在 PL/SQL 块中使用嵌套表作为数据变量，需要先定义嵌套表数据类型，然后再定义并初始化嵌套表类型变量。下面将通过例子介绍嵌套表在 PL/SQL 块中作为数据变量的使用方法。

**例 10-17**：定义嵌套表类型 sname_type 和基于它的嵌套表类型变量 sname_table，并将变量 sname_table 用 NULL、NULL、NULL、'王一' 等四个值初始化。显示变量 sname_table 的初始值后，通过赋值语句给变量 sname_table 的元素重新指定值，并将其显示出来。

```
SQL> SET SERVEROUT ON
SQL>     DECLARE
 2        TYPE sname_type IS TABLE OF VARCHAR2(10);
 3        sname_table sname_type :=
 4         sname_type(NULL,NULL,NULL,'王一');
 5      BEGIN
 6       DBMS_OUTPUT.PUT_LINE ('初始化学生姓名：');
 7       FOR i IN 1..4 LOOP
 8         DBMS_OUTPUT.PUT_LINE (sname_table(i));
 9       END LOOP;
10       sname_table(1) := '赵一';
11       sname_table(2) := '钱二';
12       sname_table(3) := '孙三';
13       sname_table(4) := '李四';
14       DBMS_OUTPUT.PUT_LINE ('重新指定的学生姓名：');
15       FOR i IN 1..4 LOOP
16         DBMS_OUTPUT.PUT_LINE (sname_table(i));
17       END LOOP;
18     END;
19  /
```

运行结果：

```
初始化学生姓名：
王一
重新指定的学生姓名：
赵一
钱二
孙三
李四

PL/SQL 过程已成功完成。
```

如果定义变量 sname_table 时未初始化，或在使用变量 sname_table 时下标超限(大于4)，程序运行时将会出现错误。

**例 10-18**：定义嵌套表类型 sname_type 和基于它的嵌套表类型变量 sname_table，并将变量 sname_table 用 '张三'、'张三' 等两个值初始化。通过 sname_tab 的元素获得指定学生的学生姓名，并将变量 sname_table 的元素值显示出来。

```
SQL>      SET SERVEROUT ON
SQL>      DECLARE
  2         TYPE sname_type IS TABLE OF
  3            students.name%TYPE NOT NULL;
  4         sname_table sname_type := sname_type('张三','张三');
  5         v_id Students.student_id%TYPE;
  6       BEGIN
  7         v_id := &student_id;
  8         SELECT name
  9           INTO sname_table(1)
 10           FROM Students
 11           WHERE student_id = v_id;
 12         DBMS_OUTPUT.PUT_LINE ('学生 1 姓名：'||sname_table(1));
 13         DBMS_OUTPUT.PUT_LINE ('学生 2 姓名：'||sname_table(2));
 14       END;
 15  /
```

运行结果：

```
输入 student_id 的值: 10101
原值     7:         v_id := &student_id;
新值     7:         v_id := 10101;
学生 1 姓名：王晓芳
学生 2 姓名：张三

PL/SQL 过程已成功完成。
```

由于定义嵌套表类型 sname_type 时，指定了 NOT NULL 选项，因此变量 sname_table 不能取 NULL 值；如果在初始化或给变量 sname_table 赋值时使用 NULL 值，那么程序运行时将会出现错误。

### 2．嵌套表作为表列的数据类型

把嵌套表作为表列的数据类型，需在数据库表定义时，指定嵌套表作为表列的数据类型。若在表列中使用嵌套表类型，必须首先创建嵌套表数据类型，然后在数据库表定义时，使用这一嵌套表作为表列的数据类型。可以使用下面的语句创建嵌套表数据类型 sname_type，然后在数据库表定义时，使用这一嵌套表作为表列 student_name 的数据类型。

```
CREATE TYPE sname_type IS TABLE OF VARCHAR2(10);
  /
CREATE TABLE mentors (
     mentor_id NUMBER(5)
        CONSTRAINT mentor_pk PRIMARY KEY,
     mentor_name VARCHAR2(10) NOT NULL,
     student_name sname_type
)NESTED TABLE student_name STORE AS sname_table;
```

含有嵌套表作为列的数据类型的表创建以后，需要解决的问题就是如何使用这个表，

即如何实现表的插入、查询、修改、删除等操作。下面通过例子介绍含有嵌套表类型列的
表的访问方法。

**例 10-19**：向表 mentors 中插入一行记录，其中含有嵌套表类型列的数据。为嵌套表类
型列插入数据时，需要使用嵌套表的构造方法。

```
SQL> BEGIN
  2    INSERT INTO mentors
  3      VALUES(10101,'王彤',sname_type('王晓芳','张纯玉','刘春苹'));
  4  END;
  5  /

PL/SQL 过程已成功完成。
```

**例 10-20**：查询表 mentors 中 student_name 列的数据。在程序中使用了 sname_table 的
COUNT 方法，它可以获得 sname_table 中的元素个数。有关集合类型方法的详细介绍参见
10.6.1 小节。

```
SQL> SET SERVEROUT ON
SQL>  DECLARE
  2     sname_table sname_type;
  3   BEGIN
  4    SELECT student_name INTO sname_table
  5      FROM Mentors WHERE mentor_name = '王彤';
  6    DBMS_OUTPUT.PUT_LINE ('王彤导师的研究生姓名：');
  7    FOR i IN 1..sname_table.COUNT LOOP
  8      DBMS_OUTPUT.PUT_LINE (sname_table(i));
  9    END LOOP;
 10   END;
 11  /
```

运行结果：

```
王彤导师的研究生姓名：
王晓芳
张纯玉
刘春苹

PL/SQL 过程已成功完成。
```

**例 10-21**：修改表 mentors 中 student_name 列的数据。

```
SQL>     DECLARE
  2       sname_table sname_type :=
  3         sname_type('王一','张三','刘四');
  4     BEGIN
  5      UPDATE Mentors
  6      SET student_name = sname_table
  7      WHERE mentor_name = '王彤';
  8     END;
  9  /

PL/SQL 过程已成功完成。
```

可以使用 SELECT 语句，查询表 mentors 中的内容变化。

```
SQL> SELECT * FROM Mentors;
```

运行结果：

```
 MENTOR_ID MENTOR_NAM
---------- ----------
STUDENT_NAME
--------------------------------------------------------------------------------
     10101 王彤
SNAME_TYPE('王一', '张三', '刘四')
```

删除表中的数据是基于行进行的，与列的数据类型是否采用嵌套表类型无关。因此，删除表 mentors 中数据的方法与以前介绍的方法相同，不再赘述。

# 10.5　变长数组类型

变长数组是在 Oracle 8 中首次引入的数据类型，一直沿用至今。变长数组也是一维结构体，它不仅能作为程序设计的结构体，即在 PL/SQL 程序中作为变量使用，而且可以在数据库表的定义中使用变长数组类型。下面介绍变长数组的定义与使用方法。

## 10.5.1　定义变长数组

定义变长数组，是在 PL/SQL 程序的定义部分，先定义一个变长数组类型，然后定义变长数组类型的变量。定义变长数组的语句格式如下：

```
TYPE varry_type_name IS {VARRY | VARYING ARRAY}(size_limit)
    OF element_ datatype [NOT NULL];
variable_name varry_type_name (value [,value]… );
```

其中，varry_type_name 指定定义变长数组类型的名字；VARRY 或 VARYING ARRAY 指定定义的数据类型；size_limit 指定变长数组元素的最大个数；element_datatype 指定变长数组元素的数据类型；可选项[NOT NULL]指定变长数组元素不能为 NULL 值；variable_name 指定变长数组变量名字；value 指定变长数组变量初始化的值。

在变长数组的定义中明确给出变长数组表元素下标的最大值，这表明 Oracle 规定嵌套表元素下标从 1 开始，但下标上限大小由 size_limit 指定。变长数组变量定义时，也必须对其进行初始化。初始化通过使用变长数组类型构造方法实现。变长数组限制其元素的个数，因此，在初始化变长数组类型变量时，所初始化元素的个数必须小于或等于 size_limit 指定的值。

定义变长数组类型 sname_varry_type、变长数组类型变量 sname_varry 的示例如下：

```
DECLARE
TYPE sname_varry_type IS VARRY (3) OF VARCHAR2(10);
sname_varry sname_varry_type (NULL, NULL, NULL);
```

其中，变长数组类型 sname_varry_type 是数据类型为 VARCHAR2、元素个数为 3 的一维结构体。变量 sname_varry 是基于变长数组类型 sname_varry_type 所定义的变长数组类型变量。每个变长数组元素的数据类型均为 VARCHAR2 类型。由于定义变长数组类型

sname_varry_type 时，没有指定[NOT NULL] 可选项，因此变长数组类型变量 sname_varry 可以取 NULL 值。在定义变长数组类型变量 sname_varry 时，使用三个 NULL 值进行初始化。

## 10.5.2 使用变长数组类型

与嵌套表一样，变长数组不仅能作为程序设计的结构体，即在 PL/SQL 程序中作为变量使用，而且可以在数据库表的定义中把变长数组作为表列的数据类型。下面将介绍变长数组在这两种情况下的使用方法。

### 1. 变长数组在 PL/SQL 块中作为数据变量

如前文所述，在 PL/SQL 块中使用变长数组作为数据变量，需要先定义变长数组数据类型，然后再定义并初始化变长数组类型变量。下面将通过例子介绍变长数组在 PL/SQL 块中作为数据变量的使用方法。

**例 10-22**：定义变长数组类型 sname_varry_type 和基于它的变长数组类型变量 sname_varry，并将变量 sname_varry 用 NULL、NULL、'李四' 等三个值初始化。显示变量 sname_table 的初始值后，通过赋值语句给变量 sname_varry 的元素重新指定值，并将其显示出来。

```
SQL> SET SERVEROUT ON
SQL>    DECLARE
  2      TYPE sname_varry_type IS VARRAY(3) OF VARCHAR2(10);
  3      sname_varry sname_varry_type :=
  4       sname_varry_type(NULL,NULL,'李四');
  5    BEGIN
  6     DBMS_OUTPUT.PUT_LINE ('初始化学生姓名: ');
  7     FOR i IN 1..3 LOOP
  8      DBMS_OUTPUT.PUT_LINE (sname_varry(i));
  9     END LOOP;
 10     sname_varry(1) := '赵一';
 11     sname_varry(2) := '钱二';
 12     sname_varry(3) := '孙三';
 13     DBMS_OUTPUT.PUT_LINE ('重新指定的学生姓名: ');
 14     FOR i IN 1..3 LOOP
 15      DBMS_OUTPUT.PUT_LINE (sname_varry(i));
 16     END LOOP;
 17    END;
 18  /
```

运行结果：

```
初始化学生姓名:
李四
重新指定的学生姓名:
赵一
钱二
孙三

PL/SQL 过程已成功完成。
```

**例 10-23**：定义变长数组类型 sname_type 和基于它的变长数组类型变量 sname_varry，并将变量 sname_varry 用 '李四'、'李四' 等两个值初始化。通过 sname_varry 的元素获得指定学生的姓名，并将变量 sname_varry 的元素值显示出来。

```
SQL> SET SERVEROUT ON
SQL>    DECLARE
 2        TYPE sname_type IS VARRAY(3) OF VARCHAR2(10);
 3        sname_varry sname_type;
 4        v_id Students.student_id%TYPE;
 5      BEGIN
 6        v_id := &student_id;
 7        sname_varry := sname_type('李四','李四');
 8        SELECT name
 9        INTO sname_varry(2)
10        FROM Students
11        WHERE student_id = v_id;
12        DBMS_OUTPUT.PUT_LINE ('学生1姓名：'||sname_varry(1));
13        DBMS_OUTPUT.PUT_LINE ('学生2姓名：'||sname_varry(2));
14      END;
15  /
```

运行结果：

```
输入 student_id 的值：10101
原值    6:        v_id := &student_id;
新值    6:        v_id := 10101;
学生1姓名：李四
学生2姓名：王晓芳

PL/SQL 过程已成功完成。
```

### 2. 变长数组作为表列的数据类型

把变长数组作为表列的数据类型，需在数据库表定义时，指定变长数组作为表列的数据类型。若在表列中使用变长数组类型，必须首先创建变长数组数据类型，然后在数据库表定义时，使用这一变长数组作为表列的数据类型。可以使用下面的语句创建变长数组数据类型 studname_type，然后在数据库表定义时，使用这一变长数组作为表列 student_name 的数据类型。

```
CREATE TYPE studname_type IS VARRAY(15) OF VARCHAR2(10);
/
CREATE TABLE hierophants(
  hierophant_id NUMBER(5)
    CONSTRAINT hierophant_pk PRIMARY KEY,
  hierophant_name VARCHAR2(10) NOT NULL,
  student_name studname_type
);
```

**提示**：含有变长数组作为列的数据类型的表创建以后，需要解决的问题就是如何使用这个表，即如何实现表的插入、查询、修改、删除等操作。

下面通过例子介绍含有变长数组类型列的表的访问方法。

**例 10-24**：向表 hierophants 中插入一行记录，其中含有变长数组类型列的数据。为变长数组类型列插入数据时，需要使用变长数组的构造方法。

```
SQL> BEGIN
  2    INSERT INTO hierophants
  3      VALUES(10101,'王彤',studname_type('王晓芳','张纯玉','刘春苹'));
  4  END;
  5  /
```

PL/SQL 过程已成功完成。

**例 10-25**：查询表 hierophant 中 student_name 列的数据。在程序中使用了 studname_varry 的 COUNT 方法，它可以获得 studname_varry 中的元素个数。

```
SQL>     SET SERVEROUT ON
SQL>     DECLARE
  2        studname_varry studname_type;
  3      BEGIN
  4       SELECT student_name INTO studname_varry
  5        FROM hierophants
  6         WHERE hierophant_name = '王彤';
  7      DBMS_OUTPUT.PUT_LINE ('王彤导师的研究生姓名: ');
  8      FOR i IN 1..studname_varry.COUNT LOOP
  9        DBMS_OUTPUT.PUT_LINE (studname_varry(i));
 10       END LOOP;
 11     END;
 12  /
```

运行结果：

```
王彤导师的研究生姓名:
王晓芳
张纯玉
刘春苹

PL/SQL 过程已成功完成。
```

**例 10-26**：修改表 hierophants 中 student_name 列的数据。

```
SQL>     DECLARE
  2        studname_varry studname_type :=
  3          studname_type('王一','张三','刘四');
  4      BEGIN
  5       UPDATE hierophants
  6        SET student_name = studname_varry
  7        WHERE hierophant_name = '王彤';
  8      END;
  9  /
```

PL/SQL 过程已成功完成。

可以使用 SELECT 语句，查询表 hierophants 中的内容变化。

```
SQL> SELECT * FROM hierophants;

HIEROPHANT_ID HIEROPHANT
------------- ----------
```

```
STUDENT_NAME
--------------------------------------------------------------------------
     10101 王彤
STUDNAME_TYPE('王一', '张三', '刘四')
```

删除表中的数据是基于行进行的，与列的数据类型是否采用变长数组类型无关。因此，删除 mentors 表中数据的方法与前文介绍的方法相同，不再赘述。

# 10.6　集　合　操　作

Oracle 引入集合以后，随之引入了与集合有关的操作，包括使用集合属性与方法，使用集合操作符等。

## 10.6.1　集合属性与方法

集合属性与方法是在 PL/SQL 中使用集合和遍历集合元素时需要掌握的。集合属性是 Oracle 所提供的用于操作集合变量的内置函数，具有返回值，包括 COUNT()、LIMIT()、EXIST()、FIRST()、LAST()、NEXT()、PRIOR()等属性。集合方法是 Oracle 所提供的用于操作集合变量的内置过程，无返回值，包括 DELETE()、EXTEND()、TRIM()等方法。

Oracle 的集合属性参见表 10-1。Oracle 的集合方法参见表 10-2。

表 10-1　Oracle 的集合属性

| 属性名称 | 支持何种集合类型 | 说　　明 |
|---|---|---|
| COUNT | 所有集合类型 | PLS_INTEGER COUNT 方法返回的是 varray 和嵌套表中已经分配了存储空间的元素的数目。在联合数组上使用这个方法时，它返回联合数组中元素的数目。COUNT 方法可能会比变长数组的 LIMIT 方法要小 |
| LIMIT | 变长数组 | PLS_INTEGER LAMIT 方法返回变长数组中允许出现的最高下标值 |
| EXISTS(n) | 所有集合类型 | TRUE 或 FALSE EXISTS 方法判断某个元素是否存在于集合中。它带有一个重载的形参，形参的数据类型为 PLS INTEGER、VARCHAR2 或 LONG 类型。这个形参对应的是集合中元素的下标。即使这个集合是一个空元素集合，调用 EXISTS 方法也不会引发 COLLECTION IS NULL 异常 |
| FIRST | 所有集合类型 | PLS INTEGER、VARCHAR2 或 LONG 类型 FIRST 方法返回集合中元素的最低下标值 |
| LAST | 所有集合类型 | PLS INTEGER、VARCHAR2 或 LONG 类型 LAST 方法返回集合中元素的最高下标值 |
| NEXT(n) | 所有集合类型 | PLS INTEGER、VARCHAR2 或 LONG 类型 NEXT 方法带有一个重载的形参，它可以接受参数的数据类型包括 PLS INTEGER、VARCHAR2 或 LONG。形参对应的实参必须是集合的有效下标。NEXT 方法使用下标，查找集合中下一个更高的下标。如果没有更高的下标值，NEXT 方法就返回 NULL 值 |

续表

| 属性名称 | 支持何种集合类型 | 说　明 |
|---|---|---|
| PRIOR (n) | 所有集合类型 | PLS INTEGER、VARCHAR2 或 LONG 类型 PRIOR 方法带有一个重载的形参，它可以接受参数的数据类型包括 PLS INTEGER、VARCHAR2 或 LONG。形参对应的实参必须是集合的有效下标。PRIOR 方法使用下标，查找集合中下一个更低的下标。如果没有更低的下标值，PRIOR 方法就返回 NULL 值 |

表 10-2　Oracle 的集合方法

| 方法名称 | 支持何种集合类型 | 说　明 |
|---|---|---|
| DELETE | | |
| DELETE(n) | 所有集合类型 | DELETE 方法带有一个重载的形参，形参的数据类型为 PLS INTEGER、VARCHAR2 或 LONG。这个形参对应的是集合中元素的下标。它是一个过程，没有返回值 |
| DELETE(m, n) | 所有集合类型 | DELETE 方法带有两个重载的形参，形参的数据类型为 PLS INTEGER、VARCHAR2 或 LONG。这两个形参对应的是最小下标和最大下标。这两个参数设定了集合中元素的包含范围。它是一个过程，没有返回值 |
| EXTEND | 变长数组或嵌套表 | EXTEND 方法为集合中的新元素分配存储空间。它用在向集合添加值以前，为该值分配存储空间。如果试图分配空间的元素超过了变长数组的 LIMIT 返回值，该方法就会失败 |
| EXTEND(n) | 变长数组或嵌套表 | EXTEND 方法为集合中的多个新元素分配存储空间。它带有一个形参，形参的数据类型为 PLS INTEGER。它用在向集合添加值以前，为该值分配存储空间。如果试图分配空间的元素超过了变长数组的 LIMIT，该方法就会失败 |
| EXTEND(n, i) | 变长数组或嵌套表 | EXTEND 方法为集合中的多个新元素分配存储空间。它带有两个形参，这两个形参的数据类型均为 PLS INTEGER。第 1 个参数表示要添加多少个新元素，而第 2 个参数是引用集合中已有的元素，该元素会被复制到新元素上。如果试图分配空间的元素超过了变长数组的 LIMIT，该方法就会失败 |
| TRIM | 所有集合类型 | TRIM 方法删除集合中的最高下标值 |
| TRIM(n) | 所有集合类型 | TRIM 方法带有一个形参。它接受 PLSINTEGER 数据类型。对应的实参必须是比 COUNT 方法返回的值小一个整数值，否则就会引发异常。它删除以实参形式传递给该方法的数字或元素 |

　　表 10-1 与表 10-2 介绍了集合属性与方法的格式、各自所支持集合的类型以及功能概要。下面通过例子介绍集合属性与方法的使用。

### 1．使用集合属性

集合包括 COUNT、LIMIT、EXIST、FIRST、 LAST、NEXT、PRIOR 等属性。

1) COUNT 属性

COUNT 属性不需要形参，返回集合变量的元素总个数。返回值的类型为 PLS_INTEGER。

**例 10-27**：定义联合数组类型 sname_tab_type 及其变量 sname_tab，通过游标使变量 sname_tab 的元素依次获得计算机专业的学生姓名，最后通过变量 sname_tab 的 COUNT 属性获得计算机专业学生总数。

```
SQL> SET SERVEROUTPUT ON
SQL>    DECLARE
 2       TYPE sname_tab_type IS TABLE OF
 3         students.name%TYPE INDEX BY BINARY_INTEGER;
 4       sname_tab sname_tab_type;
 5       i INT:=1;
 6     BEGIN
 7       FOR students_record IN
 8        (SELECT name FROM students WHERE specialty = '计算机') LOOP
 9          sname_tab(i) := students_record.name;
10          i := i+1;
11       END LOOP;
12       DBMS_OUTPUT.PUT_LINE
13         ('计算机专业共有学生总数：'||sname_tab.COUNT||' 名。');
14     END;
15  /
```

运行结果：

计算机专业共有学生总数：5 名。

PL/SQL 过程已成功完成。

2)　LIMIT 属性

LIMIT 属性不需要形参，返回变长数组中允许出现的最大下标值。返回值的类型为 PLS_INTEGER。

**例 10-28**：定义变长数组类型 sname_varry_type 及其变量 sname_varry，并用 '王一'、'李二'、'张三' 等三个值初始化变量 sname_varry。最后通过变量 sname_varry 的 LIMIT 属性获得变量 sname_varry 的最大下标值，通过变量 sname_varry 的 COUNT 属性获得变量 sname_varry 的元素个数。

```
SQL> SET SERVEROUT ON
SQL>    DECLARE
 2       TYPE sname_varry_type IS VARRAY(15) OF students.name%TYPE;
 3       sname_varry sname_varry_type :=
 4         sname_varry_type('王一','李二','张三');
 5     BEGIN
 6       DBMS_OUTPUT.PUT_LINE
 7         ('集合(VARRAY)变量的最大下标值：'||sname_varry.LIMIT);
 8       DBMS_OUTPUT.PUT_LINE
 9         ('集合(VARRAY)变量的元素个数：'||sname_varry.COUNT);
10     END;
11  /
```

运行结果：

集合(VARRAY)变量的最大下标值：15
集合(VARRAY)变量的元素个数：3

PL/SQL 过程已成功完成。

3) EXIST 属性

EXIST 属性需要一个形参,这个形参给出集合中元素的下标。EXIST 属性确定该下标对应的集合元素是否存在,如果集合元素存在,返回 TRUE 值;如果集合元素不存在,则返回 FALSE 值。

例 10-29:定义嵌套表类型 sname_tab_type 及其变量 sname_tab,然后使用属性 EXIST 判断 sname_tab 的第一个元素是否存在,若存在,说明变量 sname_tab 已初始化,执行空操作后再执行其他操作;若不存在,则说明变量 sname_tab 尚未初始化,执行初始化操作后再执行其他操作。

```
SQL> SET SERVEROUT ON
SQL>   DECLARE
  2       TYPE sname_tab_type IS TABLE OF VARCHAR2(10);
  3       sname_tab sname_tab_type;
  4       v_id students.student_id%TYPE;
  5     BEGIN
  6       v_id := &student_id;
  7       IF sname_tab.EXISTS(1) THEN
  8         NULL;
  9       ELSE
 10         sname_tab := sname_tab_type('王一','李二','张三');
 11       END IF;
 12       SELECT name INTO sname_tab(1)
 13         FROM students
 14           WHERE student_id = v_id;
 15       DBMS_OUTPUT.PUT_LINE ('学生姓名: '||sname_tab(1));
 16     END;
 17  /
```

运行结果:

```
输入 student_id 的值: 10101
原值     6:      v_id := &student_id;
新值     6:      v_id := 10101;
学生姓名: 王晓芳

PL/SQL 过程已成功完成。
```

4) FIRST 与 LAST 属性

FIRST 属性返回集合中第一个元素的下标值。LAST 属性返回集合中最后一个元素的下标值。返回的下标值可能是数字值,也可能是 VARCHAR2 或 LONG 类型的字符值(使用联合数组)。当下标值不是数字时,不能在 FOR-LOOP 循环中使用 FIRST 与 LAST 属性。

例 10-30:定义联合数组类型 sname_tab_type 及其变量 sname_tab,通过游标使变量 sname_tab 的元素依次获得计算机专业的学生姓名,最后通过变量 sname_tab 的 FIRST、COUNT、LAST 属性分别获得第一个元素下标、元素总数、最后一个元素下标。

```
SQL> SET SERVEROUTPUT ON
```

```
SQL>    DECLARE
2         TYPE sname_tab_type IS TABLE OF
3           students.name%TYPE INDEX BY BINARY_INTEGER;
4         sname_tab sname_tab_type;
5         i INT := -10;
6       BEGIN
7         FOR students_record IN
8           (SELECT name FROM students WHERE specialty = '计算机') LOOP
9             sname_tab(i) := students_record.name;
10            i := i+10;
11        END LOOP;
12        DBMS_OUTPUT.PUT_LINE ('第一个元素下标为: '||sname_tab.FIRST);
13        DBMS_OUTPUT.PUT_LINE ('sname_tab 中元素个数: '||sname_tab.COUNT);
14        DBMS_OUTPUT.PUT_LINE ('最后一个元素下标为: '||sname_tab.LAST);
15      END;
16  /
```

运行结果:

```
第一个元素下标为: -10
sname_tab 中元素个数: 5
最后一个元素下标为: 30

PL/SQL 过程已成功完成。
```

5)　NEXT 与 PRIOR 属性

NEXT 属性返回集合中当前元素的后一个元素的下标值,如果后一个元素不存在,就返回 NULL 值。PRIOR 属性返回集合中当前元素的前一个元素的下标值,如果前一个元素不存在,就返回 NULL 值。返回的下标值可能是数字值,也可能是 VARCHAR2 或 LONG 类型的字符值(使用联合数组)。

例 10-31:定义联合数组类型 sname_tab_type 及其变量 sname_tab,通过游标使变量 sname_tab 的元素依次获得计算机专业的学生姓名,最后通过变量 sname_tab 的 FIRST、NEXT 属性循环显示计算机专业的学生姓名。

```
SQL> SET SERVEROUTPUT ON
SQL>    DECLARE
2         TYPE sname_tab_type IS TABLE OF
3           students.name%TYPE INDEX BY BINARY_INTEGER;
4         sname_tab sname_tab_type;
5         i INT := -10;
6         counter INT;
7       BEGIN
8         FOR students_record IN
9           (SELECT name FROM students WHERE specialty = '计算机') LOOP
10            sname_tab(i) := students_record.name;
11            i := i+10;
12        END LOOP;
13        counter := sname_tab.FIRST;
14        WHILE counter <= sname_tab.LAST LOOP
15          DBMS_OUTPUT.PUT_LINE
16            ('sname_tab('||counter||') = '||sname_tab(counter));
17          counter := sname_tab.NEXT(counter);
```

```
18      END LOOP;
19    END;
20  /
```

运行结果：

```
sname_tab(-10) = 王晓芳
sname_tab(0) = 刘春苹
sname_tab(10) = 张纯玉
sname_tab(20) = 韩刘
sname_tab(30) = 白昕

PL/SQL 过程已成功完成。
```

思考一下：本例使用属性 NEXT()，若使用属性 PRIOR()，如何修改程序？

**2. 集合方法**

集合包括 DELETE、EXTEND、TRIM 等方法。

**1) DELETE 方法**

DELETE 方法用于删除集合中的元素，它有 DELETE、DELETE(n)、DELETE(m, n)等三种调用格式。无参数的 DELETE 方法 DELETE 删除集合中所有的元素。带有一个形参的 DELETE 方法 DELETE(n) 删除集合中下标值为 n 的元素。带有两个形参的 DELETE 方法 DELETE(m, n) 删除集合中下标值从 m 到 n 之间的所有元素。

**例 10-32**：定义变长数组类型 sname_type 和基于它的变长数组类型变量 sname_varry。并将变量 sname_varry 用'王一'、'李二'、'张三'、'赵四'、'周五'、'刘六'等六个值初始化。然后使用 DELETE(n)方法、DELETE(m, n)方法和 DELETE 方法显示结果。

```
SQL>    SET SERVEROUTPUT ON
SQL>    DECLARE
 2      TYPE sname_type IS TABLE OF VARCHAR2(10);
 3      sname_varry sname_type :=
 4        sname_type('王一','李二','张三','赵四','周五','刘六');
 5    BEGIN
 6    DBMS_OUTPUT.PUT_LINE
 7      ('sname_varry初始元素个数: '||sname_varry.COUNT);
 8    sname_varry.DELETE(2);
 9    DBMS_OUTPUT.PUT_LINE
10      ('DELETE(2)后 sname_varry 元素个数: '||sname_varry.COUNT);
11    sname_varry.DELETE(3,5);
12    DBMS_OUTPUT.PUT_LINE
13      ('DELETE(3,5)后 sname_varry 元素个数: '||sname_varry.COUNT);
14    sname_varry.DELETE;
15    DBMS_OUTPUT.PUT_LINE
16      ('DELETE 后 sname_tab 元素个数: '||sname_varry.COUNT);
17    END;
18  /
```

运行结果：

```
sname_varry初始元素个数: 6
DELETE(2)后 sname_varry 元素个数: 5
```

DELETE(3,5)后 sname_varry 元素个数：2
DELETE 后 sname_tab 元素个数：0

PL/SQL 过程已成功完成。

2)　EXTEND 方法

EXTEND 方法用于为集合增加元素的存储空间，它有 EXTEND、EXTEND(n)、EXTEND(n, i)等三种调用格式。无参数的 EXTEND 方法 EXTEND 增加一个元素的存储空间，并将此空间存入 NULLL 值。带有一个形参的 EXTEND 方法 EXTEND (n) 增加 n 个元素的存储空间，并将此空间存入 n 个 NULLL 值。带有两个形参的 EXTEND 方法 EXTEND(n, i) 增加 n 个元素的存储空间，并将这些空间存入第 i 个元素值。

**例 10-33：** 定义变长数组类型 sname_type 和基于它的变长数组类型变量 sname_varry，并将变量 sname_varry 用'王一'、'李二'、'张三'等三个值初始化。然后使用 EXTEND 方法、EXTEND(n)方法和 EXTEND(n, i)方法显示结果。

```
SQL> SET SERVEROUTPUT ON
SQL>   DECLARE
  2      TYPE sname_type IS TABLE OF VARCHAR2(10);
  3      sname_varry sname_type :=
  4        sname_type('王一','李二','张三');
  5      i INT:=1;
  6    BEGIN
  7    DBMS_OUTPUT.PUT_LINE
  8      ('sname_varry初始元素个数：'||sname_varry.COUNT);
  9    sname_varry.EXTEND;
 10    DBMS_OUTPUT.PUT_LINE
 11      ('EXTEND后sname_varry元素：'||sname_varry.COUNT);
 12    sname_varry.EXTEND(2,3);
 13    DBMS_OUTPUT.PUT_LINE
 14      ('EXTEND(2,3)后sname_varry元素个数：'||sname_varry.COUNT);
 15    sname_varry.EXTEND(2);
 16    DBMS_OUTPUT.PUT_LINE
 17      ('EXTEND(2)后sname_varry元素个数：'||sname_varry.COUNT);
 18    WHILE i <= sname_varry.COUNT LOOP
 19      DBMS_OUTPUT.PUT_LINE ('学生姓名：'||sname_varry(i));
 20      i := i+1;
 21    END LOOP;
 22    END;
 23  /
```

运行结果：

```
sname_varry初始元素个数：3
EXTEND后sname_varry元素：4
EXTEND(2,3)后sname_varry元素个数：6
EXTEND(2)后sname_varry元素个数：8
学生姓名：王一
学生姓名：李二
学生姓名：张三
学生姓名：
学生姓名：张三
```

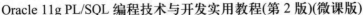

学生姓名：张三
学生姓名：
学生姓名：

PL/SQL 过程已成功完成。

3) TRIM 方法

TRIM 方法在集合的末端释放集合中的元素所占用的空间，相当于在集合末端删除其中的元素。TRIM 方法有 TRIM、TRIM(n)两种调用格式。无参数的 TRIM 方法 TRIM 在集合的末端释放集合中一个元素所占用的空间，即删除集合末端的元素。带有一个形参的 TRIM 方法 TRIM(n)释放集合末端 n 个元素所占用的空间，即删除集合末端的 n 个元素。

例 10-34：定义变长数组类型 sname_type 和基于它的变长数组类型变量 sname_varry，并将变量 sname_varry 用'王一'、'李二'、'张三'、'赵四'、'周五'、'刘六' 等六个值初始化。然后使用 TRIM 方法和 TRIM(n)方法显示结果。

```
SQL>   SET SERVEROUTPUT ON
SQL>    DECLARE
 2       TYPE sname_type IS TABLE OF VARCHAR2(10);
 3       sname_varry sname_type :=
 4         sname_type('王一','李二','张三','赵四','周五','刘六');
 5       i INT:=1;
 6     BEGIN
 7       DBMS_OUTPUT.PUT_LINE
 8         ('sname_varry初始元素个数: '||sname_varry.COUNT);
 9       sname_varry.TRIM;
10       DBMS_OUTPUT.PUT_LINE
11         ('TRIM后sname_varry元素个数: '||sname_varry.COUNT);
12       sname_varry.TRIM(2);
13       DBMS_OUTPUT.PUT_LINE
14         ('TRIM(2)后sname_varry元素个数: '||sname_varry.COUNT);
15       WHILE i <= sname_varry.COUNT LOOP
16         DBMS_OUTPUT.PUT_LINE ('学生姓名: '||sname_varry(i));
17         i := i+1;
18       END LOOP;
19     END;
20   /
```

运行结果：

sname_varry初始元素个数: 6
TRIM后sname_varry元素个数: 5
TRIM(2)后sname_varry元素个数: 3
学生姓名：王一
学生姓名：李二
学生姓名：张三

PL/SQL 过程已成功完成。

## 10.6.2 使用集合操作符

在 Oracle 11g 中，可以使用 SET、MULTISET UNION、MULTISET INTERSECT、

MULTISET EXCEPT 等集合操作符对两个或两个以上的集合进行操作，生成一个新的集合。这些 PL/SQL 中的集合操作符的功能与 SQL 集合操作符的功能类似，如表 10-3 所示。

表 10-3　集合操作符的功能

| 集合操作符 | 说　明 |
| --- | --- |
| SET | 该操作符从集合中删除重复元素，类似于 SQL 语句中的 DISTINCT 操作符 |
| MULTISET UNION | 该操作符的功能是合并两个集合的值，并返回一个集合。返回集合的元素是这两个集合元素的并集。将重复元素返回，类似于 UNION ALL 操作符 |
| MULTISET UNION DISTINCT | 该操作符的功能是合并两个集合的值，并返回一个集合。可以使用 DISTINCT 操作符来清除集合中的重复元素。DISTINCT 操作符经常跟在 MULTISETUNION 的后面，类似于 SQL 的 UNION 操作符 |
| MULTISET INTERSECT | 该操作符的功能是比较判断两个集合的值，并返回一个集合。该返回集合的元素是同时出现在这两个集合中的元素，类似于 SQL 的 INTERSECT(交集)操作符 |
| MULTISET EXCEPT | 该操作符的功能是从一个集合中删除另一个集合，类似于 SQL 的 MINUS 操作符 |

在介绍集合操作符之前，首先执行下面的语句为集合操作准备数据。

```
SQL> DELETE FROM mentors;

已删除 1 行。

SQL> INSERT INTO mentors
  2    VALUES(10101,'王彤',sname_type('王晓芳','张纯玉','刘春苹','王晓芳'));

已创建 1 行。

SQL> INSERT INTO mentors
  2    VALUES(10104,'孔世杰',sname_type('王天仪','韩刘','刘春苹'));

已创建 1 行。
```

### 1. 集合操作符 SET

集合操作符 SET 从集合中删除重复元素，类似于 SQL 语句中的 DISTINCT 操作符。下面通过例子介绍集合操作符 SET 的使用方法。

**例 10-35**：把 mentors 表中王彤导师所带研究生姓名赋给集合变量 sname_table1，再通过使用集合操作符 SET 形成集合变量 sname_table 的值。最后分别输出集合变量 sname_table1 和 sname_table 的值。

```
SQL> SET SERVEROUT ON
SQL>     DECLARE
  2        sname_table1 sname_type;
  3        sname_table sname_type;
  4        BEGIN
```

```
 5          SELECT student_name
 6            INTO sname_table1
 7            FROM mentors
 8           WHERE mentor_name = '王彤';
 9        DBMS_OUTPUT.PUT_LINE ('集合 sname_table1 中的元素--');
10        FOR i IN 1..sname_table1.COUNT LOOP
11          DBMS_OUTPUT.PUT_LINE ('学生姓名: '||sname_table1(i));
12        END LOOP;
13        sname_table := SET(sname_table1);
14        DBMS_OUTPUT.PUT_LINE ('集合 sname_table 中的元素--');
15        FOR i IN 1..sname_table.COUNT LOOP
16          DBMS_OUTPUT.PUT_LINE ('学生姓名: '||sname_table(i));
17        END LOOP;
18     END;
19  /
```

运行结果:

```
集合 sname_table1 中的元素--
学生姓名: 王晓芳
学生姓名: 张纯玉
学生姓名: 刘春苹
学生姓名: 王晓芳
集合 sname_table 中的元素--
学生姓名: 王晓芳
学生姓名: 张纯玉
学生姓名: 刘春苹

PL/SQL 过程已成功完成。
```

### 2. 集合操作符 MULTISET UNION

集合操作符 MULTISET UNION 获得两个集合元素的并集,并且保留集合元素的重复值。下面通过例子介绍集合操作符 MULTISET UNION 的使用方法。

**例 10-36:** 把 mentors 表中王彤导师所带研究生姓名赋给集合变量 sname_table1,把 mentors 表中王彤导师所带研究生姓名赋给集合变量 sname_table2,集合变量 sname_table 取集合 sname_table1 与集合 sname_table2 的并集,并分别输出集合 sname_table1、sname_table2 和 sname_table 的值。

```
SQL> SET SERVEROUT ON
SQL>     DECLARE
 2        sname_table1 sname_type;
 3        sname_table2 sname_type;
 4        sname_table sname_type;
 5      BEGIN
 6        SELECT student_name
 7          INTO sname_table1
 8          FROM mentors
 9         WHERE mentor_name = '王彤';
10        DBMS_OUTPUT.PUT_LINE ('集合 sname_table1 中的元素--');
11        FOR i IN 1..sname_table1.COUNT LOOP
12          DBMS_OUTPUT.PUT_LINE ('学生姓名: '||sname_table1(i));
13        END LOOP;
```

```
14          SELECT student_name
15            INTO sname_table2
16            FROM Mentors
17            WHERE mentor_name = '孔世杰';
18       DBMS_OUTPUT.PUT_LINE ('集合 sname_table2 中的元素--');
19       FOR i IN 1..sname_table2.COUNT LOOP
20         DBMS_OUTPUT.PUT_LINE ('学生姓名: '||sname_table2(i));
21       END LOOP;
22       sname_table := sname_table1 MULTISET UNION sname_table2;
23       DBMS_OUTPUT.PUT_LINE ('集合 sname_table 中的元素--');
24       FOR i IN 1..sname_table.COUNT LOOP
25         DBMS_OUTPUT.PUT_LINE ('学生姓名: '||sname_table(i));
26       END LOOP;
27     END;
28  /
```

运行结果:

```
集合 sname_table1 中的元素--
学生姓名: 王晓芳
学生姓名: 张纯玉
学生姓名: 刘春苹
学生姓名: 王晓芳
集合 sname_table2 中的元素--
学生姓名: 王天仪
学生姓名: 韩刘
学生姓名: 刘春苹
集合 sname_table 中的元素--
学生姓名: 王晓芳
学生姓名: 张纯玉
学生姓名: 刘春苹
学生姓名: 王晓芳
学生姓名: 王天仪
学生姓名: 韩刘
学生姓名: 刘春苹

PL/SQL 过程已成功完成。
```

### 3. 集合操作符 MULTISET UNION DISTINCT

集合操作符 MULTISET UNION DISTINCT 获得两个集合元素的并集, 并且取消集合元素的重复值。下面通过例子介绍集合操作符 MULTISET UNION DISTINCT 的使用方法。

例 10-37: 把 mentors 表中王彤导师所带研究生姓名赋给集合变量 sname_table1, 把 mentors 表中王彤导师所带研究生姓名赋给集合变量 sname_table2, 集合变量 sname_table 取集合 sname_table1 与集合 sname_table2 的并集(带 DISTINCT), 并分别输出集合 sname_table1、 sname_table2 和 sname_table 的值。

```
SQL> SET SERVEROUT ON
SQL>     DECLARE
  2        sname_table1 sname_type;
  3        sname_table2 sname_type;
```

```
4            sname_table sname_type;
5       BEGIN
6         SELECT student_name
7           INTO sname_table1
8           FROM mentors
9           WHERE mentor_name = '王彤';
10        DBMS_OUTPUT.PUT_LINE ('集合 sname_table1 中的元素--');
11        FOR i IN 1..sname_table1.COUNT LOOP
12          DBMS_OUTPUT.PUT_LINE ('学生姓名: '||sname_table1(i));
13        END LOOP;
14        SELECT student_name
15          INTO sname_table2
16          FROM mentors
17          WHERE mentor_name = '孔世杰';
18        DBMS_OUTPUT.PUT_LINE ('集合 sname_table2 中的元素--');
19        FOR i IN 1..sname_table2.COUNT LOOP
20          DBMS_OUTPUT.PUT_LINE ('学生姓名: '||sname_table2(i));
21        END LOOP;
22        sname_table := sname_table1 MULTISET UNION DISTINCT sname_table2;
23        DBMS_OUTPUT.PUT_LINE ('集合 sname_table 中的元素--');
24        FOR i IN 1..sname_table.COUNT LOOP
25          DBMS_OUTPUT.PUT_LINE ('学生姓名: '||sname_table(i));
26        END LOOP;
27      END;
28  /
```

运行结果:

```
集合 sname_table1 中的元素--
学生姓名: 王晓芳
学生姓名: 张纯玉
学生姓名: 刘春苹
学生姓名: 王晓芳
集合 sname_table2 中的元素--
学生姓名: 王天仪
学生姓名: 韩刘
学生姓名: 刘春苹
集合 sname_table 中的元素--
学生姓名: 王晓芳
学生姓名: 张纯玉
学生姓名: 刘春苹
学生姓名: 王天仪
学生姓名: 韩刘

PL/SQL 过程已成功完成。
```

### 4. 集合操作符 MULTISET INTERSECT

集合操作符 MULTISET INTERSECT 获得两个集合元素的交集。下面通过例子介绍集合操作符 MULTISET INTERSECT 的使用方法。

**例 10-38:** 把 mentors 表中王彤导师所带研究生姓名赋给集合变量 sname_table1,把 mentors 表中王彤导师所带研究生姓名赋给集合变量 sname_table2,集合变量 sname_table 取集合

sname_table1 与集合 sname_table2 的交集，并分别输出集合 sname_table1、sname_table2 和
sname_table 的值。

```
SQL> SET SERVEROUT ON
SQL>     DECLARE
  2        sname_table1 sname_type;
  3        sname_table2 sname_type;
  4        sname_table sname_type;
  5      BEGIN
  6        SELECT student_name
  7          INTO sname_table1
  8          FROM Mentors
  9          WHERE mentor_name = '王彤';
 10        DBMS_OUTPUT.PUT_LINE ('集合 sname_table1 中的元素--');
 11        FOR i IN 1..sname_table1.COUNT LOOP
 12          DBMS_OUTPUT.PUT_LINE ('学生姓名：'||sname_table1(i));
 13        END LOOP;
 14        SELECT student_name
 15          INTO sname_table2
 16          FROM Mentors
 17          WHERE mentor_name = '孔世杰';
 18        DBMS_OUTPUT.PUT_LINE ('集合 sname_table2 中的元素--');
 19        FOR i IN 1..sname_table2.COUNT LOOP
 20          DBMS_OUTPUT.PUT_LINE ('学生姓名：'||sname_table2(i));
 21        END LOOP;
 22        sname_table := sname_table1 MULTISET INTERSECT sname_table2;
 23        DBMS_OUTPUT.PUT_LINE ('集合 sname_table 中的元素--');
 24        FOR i IN 1..sname_table.COUNT LOOP
 25          DBMS_OUTPUT.PUT_LINE ('学生姓名：'||sname_table(i));
 26        END LOOP;
 27      END;
 28  /
```

运行结果：

```
集合 sname_table1 中的元素--
学生姓名：王晓芳
学生姓名：张纯玉
学生姓名：刘春苹
学生姓名：王晓芳
集合 sname_table2 中的元素--
学生姓名：王天仪
学生姓名：韩刘
学生姓名：刘春苹
集合 sname_table 中的元素--
学生姓名：刘春苹

PL/SQL 过程已成功完成。
```

### 5. 集合操作符 MULTISET EXCEPT

集合操作符 MULTISET EXCEPT 获得两个集合元素的差集。下面通过例子介绍集合
操作符 MULTISET EXCEPT 的使用方法。

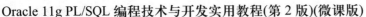

**例 10-39**：把 mentors 表中王彤导师所带研究生姓名赋给集合变量 sname_table1，把 mentors 表中王彤导师所带研究生姓名赋给集合变量 sname_table2，集合变量 sname_table 取集合 sname_table1 与集合 sname_table2 的差集，并分别输出集合 sname_table1、sname_table2 和 sname_table 的值。

```
SQL> SET SERVEROUT ON
SQL>    DECLARE
 2        sname_table1 sname_type;
 3        sname_table2 sname_type;
 4        sname_table sname_type;
 5      BEGIN
 6        SELECT student_name
 7          INTO sname_table1
 8          FROM mentors
 9          WHERE mentor_name = '王彤';
10        DBMS_OUTPUT.PUT_LINE ('集合 sname_table1 中的元素--');
11        FOR i IN 1..sname_table1.COUNT LOOP
12          DBMS_OUTPUT.PUT_LINE ('学生姓名：'||sname_table1(i));
13        END LOOP;
14        SELECT student_name
15          INTO sname_table2
16          FROM mentors
17          WHERE mentor_name = '孔世杰';
18        DBMS_OUTPUT.PUT_LINE ('集合 sname_table2 中的元素--');
19        FOR i IN 1..sname_table2.COUNT LOOP
20          DBMS_OUTPUT.PUT_LINE ('学生姓名：'||sname_table2(i));
21        END LOOP;
22        sname_table := sname_table1 MULTISET EXCEPT sname_table2;
23        DBMS_OUTPUT.PUT_LINE ('集合 sname_table 中的元素--');
24        FOR i IN 1..sname_table.COUNT LOOP
25          DBMS_OUTPUT.PUT_LINE ('学生姓名：'||sname_table(i));
26        END LOOP;
27      END;
28  /
```

运行结果：

```
集合 sname_table1 中的元素--
学生姓名：王晓芳
学生姓名：张纯玉
学生姓名：刘春苹
学生姓名：王晓芳
集合 sname_table2 中的元素--
学生姓名：王天仪
学生姓名：韩刘
学生姓名：刘春苹
集合 sname_table 中的元素--
学生姓名：王晓芳
学生姓名：张纯玉
学生姓名：王晓芳

PL/SQL 过程已成功完成。
```

# 上机实训：在 myEMP 表中修改员工工资

## 实训内容和要求

赵楠根据 myEMP 表中 deptno 字段的值，为姓名为 JONES 的员工修改工资；若部门号为 10，工资加 100 元；若部门号为 20，则工资加 200 元；其他部门加 400 元。

## 实训步骤

编写程序代码如下：

```
SQL>  DECLARE
2    c1 number;
3    c2 number;
4    BEGIN
SQL>  SELECT deptno into c1 FROM emp WHERE ename='JONES';
2   IF c1=10 THEN
3      c2:=100;
4   ELSE
5      IF c1=20 THEN
6        c2:=200;
7      ELSE c2:=400;
8   END IF;
9   UPDATE emp set sal=sal+c2 WHERE ename='JONES';
10  COMMIT;
11  END;
```

# 本 章 小 结

PL/SQL 有两种复合数据类型，即记录和集合。记录由多个域组成，可以方便处理单行多列或多行多列数据。集合由一个域组成，可以方便处理多行单列数据。记录又分为记录类型和记录表类型；集合又分为联合数组(Oracle 11g 以前称索引表)、嵌套表、变长数组等类型。复合数据类型属于用户自定义类型，需要先定义，然后才能在 PL/SQL 程序中使用。本章详细介绍了这些复合数据类型。在学习本章之后，读者应已掌握记录类型的使用方法；掌握记录表类型的使用方法；掌握联合数组类型的使用方法；掌握嵌套表类型的使用方法；掌握变长数组类型的使用方法；掌握集合方法和集合操作符的使用方法。

# 习 题

## 一、填空题

1. _____是在 PL/SQL 程序的定义部分，先定义一个记录表类型，然后定义记录表类型的变量。

2. 联合数组是_____，它只能作为程序设计的结构体。

3. 定义嵌套表,是在 PL/SQL 程序的定义部分,_____。

4. _____是 Oracle 所提供的用于操作集合变量的内置函数。

5. 在变长数组的定义中明确给出变长数组表元素下标的最大值,这表明 Oracle 规定嵌套表元素下标从 1 开始,但下标上限大小由_____指定。

## 二、选择题

1. 定义记录有( )种方法。

    A. 1           B. 2           C. 3           D. 4

2. 在( )和( )语句中既可以使用记录变量也可以使用记录成员。

    A. UPDATE        B. INSERT        C. DELETE        D. FOR

3. 在( )语句中只能使用记录成员。

    A. UPDATE        B. INSERT        C. DELETE        D. DEL

## 三、上机实验

实验一: 内容要求

(1) 查询所有 1981 年 7 月 1 日以前来的员工姓名、工资、所属部门的名字。

```
SQL> select ename,sal,dname from emp,dept
2    where emp.deptno=dept.deptno
3    and hiredate<=to_date('1981-07-01', 'yyyy-mm-dd');
```

(2) 查询各部门中 1981 年 1 月 1 日以后来的员工数。

```
SQL> select deptno,count(*) from emp
2    where hiredate>=to_date('1981-01-01', 'yyyy-mm-dd') group by deptno;
```

实验二: 内容要求

(1) 查询所有在 CHICAGO 工作的经理 MANAGER 和销售员 SALESMAN 的姓名、工资。

```
SQL> select ename,sal from emp
2    where (job='MANAGER' or job='SALES')
3    and deptno in (select deptno from dept where loc='CHICAGO');
```

(2) 查询并列出公司就职时间超过 24 年的员工名单。

```
SQL> select ename from emp
2    where hiredate<=add_months(sysdate,-288);
```

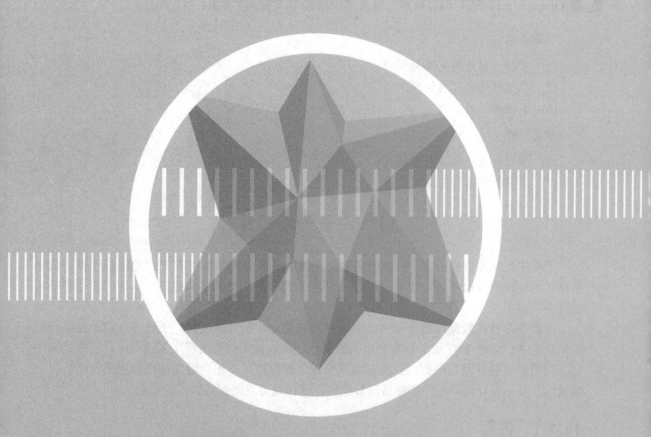

# 第 11 章

PL/SQL 高级应用

**本章要点**

(1) 掌握子程序的定义与调用。

(2) 掌握包的定义与调用。

(3) 掌握游标的应用。

**学习目标**

(1) 学习包中子程序的重载。

(2) 学习触发器的基本概念。

# 11.1 子 程 序

子程序包括过程和函数。这里的函数，是指用户自定义函数。从 PL/SQL 程序设计的角度，也可以把子程序认为是 PL/SQL 命名块，它存放在数据字典中，可以在应用程序中进行多次调用。

子程序存放在数据库服务器中，以编译方式运行，执行速度快。子程序一般是完成特定功能的 PL/SQL 程序块，具有一定的通用性，可以被不同应用程序多次调用，这样就简化了应用程序的开发与维护，并能提高应用程序的性能。让用户程序通过调用子程序访问数据库，而不是让用户程序直接访问数据库，这样做可以确保数据库的安全。

## 11.1.1 过程

如果在用户应用中经常需要执行某些操作，那么就可以将这些操作构造一个过程。可以使用 SQL 语句定义过程。在默认情况下，用户定义的过程为该用户所拥有，数据库管理员(DBA)可以把过程的使用权限授予其他用户。

### 1．定义过程

定义过程的语句格式如下：

```
CREATE [OR REPLACE] PROCEDURE procedure_name
[(argument_name [IN | OUT | IN OUT] argument_type [, …])]
IS | AS
BEGIN
    procedure_body
END [procedure_name];
```

其中，procedure_name 指定定义过程的名字；如果指定可选项[OR REPLACE]，那么在定义过程时，会先删除同名的过程后再创建新的过程，如果省略可选项 [OR REPLACE]，那么需要先删除同名过程，再重新创建；argument_name 指定参数的名字；argument_type 指定参数的数据类型；可选关键字[IN | OUT | IN OUT] 指定参数的模式，其中 IN 表示参数是输入给过程的，OUT 表示参数在过程中将被赋值，IN OUT 表示该类型的参数既可以向过程体传值，也可以在过程体中赋值并传给过程体的外部；关键字 IS 和 AS 可任选其一；procedure_body 是构成过程的 PL/SQL 语句，可以包括定义部分、执行部分和异常处理部分；关键字 END 之后的可选项[procedure_name]给出过程名，若指定则可

增强程序的可读性。

💡 **注意：** 在过程的创建过程中是没有 DECLARE 关键字的，而是使用 IS 或者 AS 关键字来代替。

**例 11-1：** 定义一个过程 display_teacher，以系部号为参数，查询并输出该部门的平均工资、最高工资及最低工资。(参数模式未选，默认为 IN)

```
SQL> CREATE OR REPLACE PROCEDURE display_teacher(
  2       v_no teachers.department_id%TYPE)
  3     AS
  4     v_wage teachers.wage%TYPE;
  5     v_maxwage teachers.wage%TYPE;
  6     v_minwage teachers.wage%TYPE;
  7     BEGIN
  8       SELECT AVG(wage) INTO v_wage
  9         FROM teachers WHERE department_id = v_no;
 10       SELECT MAX(wage) INTO v_maxwage
 11         FROM teachers WHERE department_id = v_no;
 12       SELECT MIN(wage) INTO v_minwage
 13         FROM teachers WHERE department_id = v_no;
 14       DBMS_OUTPUT.PUT_LINE
 15         ('该系平均工资为：'||v_wage);
 16       DBMS_OUTPUT.PUT_LINE
 17         ('该系最高工资为：'||v_maxwage);
 18       DBMS_OUTPUT.PUT_LINE
 19         ('该系最低工资为：'||v_minwage);
 20     EXCEPTION
 21       WHEN NO_DATA_FOUND THEN
 22         DBMS_OUTPUT.PUT_LINE('该系不存在。');
 23     END display_teacher;
 24   /
```

过程已创建。

### 2. 调用过程

调用过程的语句格式如下：

```
CALL | EXECUTE procedure_name(argument_list);
```

其中，关键字 CALL 和 EXECUTE 任选其一；procedure_name 指定调用的过程；argument_list 指定调用过程时需要传递的参数列表。

**例 11-2：** 调用过程 display_teacher。

使用 CALL 语句：

```
SQL> SET SERVEROUTPUT ON
SQL> CALL display_teacher(101);
该系平均工资为：2180
该系最高工资为：3000
该系最低工资为：1000
```

程序调用完成。

使用 EXECUTE 语句：

```
SQL> SET SERVEROUTPUT ON
SQL> EXECUTE display_teacher(102);
该系平均工资为：2240
该系最高工资为：3100
该系最低工资为：1000
```

程序 PL/SQL 过程已成功完成。

> **提示**：过程的管理包括查看已建立过程的有关信息，查看过程中的错误，修改过程中的错误，删除过程等。

### 11.1.2　函数

如果在用户应用中经常需要执行某些操作，并且需要返回特定的数据，那么就可以将这些操作构造为一个函数。可以使用 SQL 语句定义函数。默认情况下，用户定义的函数为该用户所拥有，数据库管理员(DBA)可以把函数的使用权限授予其他用户。

#### 1. 定义函数

定义函数的语句格式与定义过程的语句格式类似，其语句格式如下：

```
CREATE [OR REPLACE] FUNCTION function_name
[(argument_name [IN | OUT | IN OUT] argument_type [, …])]
RETURN datatype
IS | AS
BEGIN
    function_body
      RETURN expression;
END [function_name];
```

其中，function_name 指定定义函数的名字；如果指定可选项[OR REPLACE]，那么在定义函数时，会先删除同名的函数后再创建新的函数，如果省略可选项[OR REPLACE]，那么需要先删除同名函数，再重新创建；argument_name 指定参数的名字；argument_type 指定参数的数据类型；可选关键字[IN | OUT | IN OUT] 指定参数的模式，其中 IN 表示参数是输入给函数的，OUT 表示参数在函数中将被赋值，IN OUT 表示该类型的参数既可以向函数体传值，也可以在函数体中赋值并传给函数体的外部；datatype 指定函数返回值的数据类型；关键字 IS 和 AS 可任选其一；function_body 是构成函数的 PL/SQL 语句，可以包括定义部分、执行部分和异常处理部分；expression 指定函数返回值；关键字 END 之后的可选项[function_name]给出函数名，若指定则可增强程序的可读性。

在函数定义的头部，参数列表之后，必须包含一个 RETURN 语句来指明函数返回值的类型，但不能约束返回值的长度、精度、刻度等。如果使用%TYPE 则可以隐含地包括长度、精度、刻度等约束信息。在函数体的定义中，必须至少包含一个 RETURN 语句，来指明函数返回值，也可以有多个 RETURN 语句，但最终只有一个 RETURN 语句被执行。

> **注意**：函数中的 RETURN 子句是必须存在的，一个函数如果没有执行 RETURN 子句就结束，将会发生错误，这一点是与过程不同的。

**例 11-3：** 定义一个函数 total，以教师号为参数，计算出该教师的月总收入，并将其作为函数返回值。

```
SQL>   CREATE OR REPLACE FUNCTION total(v_no NUMBER)
  2      RETURN NUMBER
  3      AS
  4      v_wage teachers.wage%TYPE;
  5      v_bonus teachers.bonus%TYPE;
  6      v_total teachers.wage%TYPE;
  7      BEGIN
  8        SELECT wage, bonus INTO v_wage, v_bonus
  9          FROM teachers WHERE teacher_id = v_no;
 10        v_total := v_wage + v_bonus;
 11        RETURN v_total;
 12      EXCEPTION
 13        WHEN NO_DATA_FOUND THEN
 14          DBMS_OUTPUT.PUT_LINE('该教师不存在。');
 15      END total;
 16  /
```

函数已创建。

**2．调用函数**

此处所说的调用函数，是指调用自定义函数，与调用 Oracle 数据库内置函数一样，可以将自定义函数作为表达式的一部分来调用。

**例 11-4：** 调用函数 total，计算教师号为 10101 的教师月总收入。

```
SQL> SET SERVEROUTPUT ON
SQL>   BEGIN
  2      DBMS_OUTPUT.PUT_LINE('该教师月总收入为: '||total(10101));
  3    END;
  4  /
```

运行结果：

该教师月总收入为：4300

PL/SQL 过程已成功完成。

**提示：** 函数的管理包括查看已建立函数的有关信息，查看函数中的错误，修改函数中的错误，删除函数等。

# 11.2　包

将数据和子程序(过程或函数)组合在一起构成包。与 C++和 Java 等高级语言中的类一样，包在 PL/SQL 程序设计中，用以实现面向对象的程序设计技术。通过使用 PL/SQL 包，可以简化程序设计，提高应用性能，实现信息隐藏、子程序重载等功能。

本节主要介绍包的定义、管理、使用等方面的内容。

## 11.2.1　定义包

包的构成分两个部分。一是对包的说明部分，建立包的规范，即定义包的数据、过程和函数等；二是包的实现部分，用于给出包规范所定义的过程和函数的具体代码。当定义包时，需要首先定义包的说明部分(包规范)，然后再定义包的实现部分(包体)。

### 1. 定义包规范

包规范是包与调用它的应用程序之间的接口。定义包规范的语句格式如下：

```
CREATE OR REPLACE PACKAGE package_name
IS | AS
package_specification
END [package_name];
```

其中，package_name 指定定义包的名字；package_specification 给出包规范，包括定义常量、变量、游标、过程、函数和异常等，其中过程和函数只包括原型信息(调用时使用的信息)，不包括任何实现代码；关键字 END 之后的可选项[package_name]给出包名，若指定则可增强程序的可读性。

定义包语法时有以下 3 条规则：

(1) 包元素的位置可以任意安排，然而，在声明部分，对象必须在引用前进行声明。例如，如果一个游标使用了作为其 WHERE 子句一部分的变量，则该变量必须在声明游标之前声明。

(2) 包头可以不对任何类型的元素进行说明。例如，包可以只带有过程和函数说明语句，而不声明任何异常和类型。

(3) 对过程和函数的任何声明都必须是前向说明。所谓前向说明，就是只对子程序和其参数(如果有的话)进行描述，但不带有任何代码的说明。该声明的规则不同于块声明语法，在块声明中，过程或函数的前向声明和代码同时出现在其声明部分，而实现包所说明的过程或函数的代码则只能出现在包体中。

下面通过例子介绍包规范的定义方法。

**例 11-5：** 定义包 jiaoxue_package 的规范，其中包括函数 display_grade 和过程 app_department。

```
SQL> CREATE OR REPLACE PACKAGE jiaoxue_package IS
  2    FUNCTION display_grade(v_sno NUMBER, v_cno NUMBER)
  3      RETURN NUMBER;
  4    PROCEDURE app_department
  5     (v_id NUMBER, v_name VARCHAR2, v_address VARCHAR2);
  6    END jiaoxue_package;
  7  /

程序包已创建。
```

### 2. 定义包体

包体是一个独立于包的数据字典对象。包体只能在包完成编译后才能进行编译。包体中带有实现包头中描述的前向子程序的代码段。除此之外，包体还可以包括具有包体全局属性的附加声明部分，但这些附加说明对于说明部分是不可见的。定义包体的语句格式如下：

```
CREATE OR REPLACE PACKAGE BODY package_name
   IS | AS
     package_body
   END [package_name];
```

其中，package_name 指定定义包的名字，必须与包规范中指定的包的名字一致；package_body 给出包体，包括实现过程和函数等的具体代码；关键字 END 之后的可选项 [package_name] 给出包名，若指定则可增强程序的可读性。

**提示：** 包体是可选的。如果定义包中没有说明任何过程或函数的话(只有变量声明、游标、类型等)，则该包体就不必存在。包中的所有对象在包外都是可见的，因此，这种说明方法可用来声明全局变量。

**例 11-6：** 定义包体 jiaoxue_package，其中包括实现函数 display_grade 和过程 app_department 的具体代码。

```
SQL> CREATE OR REPLACE PACKAGE BODY jiaoxue_package IS
  2    FUNCTION display_grade(v_sno NUMBER, v_cno NUMBER)
  3    RETURN NUMBER
  4    AS
  5     v_score students_grade.score%TYPE;
  6     BEGIN
  7       SELECT score INTO v_score FROM students_grade
  8        WHERE student_id = v_sno AND course_id = v_cno;
  9       RETURN v_score;
 10     EXCEPTION
 11       WHEN NO_DATA_FOUND THEN
 12         DBMS_OUTPUT.PUT_LINE('该生或该门课程不存在。');
 13    END display_grade;
 14    PROCEDURE app_department
 15     (v_id NUMBER, v_name VARCHAR2, v_address VARCHAR2)
 16    AS
 17     BEGIN
 18       INSERT INTO departments VALUES(v_id, v_name, v_address);
 19     EXCEPTION
 20       WHEN DUP_VAL_ON_INDEX THEN
 21         DBMS_OUTPUT.PUT_LINE('插入系部信息时，系部号不能重复。');
 22    END app_department;
 23  END jiaoxue_package;
 24  /
```

程序包体已创建。

### 3. 包与包体的不匹配

包中的任何前向说明不能出现在包体中。包和包体中的过程和函数的说明必须一致，其中包括子程序名和其参数名，以及参数的模式。例如，由于下面代码的包体对函数 FunctionA 使用了不同的参数表，因此其包头与包体不匹配。

```
CREATE ORREPLACEP ACKAGE PackageA AS
FUNCTION FunctionA(p_Parameter1 IN NUMBER,
p_Parameter2 IN DATE)
RETURN VARCHAR2;
END PackageA;
CREATE OR REPLACE PACKAGE BODY PackageA AS
FUNCTION FunctionA(p_Parameter1 IN CHAR)
RETURN VARCHAR2;
END PackageA;
```

如果用户按上面的说明来创建包 PackageA，编译程序将给包体提出下列错误警告：

```
PLS-00328: A subprogram body must be defined for the forward
declaration of FUNCTIONA.
PLS-00323: subprogram or cursor 'FUNCTIONA' is declared in a
package specification and must be defined in the package body.
```

包中声明的任何对象都在其作用域中，并且可在其外部使用包名作为前缀对其进行引用。例如，用户可以从下面的 PL/SQL 块中调用对象 ClassPackage.RemoveStudent：

```
BEGIN
ClassPackage.RemoveStudent(10006, 'HIS', 101);
END;
```

上面的过程调用格式与调用独立过程的格式基本一致，唯一不同的地方是在被调用的过程名的前面使用了包名作为其前缀。打包的过程可以具有默认参数，并且这些参数可以通过按位置或按名称对应的方式进行调用，就像独立过程的参数调用方式一样。

上述调用方式还适用于包中用户定义的类型。例如，为了调用过程 ClassList，用户需要声明一个类型为 ClassPackage.t_StudentIDTable 的变量。

```
DECLARE
v_HistoryStudents ClassPackage.t_StudentIDTable;
v_NumStudents BINARY_INTEGER := 20;
BEGIN
-- Fill the PL/SQL table with the first 20 History 101
-- students.
ClassPackage.ClassList('HIS', 101, v_HistoryStudents,
v_NumStudents);
-- Insert these students into temp_table.
FOR v_LoopCounter IN 1..v_NumStudents LOOP
INSERT INTO temp_table (num_col, char_col)
VALUES (v_HistoryStudents(v_LoopCounter),
'In History 101');
END LOOP;
END;
```

在包体内，包头中的对象可以直接引用，可以不用包名为其前缀。例如，过程 RemoveStudent 可以简单地使用 e_StudentNotRegistered 来引用异常，而不是用 ClassPackage.e_StudentNotRegistered 来引用。当然，如果需要，也可以使用全名进行引用。

按照目前的程序，过程 ClassPackage.AddStudent 和 ClassPackage.RemoveStudent 只是简单地对表 registered_student 进行更新。实际上，该操作还不完整。这两个过程还要更新表 students 和表 classes 以反映新增或删除的学生情况。代码如下所示，用户可以在包体中增加一个过程来实现上述操作。

```
CREATE OR REPLACE PACKAGE BODY ClassPackage AS
-- Utility procedure that updates students and classes to reflect
-- the change. If p_Add is TRUE, then the tables are updated for
-- the addition of the student to the class. If it is FALSE,
-- then they are updated for the removal of the student.
PROCEDURE UpdateStudentsAndClasses(
p_Add IN BOOLEAN,
p_StudentID IN students.id%TYPE,
p_Department IN classes.department%TYPE,
p_Course IN classes.course%TYPE) IS
-- Number of credits for the requested class
v_NumCredits classes.num_credits%TYPE;
BEGIN
-- First determine NumCredits.
SELECT num_credits
INTO v_NumCredits
FROM classes
WHERE department = p_Department
AND course = p_Course;
IF (p_Add) THEN
-- Add NumCredits to the student's course load
UPDATE STUDENTS
SET current_credits = current_credits + v_NumCredits
WHERE ID = p_StudentID;
-- And increase current_students
UPDATE classes
SET current_students = current_students + 1
WHERE department = p_Department
AND course = p_Course;
ELSE
-- Remove NumCredits from the students course load
UPDATE STUDENTS
SET current_credits = current_credits - v_NumCredits
WHERE ID = p_StudentID;
-- And decrease current_students
UPDATE classes
SET current_students = current_students - 1
WHERE department = p_Department
AND course = p_Course;
END IF;
END UpdateStudentsAndClasses;
-- Add a new student for the specified class.
PROCEDURE AddStudent(p_StudentID IN students.id%TYPE,
p_Department IN classes.department%TYPE,
p_Course IN classes.course%TYPE) IS
BEGIN
INSERT INTO registered_students (student_id, department, course)
VALUES (p_StudentID, p_Department, p_Course);
UpdateStudentsAndClasses(TRUE, p_StudentID, p_Department, p_Course);
END AddStudent;
-- Removes the specified student from the specified class.
PROCEDURE RemoveStudent(p_StudentID IN students.id%TYPE,
p_Department IN classes.department%TYPE,
p_Course IN classes.course%TYPE) IS
BEGIN
```

```
DELETE FROM registered_students
WHERE student_id = p_StudentID
AND department = p_Department
AND course = p_Course;
-- Check to see if the DELETE operation was successful. If
-- it didn't match any rows, raise an error.
IF SQL%NOTFOUND THEN
RAISE e_StudentNotRegistered;
END IF;
UpdateStudentsAndClasses(FALSE, p_StudentID, p_Department,
p_Course);
END RemoveStudent;
...
END ClassPackage;
```

过程 UpdateStudentAndclasses 声明为包体的全局量,其作用域是包体本身。该过程可以由该包中的其他过程调用(如 AddStudent 和 RemoveStudent),但是该过程在包体外是不可见的。

```
...
END ClassPackage;
BEGIN
```

## 11.2.2 包的管理

包的管理包括查看已建立包的有关信息,查看包中的错误,修改包中的错误,删除包等。

### 1. 查看包的有关信息

通过数据字典中的 user_objects 视图,可以查看包(对象)名(object_name)、包建立时间(created)、包状态(status)等信息。具体方法参见下面的例子。

**例 11-7**:通过视图 user_objects 查看包名(object_name)、包建立时间(created)、包状态(status)等信息。

```
SQL> SELECT object_name, created, status from user_objects
  2    WHERE object_name = 'JIAOXUE_PACKAGE';
```

运行结果:

```
OBJECT_NAME
--------------------------------------------------------------------------------
CREATED         STATUS
------------ -------
JIAOXUE_PACKAGE
16-7月 -08     VALID

JIAOXUE_PACKAGE
16-7月 -08     VALID
```

### 2. 查看与修改包中的错误

在建立包时,如果 Oracle 系统报告错误,可以通过 SQL 命令 SHOW ERRORS 查看错误信息,通过 SQL 命令 EDIT 修改错误。具体方法参见下面的例子。

**例 11-8**:通过 SHOW ERRORS 命令查看包 jiaoxue_ package 的错误信息,通过 EDIT

命令修改包 jiaoxue_package 中的错误。

```
SQL> CREATE OR REPLACE PACKAGE BODY jiaoxue_package IS
  2    FUNCTION display_garde(v_sno NUMBER, v_cno NUMBER)
  3    RETURN NUMBER
  4    AS
  5     v_score students_grade.score%TYPE;
  6     BEGIN
  7       SELECT score INTO v_score FROM students_grade
  8         WHERE student_id = v_sno AND course_id = v_cno;
  9       RETURN v_score;
 10     EXCEPTION
 11       WHEN NO_DATA_FOUND THEN
 12         DBMS_OUTPUT.PUT_LINE('该生或该门课程不存在。');
 13    END display_grade;
 14    PROCEDURE app_department
 15     (v_id NUMBER, v_name VARCHAR2, v_address VARCHAR2)
 16    AS
 17     BEGIN
 18       INSERT INTO departments VALUES(v_id, v_name, v_address);
 19     EXCEPTION
 20       WHEN DUP_VAL_ON_INDEX THEN
 21         DBMS_OUTPUT.PUT_LINE('插入系部信息时，系部号不能重复。');
 22    END app_department;
 23  END jiaoxue_package;
 24  /

警告：创建的包体带有编译错误。
SQL> SHOW ERRORS
PACKAGE BODY JIAOXUE_PACKAGE 出现错误：

LINE/COL ERROR
-------- -----------------------------------------------------------------------
13/7     PLS-00113: END 标识符 'DISPLAY_GRADE' 必须同 'DISPLAY_GARDE'
         匹配 (在第 2 行，第 13 列)
SQL> EDIT
已写入 file afiedt.buf
```

执行 EDIT 命令后，自动打开记事本并处于文件编辑状态，如图 11-1 所示。程序第 2 行的 display_ garde 错误，应该为 display_ grade。修改保存后，重新运行即可。

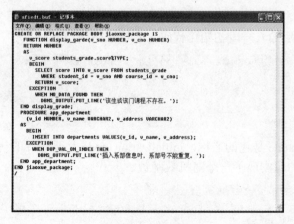

图 11-1　文件编辑

### 3. 删除包

删除包可以只删除包体或一并删除包规范及包体。删除包体可以使用 DROP PACKAGE BODY 语句，其语句格式如下：

```
DROP PACKAGE BODY package_name;
```

其中，package_name 指定要删除的包体(给出名字)。

**例 11-9**：删除包体 jiaoxue_package。

```
SQL> DROP PACKAGE BODY jiaoxue_package;

程序包体已删除。
```

一并删除包规范及包体可以使用 DROP PACKAGE 语句，其语句格式如下：

```
DROP PACKAGE package_name;
```

其中，package_name 指定要删除的包(给出名字)。

**例 11-10**：删除包(一并删除包规范及包体)jiaoxue_package。

```
SQL> DROP PACKAGE jiaoxue_package;

程序包已删除。
```

## 11.2.3　调用包

调用包实际上是调用其中所定义的过程和函数等元素。在其他应用程序中调用包中的过程和函数等元素时，必须加上包名作为前缀。下面通过例子介绍调用包中过程和函数的方法。

### 1. 包的初始化

当第一次调用打包子程序时，该包将进行初始化。也就是说，将该包从硬盘中读入内存，并启动调用的子程序的编译代码。这时，系统为该包中定义的所有变量分配内存单元。每个会话都有其打包变量的副本，以确保执行同一包子程序的两个对话时使用不同的内存单元。

在大多数情况下，初始化代码要在包第一次初始化时运行。为了实现这种功能，可以在包体中所有对象之后加入一段初始化代码，其语法格式如下：

```
CREATE OR REPLACE PACKAGE BODY package_name{IS | AS}
...
BEGIN
initialization_code;
END [ package_name];
```

其中，package_name 是包的名称，initialization_code 是要运行的初始化代码。

**例 11-11**：下面的包实现了一个随机数函数。

```
CREATE OR REPLACE PACKAGE Random AS
-- Random number generator. Uses the same algorithm as the
-- rand() function in C.
-- Used to change the seed. From a given seed, the same
```

```
-- sequence of random numbers will be generated.
PROCEDURE ChangeSeed(p_NewSeed IN NUMBER);
-- Returns a random integer between 1 and 32767.
FUNCTION Rand RETURN NUMBER;
-- Same as Rand, but with a procedural interface.
PROCEDURE GetRand(p_RandomNumber OUT NUMBER);
-- Returns a random integer between 1 and p_MaxVal.
FUNCTION RandMax(p_MaxVal IN NUMBER) RETURN NUMBER;
-- Same as RandMax, but with a procedural interface.
PROCEDURE GetRandMax(p_RandomNumber OUT NUMBER,
p_MaxVal IN NUMBER);
END Random;
CREATE OR REPLACE PACKAGE BODY Random AS
/* Used for calculating the next number. */
v_Multiplier CONSTANT NUMBER := 22695477;
v_Increment CONSTANT NUMBER := 1;
/* Seed used to generate random sequence. */
v_Seed number := 1;
PROCEDURE ChangeSeed(p_NewSeed IN NUMBER) IS
BEGIN
v_Seed := p_NewSeed;
END ChangeSeed;
FUNCTION Rand RETURN NUMBER IS
BEGIN
v_Seed := MOD(v_Multiplier * v_Seed + v_Increment,
(2 ** 32));
RETURN BITAND(v_Seed/(2 ** 16), 32767);
END Rand;
PROCEDURE GetRand(p_RandomNumber OUT NUMBER) IS
BEGIN
-- Simply call RandMax and return the value.
p_RandomNumber := Rand;
END GetRand;
FUNCTION RandMax(p_MaxVal IN NUMBER) RETURN NUMBER IS
BEGIN
RETURN MOD(Rand, p_MaxVal) + 1;
END RandMax;
PROCEDURE GetRandMax(p_RandomNumber OUT NUMBER,
p_MaxVal IN NUMBER) IS
BEGIN
-- Simply call RandMax and return the value.
p_RandomNumber := RandMax(p_MaxVal);
END GetRandMax;
BEGIN
/* Package initialization. Initialize the seed to the current
time in seconds. */
ChangeSeed(TO_NUMBER(TO_CHAR(SYSDATE, 'SSSSS')));
END Random;
```

为了检索随机数，我们可以直接调用函数 Random.Rand。随机数序列是由其初始种子控制的，对于给定的种子，可以生成相应的随机数序列。因此，为了提供更多的随机数值，我们要在每次实例化该包时，把随机数种子初始化为不同的值。为了实现上述功能，我们从包的初始部分调用过程 ChangeSeed。

**2. 调用包中的函数**

在包 jiaoxue_package 中定义了函数 display_grade，下面的例子介绍了调用函数 display_grade 的方法。

**例 11-12**：调用包 jiaoxue_package 中的函数 display_grade。

```
SQL> VARIABLE grade NUMBER
SQL> exec :grade :=jiaoxue_package.display_grade(10101, 10201)

PL/SQL 过程已成功完成。

SQL> PRINT :grade
```

运行结果：

```
    GRADE
----------
    100
```

**3. 调用包中的过程**

在包 jiaoxue_package 中定义了过程 app_department，下面的例子介绍了调用过程 app_department 的方法。

**例 11-13**：调用包 jiaoxue_package 中的过程 app_department。

在调用包 jiaoxue_package 中的过程 app_departmen 之前，首先查询系部 departments 表中的原内容。

```
SQL> SELECT * FROM departments;
```

运行结果：

```
DEPARTMENT_ID DEPARTME  ADDRESS
------------- --------  --------------------------------------------
          101  信息工程  1 号教学楼
          102  电气工程  2 号教学楼
          103  机电工程  3 号教学楼
          104  工商管理  4 号教学楼
          111  地球物理  X 号教学楼
          222  航空机械  Y 号教学楼
```

已选择 6 行。

调用包 jiaoxue_package 中的过程 app_department：

```
SQL> exec jiaoxue_package.app_department(333, '建筑工程', 'Z 号教学楼')

PL/SQL 过程已成功完成。
```

调用包 jiaoxue_package 中的过程 app_department 之后，再查询系部 departments 表中的内容，其中的变化反映了包 jiaoxue_package 中过程 app_department 的功能。

```
SQL> SELECT * FROM departments;
```

运行结果：

```
DEPARTMENT_ID DEPARTME  ADDRESS
------------- --------  ----------------------------------------
          101  信息工程  1 号教学楼
          102  电气工程  2 号教学楼
          103  机电工程  3 号教学楼
          104  工商管理  4 号教学楼
          111  地球物理  X 号教学楼
          222  航空机械  Y 号教学楼
          333  建筑工程  Z 号教学楼
```

已选择 7 行。

## 11.2.4　包中子程序的重载

包中子程序的重载，是指包中可以存在多个具有相同名字的子程序，但它们的参数个数或参数类型不能完全相同。例如，删除部门的过程 erase_department 既可以使用部门号作为参数，也可以使用部门名称作为参数，此时就需要使用包中子程序的重载特征。

### 1. 定义具有重载特征的包

**例 11-14：** 定义具有重载特征的包，其中过程 erase_department 为重载子程序。

```
SQL> CREATE OR REPLACE PACKAGE jiaoxue_package IS
  2    FUNCTION display_grade(v_sno NUMBER, v_cno NUMBER)
  3      RETURN NUMBER;
  4    PROCEDURE app_department
  5     (v_id NUMBER, v_name VARCHAR2, v_address VARCHAR2);
  6    PROCEDURE erase_department(v_id NUMBER);
  7    PROCEDURE erase_department(v_name VARCHAR2);
  8  END jiaoxue_package;
  9
 10  /

程序包已创建。
SQL> CREATE OR REPLACE PACKAGE BODY jiaoxue_package IS
  2    FUNCTION display_grade(v_sno NUMBER, v_cno NUMBER)
  3      RETURN NUMBER
  4      AS
  5      v_score students_grade.score%TYPE;
  6      BEGIN
  7      SELECT score INTO v_score FROM students_grade
  8        WHERE student_id = v_sno AND course_id = v_cno;
  9      RETURN v_score;
 10    EXCEPTION
 11      WHEN NO_DATA_FOUND THEN
 12        DBMS_OUTPUT.PUT_LINE('该生或该门课程不存在。');
 13    END display_grade;
 14    PROCEDURE app_department
 15     (v_id NUMBER, v_name VARCHAR2, v_address VARCHAR2)
 16    AS
 17      BEGIN
 18        INSERT INTO departments VALUES(v_id, v_name, v_address);
 19      EXCEPTION
```

```
20        WHEN DUP_VAL_ON_INDEX THEN
21          DBMS_OUTPUT.PUT_LINE('插入系部信息时，系部号不能重复。');
22    END app_department;
23    PROCEDURE erase_department(v_id NUMBER)
24    AS
25      BEGIN
26        DELETE FROM departments WHERE department_id = v_id;
27    IF SQL%NOTFOUND THEN
28        DBMS_OUTPUT.PUT_LINE('系部号指定的系部不存在。');
29      END IF;
30    END erase_department;
31    PROCEDURE erase_department(v_name VARCHAR2)
32    AS
33    BEGIN
34      DELETE FROM departments WHERE department_name = v_name;
35      IF SQL%NOTFOUND THEN
36        DBMS_OUTPUT.PUT_LINE('系部号指定的系部不存在。');
37      END IF;
38    END erase_department;
39  END jiaoxue_package;
40  /
```

程序包体已创建。

### 2. 调用重载子程序

如果两个子程序的参数仅在名称和模式上不同，则这两个过程不能重载。例如，下面的两个过程是不能重载的：

```
PROCEDURE overloadMe(p_TheParameter IN NUMBER);
PROCEDURE overloadMe(p_TheParameter OUT NUMBER);
```

也不能仅根据两个过程不同的返回类型对其进行重载。例如，下面的函数是不能进行重载的：

```
FUNCTION overloadMeToo RETURN DATE;
FUNCTION overloadMeToo RETURN NUMBER;
```

最后，重载函数的参数的类族(type family)必须不同，也就是说，不能对同类族的过程进行重载。例如，由于 CHAR 和 VARCHAR2 属于同一类族，因此下面的过程不能重载：

```
PROCEDURE OverloadChar(p_TheParameter IN CHAR);
PROCEDURE OverloadChar(p_TheParameter IN VARCHAR2);
```

注意：PL/SQL 编译器实际上允许程序员创建违反上述限制的带有子程序的包，但 PL/SQL 运行时系统将无法解决引用问题并将引发"PLS-307:toomanydeclarationof 'subprogram' matchthiscall"运行错误。

根据用户定义的对象类型，打包子程序也可以重载。例如，假设用户要创建下面的两个对象类型：

```
CREATE OR REPLACE TYPE t1 AS OBJECT (f NUMBER);
CREATE OR REPLACE TYPE t2 AS OBJECT (f NUMBER);
```

现在，用户可以创建一个包和一个带有根据其参数的对象类型重载的两个过程的包体：

```
CREATE OR REPLACE PACKAGE Overload AS
PROCEDURE Proc(p_Parameter1 IN t1);
PROCEDURE Proc(p_Parameter1 IN t2);
END Overload;

CREATE OR REPLACE PACKAGE BODY Overload AS
PROCEDURE Proc(p_Parameter1 IN t1) IS
BEGIN
DBMS_OUTPUT.PUT_LINE('Proc(t1): ' || p_Parameter1.f);
END Proc;
PROCEDURE Proc(p_Parameter1 IN t2) IS
BEGIN
DBMS_OUTPUT.PUT_LINE('Proc(t2): ' || p_Parameter1.f);
END Proc;
END Overload;
```

下面代码则根据参数的类型对过程进行正确的调用：

```
DECLARE
2 v_Obj1 t1 := t1(1);
3 v_OBj2 t2 := t2(2);
4 BEGIN
5 Overload.Proc(v_Obj1);
6 Overload.proc(v_Obj2);
7 END;
8 /
Proc(t1): 1
Proc(t2): 2
PL/SQL procedure successfully completed.
```

**例 11-15**：调用重载子程序 erase_department。

```
SQL> exec jiaoxue_package.erase_department(111)

PL/SQL 过程已成功完成。

SQL> SELECT * FROM departments;
```

运行结果：

```
DEPARTMENT_ID  DEPARTME   ADDRESS
-------------  ----------  ----------------------------------------
          101  信息工程    1 号教学楼
          102  电气工程    2 号教学楼
          103  机电工程    3 号教学楼
          104  工商管理    4 号教学楼
          222  航空机械    Y 号教学楼
          333  建筑工程    Z 号教学楼
```

已选择 6 行。

```
SQL> exec jiaoxue_package.erase_department('航空机械')

PL/SQL 过程已成功完成。

SQL> SELECT * FROM departments;
```

运行结果：

```
DEPARTMENT_ID DEPARTME    ADDRESS
------------- --------    ------------------------------------
         101   信息工程   1 号教学楼
         102   电气工程   2 号教学楼
         103   机电工程   3 号教学楼
         104   工商管理   4 号教学楼
         333   建筑工程   Z 号教学楼
```

# 11.3  触 发 器

触发器是存放在数据库中的一种特殊类型的子程序。它不能被用户程序直接调用，而是当特定事件或操作发生时由系统自动调用执行。触发器主要用于对数据库特定操作、特定事件的监控和响应。这些特定的事件或操作包括启动数据库、登录数据库、关闭数据库等系统事件，以及执行 DML 和 DDL 等操作。

本节主要介绍触发器的基本概念、管理、各类触发器的建立及使用等方面的内容。

## 11.3.1  触发器概述

按照建立触发器所依据的对象的不同，触发器分为三类：一是 DML 触发器——依据基本表或简单视图建立的触发器；二是 INSTEAD OF 触发器——依据复杂视图建立的触发器；三是系统触发器——依据系统事件或 DDL 操作建立的触发器。

用 PL/SQL 块构成的触发器，只能包含 SELECT、INSERT、UPDATE 和 DELETE 等 DML 语句，不能包含 CREATE、ALTER 和 DROP 等 DDL 语句及 COMMIT、ROLLBACK 和 SAVEPOINT 等事务控制语句。

为了说明触发器，首先给出一个简单的触发器示例。

**例 11-16：**定义示例触发器 change_teacher，功能是禁止用户在非工作时间段改变教师信息。

```
SQL> CREATE OR REPLACE TRIGGER change_teacher
  2      BEFORE INSERT OR UPDATE OR DELETE ON teachers
  3     BEGIN
  4      IF (TO_CHAR(SYSDATE, 'HH24') NOT BETWEEN '8' AND '17') OR
  5        (TO_CHAR(SYSDATE, 'DY', 'nls date_langudage = american') IN
('SAT', 'SUN'))
  6      THEN
  7       RAISE_APPLICATION_ERROR(-20000, '在非工作时间不能改变教师信息。');
  8      END IF;
  9     END change_teacher;
 10  /
```

触发器已创建。

触发器的管理包括查看已建立触发器的有关信息、查看触发器中的错误、修改触发器中的错误、禁用/启用触发器、删除触发器等。

## 11.3.2　DML 触发器

DML 触发器是基于表的触发器,当对某个表进行 DML 操作时会激活该类触发器。建立 DML 触发器的语句格式为:

```
CREATE [OR REPLACE] TRIGGER trigger_name
    BEFORE | AFTER trigger_event [OF column_name]
    ON table_name
    [FOR EACH ROW]
    [WHEN trigger_condition]
BEGIN
  trigger_body
  END [trigger_name];
```

其中,trigger_name 指定触发器的名字;如果指定可选项[OR REPLACE],那么在定义触发器时,会先删除同名的触发器后再创建新的触发器,如果省略可选项 [OR REPLACE],那么需要先删除同名触发器,再重新创建;关键字 BEFORE|AFTER 指定触发器代码是在触发事件 trigger_event 之前还是之后执行;column_name 指定表 table_name 中的列名;可选项[FOR EACH ROW]指定触发器为行触发器,若省略可选项[FOR EACH ROW]默认触发器为语句触发器;可选项[WHEN trigger_condition]指定触发条件;trigger_body 是构成触发器的 PL/SQL 语句,可以包括定义部分、执行部分和异常处理部分;关键字 END 之后的可选项[trigger_name]给出触发器名字,若指定则可增强程序的可读性。

💡知识要点:DML 触发器的触发事件 trigger_event 可以是对表进行 INSERT、UPDATE 和 DELETE 等三种操作。触发事件可以指定一种,也可以指定一种以上。

### 1. 单一触发事件的 DML 触发器

触发事件指定 INSERT、UPDATE 和 DELETE 等三种操作中的一种,被称为单一触发事件的 DML 触发器。

**例 11-17**:为了审计 DML 操作给 students_grade 表带来的数据变化,可以使用 AFTER 行触发器。触发器 s_g_change 在 students_grade 表中的学生成绩被修改后,保存学生成绩修改的前、后值和修改日期,以供审计。

在建立触发器 s_g_change 之前,首先建立存放审计数据的表 students_grade_change。

```
CREATE TABLE students_grade_change(
        student_id NUMBER(5),
        course_id NUMBER(5),
        oldscore NUMBER(4,1),
        newscore NUMBER(4,1),
        time_change DATE);
```

下面建立触发器 s_g_change。

```
SQL>    CREATE OR REPLACE TRIGGER s_g_change
  2        AFTER UPDATE OF score ON students_grade
  3        FOR EACH ROW
```

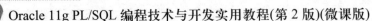

```
4    BEGIN
5      INSERT INTO students_grade_change
6        VALUES(:old.student_id,
7          :old.course_id, :old.score, :new.score, SYSDATE);
8    END s_g_change;
9    /
```

触发器已创建。

在建立触发器 s_g_change 之后，当修改学生成绩时，会将每个学生的成绩变化全部写入审计表 students_grade_change 中。

```
SQL> UPDATE students_grade SET score = 0.95*score;
```

已更新 3 行。

上面的 DML 语句修改了学生成绩，通过下面的查询结果可以了解到触发器 s_g_change 的作用。

```
SQL> SELECT * FROM students_grade_change;
```

运行结果：

```
STUDENT_ID  COURSE_ID   OLDSCORE    NEWSCORE    TIME_CHANGE
----------  ----------  ----------  ----------  ---------------
     10101       10101          87        82.7  16-7月 -08
     10101       10201         100          95  16-7月 -08
     10101       10301          79        75.1  16-7月 -08
```

### 2. 多个触发事件的 DML 触发器

在三种操作(INSERT、UPDATE 和 DELETE)中，指定一种以上的操作作为触发事件，这样的 DML 触发器被称为多个触发事件的 DML 触发器。当在触发器中同时包含多种触发事件(INSERT、UPDATE 和 DELETE)，并且需要根据事件的不同进行不同的操作时，则可以在触发器代码中使用下面三个条件谓词加以区别。

(1) 条件谓词 INSERTING：当触发事件为 INSERT 操作时，该条件谓词返回 TRUE，否则返回 FALSE。

(2) 条件谓词 UPDATING：当触发事件为 UPDATE 操作时，该条件谓词返回 TRUE，否则返回 FALSE。

(3) 条件谓词 DELETING：当触发事件是 DELETE 操作时，该条件谓词返回 TRUE，否则返回 FALSE。

下面的例子说明了在多个触发事件的 DML 触发器中，使用这三个条件谓词区别不同触发事件的方法。

**例 11-18**：建立多个触发事件的 DML 触发器 change_teacher，功能是禁止用户在非工作时间时间增加、修改和删除教师信息。

下面建立触发器 change_teacher。

```
SQL>    CREATE OR REPLACE TRIGGER change_teacher
  2       BEFORE INSERT OR UPDATE OR DELETE ON teachers
  3       BEGIN
```

```
4        IF (TO_CHAR(SYSDATE, 'HH24') NOT BETWEEN '8' AND '17')
5         OR (TO_CHAR(SYSDATE, 'DY',
6             'nls date_language = american') IN ('SAT', 'SUN'))
7        THEN
8         CASE
9           WHEN INSERTING THEN
10            RAISE_APPLICATION_ERROR
11               (-20001, '在非工作时间不能增加教师信息。');
12          WHEN UPDATING THEN
13            RAISE_APPLICATION_ERROR
14               (-20002, '在非工作时间不能修改教师信息。');
15          WHEN DELETING THEN
16            RAISE_APPLICATION_ERROR
17               (-20003, '在非工作时间不能删除教师信息。');
18        END CASE;
19       END IF;
20     END change_teacher;
21   /
```

触发器已创建。

在建立触发器 change_teacher 之后，当在非工作时间段增加、修改或删除教师信息时，触发器 change_teacher 将给出相应的错误信息，并且拒绝执行 INSERT、UPDATE 和 DELETE 操作。

```
SQL> DELETE FROM teachers;
DELETE FROM teachers
            *
第 1 行出现错误:
ORA-20003: 在非工作时间不能删除教师信息。
ORA-06512: 在 "SYSTEM.CHANGE_TEACHER", line 14
ORA-04088: 触发器 'SYSTEM.CHANGE_TEACHER' 执行过程中出错
```

## 11.3.3  INSTEAD OF 触发器

当定义视图时，如果使用了集合操作符(UNION、UNION ALL、MINUS、INTERSECT)、列(Aggregate)函数、DISTINCT 关键字、GROUP BY 等子句、多个表的连接操作等，视图便不能直接执行 INSERT、UPDATE 和 DELETE 等 DML 操作。INSTEAD OF 触发器是基于这种复杂视图的触发器，当对这种复杂视图进行 DML 操作时会激活该类触发器。建立 INSTEAD OF 触发器的语句格式为：

```
CREATE [OR REPLACE] TRIGGER trigger_name
    INSTEAD OF trigger_event [OF column_name]
    ON view_name
    FOR EACH ROW
    [WHEN trigger_condition]
BEGIN
  trigger_body
END [trigger_name];
```

其中，**trigger_name** 指定定义触发器的名字；如果指定可选项**[OR REPLACE]**，那么在定义触发器时，会先删除同名的触发器后再创建新的触发器，如果省略可选项[OR REPLACE]，那么需要先删除同名触发器，再重新创建；关键字 INSTEAD OF 指定触发器类型；column_name 指定视图 view_name 中的列名；FOR EACH ROW 指定触发器为行触发器；可选项[WHEN trigger_condition]指定触发条件；trigger_body 是构成触发器的 PL/SQL 语句，可以包括定义部分、执行部分和异常处理部分；关键字 END 之后的可选项 [trigger_name]给出触发器的名字，若指定则可增强程序的可读性。

**例 11-19：** 在建立触发器 t_d_change 之前，首先建立复杂视图 teachers_view2。视图 teachers_view2 映射表 teachers 的 teacher_id 和 name 列，以及 departments 表的 department_id 和 department_name 列。

```sql
SQL> CREATE VIEW Teachers_view2 AS
  2    SELECT t.teacher_id, t.name, d.department_id, d.department_name
  3     FROM Teachers t, Departments d
  4      WHERE t.department_id=d.department_id;

视图已创建。

SQL> SELECT * FROM Teachers_view2;
```

运行结果：

```
TEACHER_ID NAME     DEPARTMENT_ID DEPARTME
---------- -------- ------------- --------
     10101 王彤               101 信息工程
     10104 孔世杰             101 信息工程
     10103 邹人文             101 信息工程
     10106 韩冬梅             101 信息工程
     10210 杨文化             102 电气工程
     10206 崔天               102 电气工程
     10209 孙晴碧             102 电气工程
     10207 张珂               102 电气工程
     10308 齐沈阳             103 机电工程
     10306 车东日             103 机电工程
     10309 臧海涛             103 机电工程
     10307 赵昆               103 机电工程
     10128 王晓               101 信息工程
     10328 张笑               103 机电工程
     10228 赵天宇             102 电气工程

已选择 15 行。
```

## 11.3.4 系统事件触发器

系统事件触发器基于数据库(Database)或模式(Schema)。触发事件包括数据库事件(如 STARTUP、SHUTDOWN 等)和 DDL 事件(如 CREATE、ALTER、DROP 等)。建立系统触发器的语句格式为：

```
CREATE [OR REPLACE] TRIGGER trigger_name
   BEFORE | AFTER trigger_event
   ON DATABASE | SCHEMA
```

```
     [WHEN trigger_condition]
BEGIN
   trigger_body
   END [trigger_name];
```

其中，trigger_name 指定触发器的名字；如果指定可选项[OR REPLACE]，那么在定义触发器时，会先删除同名的触发器后再创建新的触发器，如果省略可选项[OR REPLACE]，那么需要先删除同名触发器，再重新创建；关键字 BEFORE|AFTER 指定触发器代码是在触发事件 trigger_event 之前还是之后执行；触发事件 trigger_event 指定某一系统事件；DATABASE | SCHEMA 指定触发器是基于数据库还是基于模式；可选项[WHEN trigger_condition]指定触发条件；trigger_body 是构成触发器的 PL/SQL 语句，可以包括定义部分、执行部分和异常处理部分；关键字 END 之后的可选项[trigger_name]给出触发器名字，若指定，则可增强程序的可读性。

**例 11-20：** 建立系统事件触发器 sys_event。当在用户模式中执行 DROP 操作时，将删除的对象信息存入 event_drop 表中。

首先建立表 event_drop，以便存储删除对象的有关信息。

```
SQL> CREATE TABLE event_drop(
  2    user_name VARCHAR2(15),
  3    object_name VARCHAR2(15),
  4    object_type VARCHAR2(10),
  5    object_owner VARCHAR2(15),
  6    creation_date DATE);
```

表已创建。

然后建立系统事件触发器 sys_event。

```
SQL> CREATE OR REPLACE TRIGGER sys_event
  2    AFTER DROP ON SCHEMA
  3    BEGIN
  4      INSERT INTO event_drop VALUES
  5        (USER, ORA_DICT_OBJ_NAME,
  6          ORA_DICT_OBJ_TYPE, ORA_DICT_OBJ_OWNER, SYSDATE);
  7    END sys_event;
  8  /
```

触发器已创建

用下面的语句激活系统事件触发器 sys_event。

```
SQL> DROP TABLE grades;
```

表已删除。

查看表 event_drop 存储删除对象的有关信息。

```
SQL> SELECT * FROM event_drop;
```

运行结果：

```
USER_NAME        OBJECT_NAME     OBJECT_TYP OBJECT_OWNER     CREATION_DATE
-------------    -------------   ---------- ---------------  ---------------
```

```
SYSTEM          GRADES          TABLE    SYSTEM          16-7月 -08

SQL>
```

# 11.4　PL/SQL 游标

在 PL/SQL 程序中，执行查询语句(SELECT)或数据操纵语句(DML)时，一般都可能产生或处理一组记录。游标是为处理这些记录而分配的一段内存区。SQL 语句对表进行操作时，每次可以同时对多条记录进行操作；但是许多用主语言(如 C++、Delphi、Java 等开发工具)编制的应用程序，通常不能把整个结果集作为一个单元来处理，这些应用程序需要有一种机制来保证每次只处理结果集中的一行，PL/SQL 的游标提供了这种机制。

本节主要介绍游标应用基础、游标 FOR 循环等内容。

## 11.4.1　游标应用基础

在 PL/SQL 程序中执行查询语句或数据操纵语句时，产生一记录集。根据记录集中记录数量的不同，将游标分为两类，其中记录集中只有单行数据时，系统自动地定义游标，称为隐式游标(Implicit Cursor)。记录集中具有多行数据时，需要由用户定义游标，称为显式游标(Explicit Cursor)。

### 1. 游标声明

使用显式游标，需要经过声明(Declare)游标、打开(Open)游标、读取(Fetch)游标数据、关闭(Close)游标等四个步骤。使用隐式游标，不需要像显式游标一样需要声明，也不需要打开和关闭；这些都是由系统自动完成的。下面讲述使用显式游标的步骤。

1) 声明游标

使用显式游标，必须首先在 PL/SQL 程序的声明段进行定义，定义显式游标的语句格式如下：

```
CURSOR cursor_name IS select_statement;
```

其中，cursor_name 是所定义的游标名，它是与某个查询结果集联系的符号名，要遵循 Oracle 变量定义的规则。select_statement 是 SELECT 语句，用于指定游标所对应的查询结果集。

例如，以下是一个游标定义实例：

```
DECLARE
    CURSOR students_cur
    IS
      SELECT name, dob
        FROM students
        WHERE specialty = '计算机';
```

2) 打开游标

定义游标后，要使用游标中的数据，必须先打开游标。在 PL/SQL 中，使用 OPEN 语句打开游标，其语句格式为：

```
OPEN cursor_name;
```

其中，cursor_name 是要打开的游标名。该游标名必须是在定义部分已经被定义的游标。

当打开游标时，Oracle 会执行游标所对应的 SELECT 语句，并且将 SELECT 语句的结果暂时存放到结果集中。为了在内存中分配缓冲区，并从数据库中检索数据，需要在 PL/SQL 块的执行部分打开游标，当执行打开游标操作后，系统首先检查游标定义中变量的值，然后分配缓冲区，执行游标定义时的 SELECT 语句，将查询结果在缓冲区中缓存。同时，游标指针指向缓冲区中结果集的第一个记录。

💡 **注意**：只有在打开游标时，才真正创建缓冲区，并从数据库检索数据；游标一旦打开，就无法再次打开，除非先关闭；如果游标定义中的变量值发生变化，则只能在下次打开游标时才起作用。

例如，以下是一个打开游标示例：

```
OPEN students_cur;
```

3）　读取数据

游标打开后，查询结果放入内存缓冲区，这时可以将其中的数据以记录为单位读取出来，之后可以在 PL/SQL 程序中对其实现过程化的处理。读取游标数据需要使用 FETCH 语句，其语句格式为：

```
FETCH cursor_name INTO variable_name1, …, variable_namen];
```

其中，cursor_name 为提供数据的游标名，variable_name 用于指定接收游标数据的变量。INTO 子句中变量个数、顺序、数据类型必须与游标指定的记录的字段数量、顺序以及数据类型相匹配。

首次执行 FETCH 语句时，游标指针指向第一条记录，对其操作完成后，游标指针指向下一条记录。游标指定的内存缓冲区中可能有多条记录，因此读取游标的过程是一个循环的过程。

例如，以下是一个读取游标数据示例：

```
FETCH students_cur INTO v_sname, v_dob;
```

4）　关闭游标

利用游标对其缓冲区中的数据处理完毕后，需要及时关闭游标，以释放游标所占用的系统资源。关闭游标使用 CLOSE 语句，其语句格式为：

```
CLOSE cursor_name;
```

其中，cursor_name 指定要关闭的游标名。

例如，以下是一个关闭游标示例：

```
CLOSE students_cur;
```

💡 **注意**：游标具有%ISOPEN、%FOUND、%NOTFOUND 和%ROWCOUNT 等四个属性，利用游标属性，可以判断当前游标状态。

### 2. 游标应用

通过使用游标，既可以逐行检索结果集中的记录，又可以更新或删除当前游标行的数据。如果要通过游标更新或删除数据，在定义游标时必须带有 FOR UPDATE 子句，其语句格式如下：

```
CURSOR cursor_name IS select_statement
  FOR UPDATE [OF column_reference] [NOWAIT];
```

其中，FOR UPDATE 子句用于在游标结果集数据上加行共享锁，以防止其他用户在相应行上执行 DML 操作；OF 子句为可选项，当 select_statement 引用了多个表时，选用 OF 子句可以确定哪些表要加锁，若没有选用 OF 子句，则会在 select_statement 所引用的全部表上加锁；NOWAIT 子句为可选项，用于指定是否不等待锁。

## 11.4.2 游标 FOR 循环

游标 FOR 循环是为简化游标使用过程而专门设计的。使用游标 FOR 循环检索游标时，游标的打开、数据的提取、数据是否检索到的判断与游标的关闭都是 Oracle 系统自动进行的。在 PL/SQL 程序中使用游标 FOR 循环，过程清晰，简化对游标的处理。当使用游标开发 PL/SQL 应用程序时，为了简化程序代码，建议大家使用游标 FOR 循环。

游标 FOR 循环有两种语句格式：格式一是先在定义部分定义游标，然后在游标 FOR 循环中引用该游标；格式二则是在 FOR 循环中直接使用子查询，隐式定义游标。

### 1. 语句格式一

语句格式一是先在定义部分定义游标，然后在游标 FOR 循环中引用该游标。游标 FOR 循环语句格式一的语法如下：

```
FOR record_ name IN cursor_name LOOP
  statementl;
  statement2;
  …
END LOOP;
```

其中，cursor_name 是已经定义的游标名；record_name 是 Oracle 系统隐含定义的记录变量名。当使用游标 FOR 循环时，在执行循环体内语句之前，Oracle 系统会自动打开游标，并且随着循环的进行，每次提取一行数据，Oracle 系统会自动判断数据是否提取完毕，提取完毕便自动退出循环并关闭游标。

**例 11-21**：定义游标 students_cur。通过使用游标 FOR 循环，逐个显示某专业学生姓名和出生日期，并在每名学生姓名前加上序号。

```
SQL>    DECLARE
  2      v_specialty Students.specialty%TYPE;
  3       CURSOR Students_cur
  4        IS
  5          SELECT name,dob
  6           FROM Students
  7            WHERE specialty = v_specialty;
  8      BEGIN
```

```
 9          v_specialty := '&specialty';
10          DBMS_OUTPUT.PUT_LINE ('序号  学生姓名    出生日期');
11          FOR Students_record IN Students_cur LOOP
12            DBMS_OUTPUT.PUT_LINE (Students_cur%ROWCOUNT||'
'||Students_record.name||'
|Students_record.dob);
13          END LOOP;
14        END;
15  /
```

运行结果：

```
输入 specialty 的值：机电工程
原值    9:        v_specialty := '&specialty';
新值    9:        v_specialty := '机电工程';
序号   学生姓名    出生日期
1      高山        08-10 月-90
2      张冬云      26-12 月-89
3      张杨        08-5 月 -90
4      赵迪帆      22-9 月 -89
5      白菲菲      07-5 月 -88
6      曾程程

PL/SQL 过程已成功完成。
```

### 2. 语句格式二

语句格式二是在 FOR 循环中直接使用子查询，隐式定义游标。游标 FOR 循环语句格式二的语法如下：

```
FOR record_ name IN subquery LOOP
    statement1;
    statement2;
    …
END LOOP;
```

其中，subquery 是形成隐式定义游标的子查询；record_name 是 Oracle 系统隐式定义的记录变量名。当使用游标 FOR 循环时，在执行循环体内语句之前，Oracle 系统会自动打开游标，并且随着循环的进行，每次提取一行数据，Oracle 系统会自动判断数据是否提取完毕，提取完毕便自动退出循环并关闭游标。由于是隐式定义游标(游标未指定名字)，使用语句格式二的游标 FOR 循环，在 PL/SQL 程序代码中，不能显式使用游标属性。

**例 11-22**：定义游标 students_cur。通过使用游标 FOR 循环，逐个显示某专业学生姓名和出生日期。

由于是隐式定义游标(游标未指定名字)，因此本例 PL/SQL 程序代码中，不能显式使用游标属性%ROWCOUNT，即不能在每名学生姓名前加上序号。

```
SQL>     DECLARE
 2      v_specialty Students.specialty%TYPE;
 3        CURSOR Students_cur
 4        IS
 5          SELECT name,dob
 6            FROM Students
```

```
 7            WHERE specialty = v_specialty;
 8      BEGIN
 9        v_specialty := '&specialty';
10        DBMS_OUTPUT.PUT_LINE ('学生姓名    出生日期');
11        FOR Students_record IN
12          (SELECT name,dob FROM Students WHERE specialty =
             v_specialty) LOOP
13            DBMS_OUTPUT.PUT_LINE (Students_record.name||'
              '||Students_record.dob);
14        END LOOP;
15      END;
16  /
```

运行结果:

```
输入 specialty 的值: 机电工程
原值    9:         v_specialty := '&specialty';
新值    9:         v_specialty := '机电工程';
学生姓名    出生日期
高山        08-10 月-90
张冬云      26-12 月-89
张杨        08-5 月 -90
赵迪帆      22-9 月 -89
白菲菲      07-5 月 -88
曾程程

PL/SQL 过程已成功完成。
```

# 上机实训: 创建名为 change_record 的触发器

## 实训内容和要求

李响想要创建一个 salary_change_record 表(empid,old_salary,new_salary,change_date),其中, old_salary 用来记录员工原来的工资, new_salary 用来记录更新后的工资, change_date 记录更新的系统时间。然后创建一个触发器, 名称为 change_record, 功能是每次更新员工工资之后, 将更新记录保存到 salary_change_record 表中。

## 实训步骤

编写程序代码如下:

```
SQL> create table salary_change_record
  2  (
  3  empid NUMBER(4) NOT NULL,
  4  old_salary NUMBER(7,2),
  5  new_salary NUMBER(7,2),
  6  change_date DATE
  7  );

Table created
```

```
SQL> create trigger change_record
  2       after update on emp for each row
  3       when (old.sal<>new.sal)
  4  begin
  5     insert into salary_change_record
  6     values(:old.empno,:old.sal,:new.sal,sysdate);
  7  end;
  8  /

Trigger created

SQL> update emp set sal=3000 where empno=7499;

row updated

SQL> select * from salary_change_record;

EMPID OLD_SALARY NEW_SALARY CHANGE_DATE
----- ---------- ---------- -----------
 7499    1600.00    3000.00 2013-10-28
```

# 本 章 小 结

PL/SQL 应用程序多数由子程序(过程和函数)、包、触发器等构成。本章详细介绍了这些应用程序结构。在学习本章之后，读者应掌握过程的定义及其使用方法；掌握函数的定义及其使用方法；掌握包的定义及其使用方法；了解触发器的基本概念；掌握各类触发器的使用方法，了解游标的概念及其使用方法。

# 习 题

## 一、填空题

1. 子程序存放在＿＿＿＿＿＿＿＿＿＿＿＿＿＿，以编译方式运行，执行速度快。

2. 在函数定义的头部，参数列表之后，必须包含一个＿＿＿＿＿＿＿＿来指明函数返回值的类型。

3. 包的管理包括查看＿＿＿＿＿＿＿＿、＿＿＿＿＿＿＿＿、＿＿＿＿＿＿＿＿、
＿＿＿＿＿＿＿＿等。

4. 触发器是＿＿＿＿＿＿＿＿＿＿＿＿＿＿＿＿＿＿＿＿＿＿＿＿＿＿＿＿＿＿。

5. 触发事件指定 INSERT、UPDATE 和 DELETE 等三种操作中的一种，被称为
＿＿＿＿＿＿＿＿＿＿。

6. 使用显式游标，必须＿＿＿＿＿＿＿＿＿＿＿＿＿＿＿＿＿＿＿＿＿＿＿＿。

## 二、选择题

1. ( )指定过程的名字。

    A. procedure_name              B. argument_name

C．argument_typ        D．procedure_body

2．(　　　)指定参数的名字。

        A．procedure_name        B．argument_name

        C．argument_typ        D．procedure_body

3．(　　　)指定参数的数据类型。

        A．procedure_name        B．argument_name

        C．argument_typ        D．procedure_body

4．利用游标更新当前游标行数据，必须在 UPDATE 语句中使用(　　　)子句。

        A．WHERE        B．CURRENT

        C．OF        D．WHERE CURRENT OF

## 三、上机实验

实验一：内容要求

在包 emp_mgmt 中，将 remove_emp 操作设限，只有本部门经理操作才能删除本部门雇员记录，只有公司人事主管 PRESIDENT 才能删除部门经理的雇员记录。

```
--
procedure remove_emp(
remove_empno emp.empno%type,
out_code number,
out_desc varchar2)
is
x emp.job%type;
y number;
begin
 select job,deptno into x,y from emp where empno=mgmt_empno;
 if x='PRESIDENT' then
 delete from emp where empno=remove_empno and job='MANAGER';
else
 delete from emp where empno=remove_empno and deptno=y and x='MANAGER';
end if;
 if sql%found then
 out_code:=0;
 out_desc:='ok';
else
 out_code:=1;
 out_desc:='未删除记录';
end if;
 commit;
end;
```

实验二：内容要求

编写一个数据库触发器，当任何时候某个部门从 dept 中删除时，该触发器将从 emp 表中删除该部门的所有雇员。

```
create table dept (deptno number(3), dname varchar2(20), loc
varchar2(20));

CREATE OR REPLACE TRIGGER sys.del_emp_deptno
```

```
BEFORE DELETE ON dept
FOR EACH ROW
BEGIN
 DELETE FROM emp WHERE deptno=:OLD.deptno;
END;
/
```

# 第 12 章

项目实践——人力资源管理信息系统

**本章要点**

(1) 掌握人力资源管理系统各门信息管理、考勤管理模块的设计。

(2) 掌握人力资源管理系统的管理模块设计。

**学习目标**

(1) 了解人力资源管理系统的总体设计以及功能模块设计。

(2) 学习人力资源管理系统数据库的设计结构。

# 12.1 系 统 设 计

人力资源管理信息系统是一个非常通用的信息管理系统，本实例采用 Oracle 作为后台数据库，包含部门信息管理、员工信息管理、人员考勤管理、考勤类别管理等主要功能模块。

## 12.1.1 需求分析

人力资源管理信息系统主要有以下几项功能要求。

(1) 部门信息管理：添加、修改、查看部门基本信息。

(2) 员工信息管理：添加、修改、删除员工基本信息。

(3) 考勤规则管理：动态设置上下班时间，用于考勤参考。

(4) 人员考勤管理：添加、修改、删除员工的考勤情况信息。

(5) 系统管理：包括对系统用户相关信息的显示、添加、查询。

记录查询时可以显示员工信息列表，通过员工编号、姓名和部门等条件快速查询员工资料。

## 12.1.2 总体设计

根据各模块间的关系，进行系统流程分析。系统流程就是用户在使用系统时的工作过程，多用户系统的工作流程都从用户登录模块开始，对用户身份进行认证。

用户身份认证过程包括：确定用户是不是有效的系统用户，判断用户身份是否合法；确定用户的类型，根据用户角色决定用户的操作权限，从而决定用户登录的工作界面。

本实例的系统流程分析如图 12-1 所示。

根据系统流程分析图，可以发现如果用户输入的用户名和密码以及角色都无法与数据库中的数据匹配，则退出至系统登录页面。

本实例并没有对用户的权限做详细划分。除了 "管理员" 用户具有所有功能管理的权限外，其他权限用户登录后只能浏览查询本人信息。

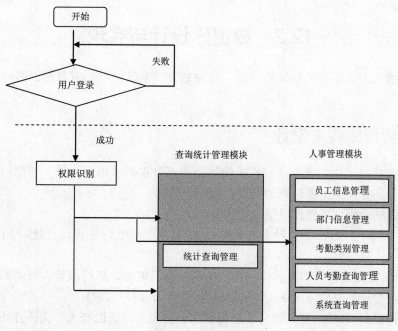

图 12-1　系统流程

## 12.1.3　功能模块设计

系统功能结构模块如图 12-2 所示，该结构由 5 个功能模块组成，分别是部门信息管理、员工信息管理、人员考勤管理、考勤规则管理、系统管理。

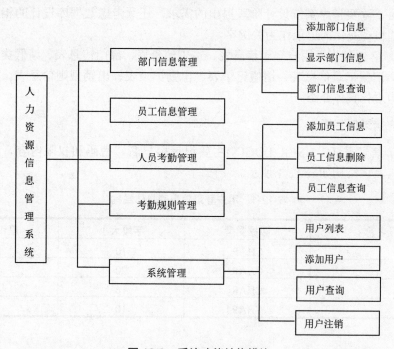

图 12-2　系统功能结构模块

# 12.2  数据库设计与实现

通过介绍人力资源管理系统的功能、模块划分和系统流程，对系统的整体结构有了全面的认识。

## 12.2.1  数据库需求设计

由系统的功能可知，需要建立相应的数据表，分别登录用户、员工和部门的资料，还需要数据表分别存储上下班时间的设置、请假等情况。

通过前面的分析，应建立以下几个实体。

(1)  员工(员工 ID、员工姓名、性别、出生日期、电话号码、住址、相片、部门名称)。

(2)  部门(部门编号、部门名称、部门电话、部门地址、部门领导、所属部门)。

(3)  用户登录信息(用户 ID、用户名、用户密码、用户权限)。

(4)  请假信息(编号、员工姓名、请假事由、请假原因、批准人、请假开始时间、请假结束时间)。

(5)  请假类别(编号、类型、是否带薪)。

## 12.2.2  数据逻辑结构设计

在创建数据表之前，首先要根据系统设计的要求对数据库进行逻辑结构设计，进行逻辑结构设计时，除要考虑系统设计阶段提出的需求，还须考虑数据库设计的相关规则，如表中加入一些自动变化的记录作为关键字。

本系统共有 9 种表：用户登录信息表、员工信息表、部门信息表、请假类别信息表、工种信息表、请假记录信息表、请假记录表、出勤记录表、出勤规则信息表。下面分别对这些表的结构进行具体介绍。

### 1．用户登录信息表

用户登录信息表(TB_USER_LOGIN)主要记录用户名、密码和权限内容，用于登录页面的验证，其具体结构如表 12-1 所示。

表 12-1  用户登录信息表具体结构

| 字段名称 | 数据类型 | 字段大小 | 是否为空 |
| --- | --- | --- | --- |
| ID | CHAR | 10 | 否 |
| USERNAME | CHAR | 20 | 是 |
| USERPASS | CHAR | 16 | 是 |
| USERROLE | CHAR | 10 | 是 |

### 2. 员工信息表

员工信息表(TB_EMPLOYEE)主要记录员工 ID、姓名、性别、年龄以及所在部门等相关信息，在员工管理和考勤管理等页面用到，其具体结构如表 12-2 所示。

表 12-2　员工信息表具体结构

| 字段名称 | 数据类型 | 字段大小 | 是否为空 |
| --- | --- | --- | --- |
| E_ID | CHAR | 7 | 否 |
| E_NAME | NVARCHAR2 | 100 | 否 |
| E_SEX | NVARCHAR2 | 100 | 否 |
| E_BIRTH | NVARCHAR2 | 100 | 是 |
| E_TEL | NVARCHAR2 | 100 | 否 |
| E_ADDRESS | NVARCHAR2 | 510 | 否 |
| E_INTRO | NVARCHAR2 | 510 | 是 |
| E_PICURL | NVARCHAR2 | 100 | 是 |
| D_NAME | NVARCHAR2 | 100 | 是 |

### 3. 部门信息表

部门信息表(TB_DEPARTMENT)用于存放部门的 ID、部门名称、部门电话、地址等相关信息，在部门管理相关页面中将用到，其具体结构如表 12-3 所示。

表 12-3　部门信息表具体结构

| 字段名称 | 数据类型 | 字段大小 | 是否为空 |
| --- | --- | --- | --- |
| D_ID | CHAR | 3 | 否 |
| D_NAME | CHAR | 10 | 否 |
| D_TEL | CHAR | 11 | 否 |
| D_ADDRESS | CHAR | 100 | 是 |
| D_CHIEF | CHAR | 10 | 是 |
| D_BELONG | CHAR | 10 | 是 |

### 4. 请假类别信息表

请假类别信息表(TB_LEAVER_KIND)用于请假是否带薪以及请假名称信息，其具体结构如表 12-4 所示。

表 12-4　请假类别信息表具体结构

| 字段名称 | 数据类型 | 字段大小 | 是否为空 |
| --- | --- | --- | --- |
| L_ID | CHAR | 6 | 否 |
| L_KIND | CHAR | 12 | 否 |
| L_ISSALRY_NOT | CHAR | 2 | 否 |

### 5. 工种信息表

工种信息表(TB_JOB_KIND)包括工种 ID、工种名称、工种性质、上班时间、下班时

间等信息，其具体结构如表 12-5 所示。

表 12-5　工种信息表具体结构

| 字段名称 | 数据类型 | 字段大小 | 是否为空 |
| --- | --- | --- | --- |
| J_ID | CHAR | 4 | 否 |
| J_NAME | CHAR | 12 | 否 |
| J_PROPERTY | CHAR | 10 | 否 |
| J_ONWORK1 | CHAR | 10 | 是 |
| J_ONWORK2 | CHAR | 10 | 是 |
| J_OFFWORK1 | CHAR | 10 | 是 |
| J_OFFWORK2 | CHAR | 10 | 是 |

### 6. 请假记录信息表

请假记录信息表(TB_LEAVER_RECORDREST)主要存放请假员工的编号、员工姓名、请假事由、请假原因、批准人等相关信息，在考勤管理页面将使用到，其具体结构如表 12-6 所示。

表 12-6　请假记录信息表具体结构

| 字段名称 | 数据类型 | 字段大小 | 是否为空 |
| --- | --- | --- | --- |
| ID | NUMBER | 10 | 是 |
| E_NAME | CHAR | 7 | 否 |
| L_KIND | CHAR | 12 | 否 |
| L_REASON | NCHAR | 400 | 是 |
| L_AGREER | CHAR | 8 | 否 |
| L_STARTTIME | NVARCHAR2 | 100 | 否 |
| L_ENDTIME | NVARCHAR2 | 100 | 否 |

### 7. 请假记录表

请假记录表(TB_LEAVER_RECORDEREST)用于记录员工各种请假事由、请假的起止时间以及签字人等相关信息，在请假管理模块中用到，其具体结构如表 12-7 所示。

表 12-7　请假记录表具体结构

| 字段名称 | 数据类型 | 字段大小 | 是否为空 |
| --- | --- | --- | --- |
| ID | NUMBER | 10 | 是 |
| E_NAME | CHAR | 7 | 否 |
| L_KIND | CHAR | 12 | 否 |
| L_REASON | NCHAR | 400 | 是 |
| L_AGREER | CHAR | 8 | 否 |
| L_STARTTIME | NVARCHAR2 | 100 | 否 |
| L_ENDTIME | NVARCHAR2 | 100 | 否 |

### 8. 出勤记录表

出勤记录表(TB_ATTENDECE_RESULT)用于记录员工上下班详细时间，在考勤管理模块中用到，其具体结构如表 12-8 所示，表中 Number 型数据字段大小(10,0)表示数值是 10 位整数数据而无小数。

表 12-8　出勤记录表具体结构

| 字段名称 | 数据类型 | 字段大小 | 是否为空 |
| --- | --- | --- | --- |
| A_ID | NUMBER | (10,0) | 是 |
| E_ID | CHAR | 7 | 否 |
| A_WORKTIME | NUMBER | (10,0) | 是 |
| A_ONWORK1 | TIMESTAMP | 6 | 是 |
| A_ONWORK2 | TIMESTAMP | 6 | 是 |
| A_OFFWORK1 | TIMESTAMP | 6 | 是 |
| A_OFFWORK2 | TIMESTAMP | 6 | 是 |

### 9. 出勤规则信息表

出勤规则信息表(TB_ATTENDENCE_RULE)用于存放上下班时间，用于员工考勤时作参考，其具体结构如表 12-9 所示。

表 12-9　出勤规则信息表具体结构

| 字段名称 | 数据类型 | 字段大小 | 是否为空 |
| --- | --- | --- | --- |
| ONWORK_AHEAD | CHAR | 10 | 否 |
| ONWORK_NORMAL | CHAR | 10 | 否 |
| ONWORK_DELAY | CHAR | 10 | 否 |
| ONWORK_NORMAL | CHAR | 10 | 否 |

# 12.3　人力资源管理

在人力资源管理模块中包含了部门信息管理、员工信息管理两大部分，下面分别介绍其设计与实现。

在讲述各模块前，需理解 Web.config 的概念及本系统的相关设置，实质上 Web.config 文件就是一个 XML 文本文件，它用来存储 ASP.NET Web 应用程序的配置信息(如最常用来设置 ASP.NET Web 应用程序的身份验证方式)，它可以出现在应用程序的每一个目录中。当你通过向导新建一个 Web 应用程序后，默认情况下，会在根目录自动创建一个默认的 Web.config 文件，包括默认的配置设置，所有的子目录都继承它的配置设置。如果你想修改子目录的配置设置，可以在该子目录下新建一个 Web.config 文件。它可以提供除从父目录继承的配置信息以外的配置信息，也可以重写或修改父目录中定义的设置。

在运行时对 Web.config 文件的修改不需要重启服务就可以生效(<processModel> 节例外)。当然 Web.config 文件是可以扩展的。你可以自定义新配置参数并编写配置节处理程序以对它们进行处理。

C#对 Oracle 数据库中的表的连接和操作所使用的语句与连接其他数据库有所不同，以下是人力资源管理系统中，设置 Oracle 数据库连接字符串的代码。

```
<configuration>
    <appSettings/>
    <connectionStrings>
        <!--连接 Oracle 数据库的字符串-->
        <add name="Mispersonalconn" connectionString="User
Id=system;Password=psw123;Data Source=orcl"
providerName="Oracle.DataAccess.Client"></add>
    </connectionStrings>
```

## 12.3.1　部门信息管理

部门属于行政机构之下，此模块提供对部门信息的维护和管理，此模块共包括以下四个页面。

- DisplayDepart.aspx：显示部门信息页面。
- Add_Depart.aspx：新增部门信息页面。
- List_Depart.aspx：查看或者编辑部门详细信息页面。
- Search_Depart.aspx：查询部门信息页面。

### 1．页面显示层

当客户端发起页面访问时，最先看到的相关页面信息即为页面显示层，在部门信息管理模块中，下面让我们一起来分析各页面的代码。

### 1）DisplayDepart.aspx

DisplayDepart.aspx 页面用于显示、更新和删除当前登录用户所在的部门，在 Mispersonal 开发环境中，选择"文件"→"新建"→"文件"命令，在弹出的窗体中选择 Web 窗体，并命名为 DisplayDepart.aspx，窗口布局如图 12-3 所示。

图 12-3　"部门详细信息"页面

"部门详细信息"页面的控件及属性设置如表 12-10 所示。

表 12-10　"部门详细信息"页面的控件及属性设置

| 控　　件 | 属　　性 | 属　性　值 | 对应 Text |
|---|---|---|---|
| System.Web.UI.WebControls.TextBox | ID | TxtID | 部门编号 |
| System.Web.UI.WebControls.TextBox | ID | TxtName | 部门名称 |
| System.Web.UI.WebControls.TextBox | ID | TxtTel | 联系方式 |
| System.Web.UI.WebControls.TextBox | ID | TxtAddress | 联系地址 |
| System.Web.UI.WebControls.TextBox | ID | TxtChief | 负责人 |
| System.Web.UI.WebControls.TextBox | ID | TxtBelong | 所属部门 |
| System.Web.UI.WebControls.Button | ID | Edit | 更新 |
| System.Web.UI.WebControls.Button | ID | Delete | 删除 |

调整控件及页面布局，每个页面左边的树形控制和表头部分与其他页面共用，因此在.aspx 文件中需要添加的调用代码如下。

```
<%@ Register Src="../../UserControl/Left_Navlist.ascx"
TagName="Left_Navlist" TagPrefix="uc3" %>
<%@ Register Src="../../UserControl/Header.ascx" TagName="Header"
TagPrefix="uc1" %>
```

从上面的页面布置可以看到更新和删除按钮，在页面显示层的类中需要处理响应事件，在页面显示层.aspx 文件中添加按钮的事件声明，具体代码如下。

```
<asp:Button ID="Edit" runat="server" Text="更新" OnClick="Edit_Click" />
                <asp:Button ID="Delete" runat="server" Text="删除"
OnClick="Delete_Click" />
```

页面的相关属性和代码设置好后，需要对页面显示层的类中响应函数进行功能代码编写。此系统是与 Oracle 数据库连接，并对数据表进行操作，因此在 dispalyPart.aspx.cs 文件中添加对 Oracle 数据库操作的引用空间，代码如下。

```
using Oracle.DataAccess.Client;
```

这时大家可能会发现此语句色彩与其他语句的色彩不一致，且下面带有波浪线，在 Visual 2008 中有此标志的都示意有错，因为 Oracle.DataAccess.Client 不是.NET Frame 的引用空间，它是 Oracle 公司提供的数据访问组件，因此需要安装 Oracle 客户端软件。

在成功安装 Oralce 客户端软件后，还需要向工程添加引用，具体步骤如下。

① 右击 Mispersonal 工程，在弹出的快捷菜单中选择"添加引用"命令，如图 12-4 所示。

② 在弹出的"添加引用"对话框中选择.NET 属性页，在此页面中找到 Oracle.DataAccess 组件，选中并单击"确定"按钮，完成引用组件添加，如图 12-5 所示。

③ 添加完成，为验证是否已成功，打开"类视图"→"项目引用"，可以看到项目

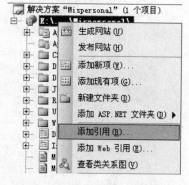

图 12-4　选择"添加引用"命令

中有用的引用组件， Oracle.DataAccess 已经引用到此项目中，如图 12-6 所示。

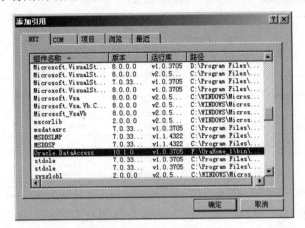

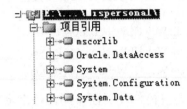

图 12-5　"添加引用"对话框　　　　　　图 12-6　"项目引用"列表

添加完引用后，便可引用相关的 Oracle 数据操作控件，在对数据库进行操作前，首先要做的事情是在页面加载时获得相关的数据，代码如下。

```
protected void Page_Load(object sender, EventArgs e)
{
    if (!IsPostBack)
    {
        string id = Request["D_ID"];
        string name = Request["D_Name"];
        Session["D_ID"] = id;
        Session["D_Name"] = name;
        Bond();//数据绑定功能，类成员函数
    }
}
```

在 Bond 函数中，根据当前部门 ID 号，从 Oracle 数据库中查找出部门信息放置到 DataReader 中，然后分别绑定到相关的控件进行显示，代码如下。

```
private void Bond()
{
    string id = (string)Session["D_ID"];
    string sql = "select * from [Tb_department] where D_ID='" + id + "'";
    string connstr = ConfigurationManager.ConnectionStrings
     ["Mispersonalconn"].ConnectionString;
    OracleConnection Sqlconn = new OracleConnection(connstr);
    //与Oralce建立连接
    Sqlconn.Open();//打开连接
    OracleCommand sc = new OracleCommand(sql, Sqlconn);//建立SQL Command
    OracleDataReader myreader = sc.ExecuteReader();//将结果放到DataReader中
    if (myreader.Read())
    {
        TxtID.Text = myreader[0].ToString();
        TxtName.Text = myreader[1].ToString();
        TxtTel.Text = myreader[2].ToString();
        TxtAddress.Text = myreader[3].ToString();
        TxtChief.Text = myreader[4].ToString();
```

```
        TxtBelong.Text = myreader[5].ToString();
        Sqlconn.Close();
    }
}
```

数据在页面加载后，当用户单击更新按钮时，将调用页面显示层的类中的 Edit_click 函数，在此函数中，首先判断用户的权限是否为管理员，满足此条件时连接数据库，并将更新后的数据放入数据库，否则弹出对话框告知权限不够。相关代码如下。

```
protected void Edit_Click(object sender, EventArgs e)
{
    if ((string)Session["Name"] != "")
    {
        if ((string)Session["role"] == "管理员")//判断权限 2
        {
            string sql = "Update [Tb_department] set D_Name='"
                +TxtName.Text.Trim()+"',D_Tel='"
                +TxtTel.Text.Trim()+"',D_Address='"
                +TxtAddress.Text.Trim()+"',D_Chief='"
                +TxtChief.Text.Trim()+"',D_Belong='"
                +TxtBelong.Text.Trim()+"'"+"where D_ID='"
                +TxtID.Text.Trim()+"' ";
            string connstr = ConfigurationManager.ConnectionStrings
            ["Mispersonalconn"].ConnectionString;//获得连接字符串
            OracleConnection Sqlconn = new OracleConnection(connstr);
            //建立连接
            Sqlconn.Open();.//打开连接
            OracleCommand sc = new OracleCommand(sql, Sqlconn);
            sc.ExecuteNonQuery();//执行更新
            lbMessage.Text = "您已成功更新 1 条记录!";
            Sqlconn.Close();
        }
        else
        {
            Response.Write("<script>alert('只有管理员才可以进行此操作!')</script>");
        }
    }
    else
    {
        Response.Redirect("Default.aspx");
    }
}
```

当用户单击删除按钮时，将调用页面显示层的类中的 Delete_click 函数，在此函数中，首先判断用户的权限是否为管理员，满足此条件时连接数据库，删除 session 中 ID 对应的部门，否则弹出窗口对话框告知权限不够。相关代码如下。

```
protected void Delete_Click(object sender, EventArgs e)
{
    if ((string)Session["Name"] != "")
    {
        if ((string)Session["role"] == "管理员")//判断角色
        {
            string id = (string)Session["D_ID"];
```

```
string sql = "delete from [Tb_department] where D_ID='" + id + "'";
string connstr = ConfigurationManager.ConnectionStrings
["Mispersonalconn"].ConnectionString;//获得连接字符串
OracleConnection Sqlconn = new OracleConnection(connstr);
Sqlconn.Open();
OracleCommand sc = new OracleCommand(sql, Sqlconn);
sc.ExecuteNonQuery();
Sqlconn.Close();
Response.Redirect("~/WebFiles/Department/List_Depart.aspx");
    }
    else
    {
        Response.Write("<script>alert('只有管理员才可以进行此操作!')</script>");
    }
  }
  else
  {
    Response.Redirect("Default.aspx");
  }
}
```

2) Add_Depart.aspx

Add_Depart.aspx 页面用于显示、更新和删除当前登录用户所在的部门，在 Mispersonal 开发环境中，选择"文件"→"新建"→"文件"命令，在弹出的窗体中选择 Web 窗体，并命名为 Add_Depart.aspx，窗口布局如图 12-7 所示。

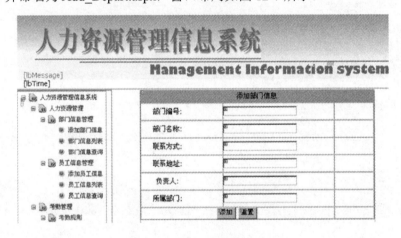

图 12-7 "添加部门信息"页面

"添加部门信息"页面的控件及属性设置如表 12-11 所示。

表 12-11 "添加部门信息"页面的控件及属性设置

| 控　件 | 属　性 | 属　性　值 | 对应 Text |
|---|---|---|---|
| System.Web.UI.WebControls.TextBox | ID | Tb_id | 部门编号 |
| System.Web.UI.WebControls.TextBox | ID | Tb_Name | 部门名称 |
| System.Web.UI.WebControls.TextBox | ID | Tb_Tel | 联系方式 |
| System.Web.UI.WebControls.TextBox | ID | Tb_Address | 联系地址 |

续表

| 控　件 | 属　性 | 属 性 值 | 对应 Text |
|---|---|---|---|
| System.Web.UI.WebControls.TextBox | ID | Tb_Chief | 负责人 |
| System.Web.UI.WebControls.TextBox | ID | Tb_Belong | 所属部门 |
| System.Web.UI.WebControls.Button | ID | Btn_add | 添加 |
| System.Web.UI.WebControls.Button | ID | Btn_cancel | 重置 |

调整控件及页面布局，由于每个页面左边的树形控件和表头部分，与其他页面共用，因此在.aspx 文件中需要添加的调用代码如下。

```
<%@ Register Src="../../UserControl/Left_Navlist.ascx"
TagName="Left_Navlist" TagPrefix="uc3" %>
<%@ Register Src="../../UserControl/Header.ascx" TagName="Header"
TagPrefix="uc1" %>
```

从上面的页面布置可以看到添加和重置按钮，在页面显示层的类中处理响应事件，在页面显示层的.aspx 文件中添加按钮的事件声明，具体代码如下。

```
<asp:Button ID="btn_add" runat="server" OnClick="btn_add_Click" Text="添加" />
<asp:Button ID="btn_cancel" runat="server" Text="重置" />
```

如果要调整页面控件的相关属性，如高度、样式、名称等，都可以直接从源文件中修改，代码如下。

```
<td style="width: 115px; height: 35px" align="center">
部门编号:</td>
<td style="width: 140px; height: 35px;">
<asp:TextBox ID="tb_id" runat="server"></asp:TextBox></td>
<td style="width: 55px; height: 35px">
</td>
```

在前一页面中已经完成项目添加 Oracle.DataAccess 引用，在这里只需要在页面显示层的类中添加引用声明，代码如下。

```
using Oracle.DataAccess.Client;
```

添加完引用空间声明，需要对页面显示层的类 Add_Depart.aspx.cs 进行代码编写，在这里需要添加"添加"按钮的响应事件，在事件处理函数中需要对各控件内输入数据的有效性进行检查，并对不符条件，将弹出对话框予以提示，当所有的数据都成立时，通过调用数据库操作类中的插入数据功能后，跳转到部门列表显示页面，具体代码如下。

```
protected void btn_add_Click(object sender, EventArgs e)
{
    if (tb_id.Text.Trim() == "")//检查数据输入的有效性
    {
        Response.Write("<script>alert('部门编号不能为空')</script>");
        return;
    }
    if (tb_name.Text.Trim() == "")
    {
        Response.Write("<script>alert('部门名称不能为空')</script>");
        return;
```

```
    }
    if (tb_tel.Text.Trim() == "")
    {
        Response.Write("<script>alert('联系电话不能为空')</script>");
        return;
    }
    if (tb_address.Text.Trim() == "")
    {
        Response.Write("<script>alert('联系地址不能为空')</script>");
        return;
    }
    if (tb_chief.Text.Trim() == "")
    {
        Response.Write("<script>alert('负责人不能为空')</script>");
        return;
    }
    if (tb_belong.Text.Trim() == "")
    {
        Response.Write("<script>alert('所属部门不能为空')</script>");
        return;
    }
    department Add_depart = new department();//创建部门类
Add_depart.Insert(tb_id.Text, tb_name.Text,tb_tel.Text,
tb_address.Text,tb_chief.Text,tb_belong.Text);//调用总门类的插入数据函数
    Response.Redirect("~/WebFiles/Department/List_Depart.aspx");
    //跳转到总部列显示面
}
```

3) List_Depart.aspx

List_Depart.aspx 页面利用 GridView 控件将所有的部门信息以及负责人显示出来，为实现其功能，需要在 Mispersonal 开发环境中，选择"文件"→"新建"→"文件"命令，在弹出的窗体中选择 Web 窗体，并命名为 List_Depart.aspx，窗口布局如图 12-8 所示。

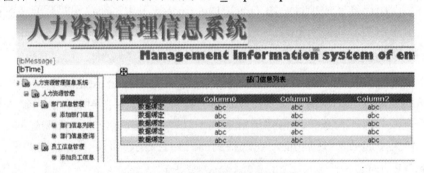

图 12-8　"部门信息列表"页面

在页面中添加 GridView 控件，且保留 GirdView 的其他设置，不做更改，在.aspx 源文件中设置了 GridView 相关列和背景部分的颜色，并将 GridView 的 ID 属性设置为 ListDepart，具体代码如下。

```
<asp:GridView ID="ListDepart" runat="server" CellPadding="4"
    ForeColor="#333333" GridLines="None"
        Width="618px" Height="1px" PageSize="100">
        <FooterStyle BackColor="#507CD1" Font-Bold="True" ForeColor="White" />
```

```
        <RowStyle BackColor="#EFF3FB" />
        <EditRowStyle BackColor="#2461BF" />
        <SelectedRowStyle BackColor="#D1DDF1" Font-Bold="True"
                ForeColor="#333333" />
        <PagerStyle BackColor="#2461BF" ForeColor="White"
                HorizontalAlign="Center" />
        <HeaderStyle BackColor="#507CD1" Font-Bold="True"
                ForeColor="White" />
        <AlternatingRowStyle BackColor="White" />
        <Columns>
            <asp:HyperLinkField DataNavigateUrlFields="部门编号,部门名称"
                    DataNavigateUrlFormatString="~/WebFiles/Department/
                    DisplayDepart.aspx?D_ID={0}&amp;D_Name={1}"
            DataTextField="部门名称" HeaderImageUrl="~/WebFiles/Images/user.gif" />
        </Columns>
</asp:GridView>
```

在此页面也需要对 Oracle 数据库进行操作，因此同样需要在.cs 文件引用空间中添加如下代码。

```
using Oracle.DataAccess.Client;
```

添加完引用空间声明，接下来就要手动设置 GridView 的数据源并完成数据绑定，本页面通过 OracleDataAdapter 对象暂存 SQL 查询的结果作为数据集，将此数据集作为 GridView 的数据源，并绑定数据。具体代码如下。

```
protected void Page_Load(object sender, EventArgs e)
{
    if(!IsPostBack)
    Bind();//绑定数据
}
private void Bind()
{
    OracleConnection con = new OracleConnection(ConfigurationManager.
        ConnectionStrings["Mispersonalconn"].ConnectionString);
    string sql = "select D_ID 部门编号,D_Name 部门名称,D_Tel 联系电话,
        D_Address 联系地址,D_Chief 负责人,D_Belong 所属部门 from
        [Tb_department]";//构造查询语句
    OracleDataAdapter sda = new OracleDataAdapter(sql, con);//存储查询结果
    DataSet ds = new DataSet();//定义创建数据集
    sda.Fill(ds, "temp");
    con.Close();
    ListDepart.DataSource = ds.Tables["temp"].DefaultView;//设置数据源
    ListDepart.DataBind();//绑定数据
}

protected void ListDepart_PageIndexChanging(object sender,
GridViewPageEventArgs e)
{
    ListDepart.PageIndex = e.NewPageIndex;
    DataBind();

}
```

4) Search_Depart.aspx

Search_Depart.aspx 页面可通过部门编号、部门名称以及负责人向数据表提交查询，选择并通过 GridView 控件显示部门信息，为实现其功能，需要在 Mispersonal 开发环境中，选择"文件"→"新建"→"文件"命令，在弹出的窗体中选择 Web 窗体，并命名为 Search_Depart.aspx，窗口布局如图 12-9 所示。

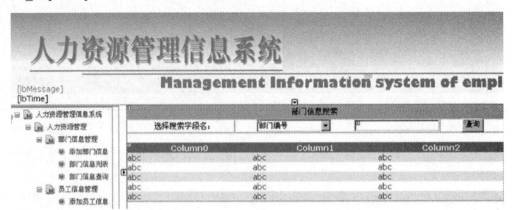

图 12-9　"部门信息搜索"页面

页面上所用到的控件及属性设置如表 12-12 所示。

表 12-12　"部门信息搜索"页面的控件及属性设置

| 控　件 | 属　性 | 属 性 值 | 对应 Text |
|---|---|---|---|
| System.Web.UI.WebControls.DropDownList | ID | role | 选择搜索字段名 |
| System.Web.UI.WebControls.GridView | ID | List_employee | |
| System.Web.UI.WebControls.TextBox | ID | TextContent | |
| System.Web.UI.WebControls.Button | ID | brn_search | 查询 |

调整相关控件布局，并为 DropDownList 添加 ListItem 项目，代码如下。

```
<asp:DropDownList ID="role" runat="server" Width="135px">
<asp:ListItem>部门编号</asp:ListItem>
<asp:ListItem>部门名称</asp:ListItem>
<asp:ListItem>负责人</asp:ListItem>
</asp:DropDownList>
```

与前一页面相似，不需要在页面上设置 GridView 的数据源、数据绑定，这些工作在页面显示层的类中完成，在此层只需设置 GridView 显示页面，具体代码如下。

```
<asp:GridView ID="List_employee" runat="server" CellPadding="4"
ForeColor="#333333" GridLines="None"
Width="684px">
<FooterStyle BackColor="#507CD1" Font-Bold="True" ForeColor="White" />
<RowStyle BackColor="#EFF3FB" />
<EditRowStyle BackColor="#2461BF" />
<SelectedRowStyle BackColor="#D1DDF1" Font-Bold="True"
    ForeColor="#333333" />
```

```
    <PagerStyle BackColor="#2461BF" ForeColor="White"
        HorizontalAlign="Center" />
    <HeaderStyle BackColor="#507CD1" Font-Bold="True" ForeColor="White" />
    <AlternatingRowStyle BackColor="White" />
</asp:GridView>
```

页面设置完成后，需要在页面显示层的类中层响应 brn_search_Click 事件，并创建 user 对象，再根据输入的字段内容，构造 SQL 语句，用 User 对象进行数据查询，得到的结果存放在 OracleDataReader 对象中，返回给调用者，并作为 GridView 对象的 List_employee，将结果显示在页面上，具体代码如下。

```
protected void brn_search_Click(object sender, EventArgs e)
{
    if (role.SelectedValue == "部门编号")//按部门编号查询
    {
        if (TxtContent.Text.Trim() == "")
        {
            Response.Write("<script>alert('部门编号不能为空!')</script>");
        }
        else
        {
            string sql = "select D_ID 部门编号,D_Name 部门名称,D_Tel 联系电话,
                D_Address 联系地址,D_Chief 负责人,D_Belong 所属部门 from [Tb_department]
                where [D_ID]='" + TxtContent.Text.Trim() + "'";
            user Search = new user();//构造 User 对象
            OracleDataReader myreader = Search.Login(sql);//得到 OracleDataReader
            List_employee.DataSource = myreader;
            List_employee.DataBind();
        }
    }
    else if (role.SelectedValue == "部门名称")//按部门名称查询
    {
        if (TxtContent.Text.Trim() == "")
        {
            Response.Write("<script>alert('部门名称不能为空!')</script>");
        }
        else
        {
            string sql = "select D_ID 部门编号,D_Name 部门名称,D_Tel 联系电话,
                D_Address 联系地址,D_Chief 负责人,D_Belong 所属部门 from [Tb_department]
                where [D_Name]='" + TxtContent.Text.Trim() + "'";
            user Search = new user();//构造 User 对象
            OracleDataReader myreader = Search.Login(sql);//得到 OracleDataReader
            List_employee.DataSource = myreader;
            List_employee.DataBind();
        }
    }
    else
    {
        if (TxtContent.Text.Trim() == "")//按负责人查询
        {
            Response.Write("<script>alert('负责人不能为空!')</script>");
        }
```

```
        else
        {
            string sql = "select D_ID 部门编号,D_Name 部门名称,D_Tel 联系电话,
                D_Address 联系地址,D_Chief 负责人,D_Belong 所属部门 from [Tb_department]
                where [D_Chief]='" + TxtContent.Text.Trim() + "'";
            user Search = new user();//构造 User 对象
            OracleDataReader myreader = Search.Login(sql);//得到 OracleDataReader
            List_employee.DataSource = myreader;
            List_employee.DataBind();
        }
    }
}
```

**2.数据库操作类**

部门管理的数据库操作类(department.cs)可以用于执行 SQL 语句并返回 OracleDataReader 对象,还可以通过 Insert 函数向数据表中插入数据。为建立数据库操作类 Department,可按照以下步骤完成添加。

(1) 选择 MisPersonal 工程中的"文件"→"新建"→"文件"命令,弹出如图 12-10 所示的对话框。

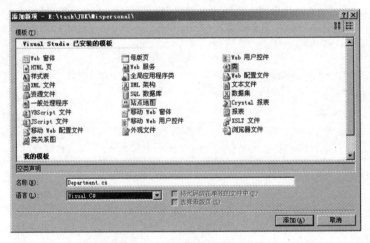

图 12-10 "添加新项"对话框

(2) 在对话框中"模板"一项下面选择"类",并在"名称"一栏中填入 Department.cs,语言选择为 Visual C#。

(3) 设置完成,单击"添加"按钮,项目将自动添加 App_Code 目录和 Department.cs 文件。

在这个 C#文件中需要对 Oracle 数据库进行操作,因此同样需要在引用空间中添加对 Oracle 数据库访问的命名空间。

```
using Oracle.DataAccess.Client;
```

通过向导已经自动为 Department 创建了基本的框架,在此需要添加相关的对 Oracle 数据库进行操作的实例对象,代码如下。

```
//先申明一系列常用的对象
```

```
private string connstr;
private OracleConnection Sqlconn;
private OracleCommand Sqlcmd;
private OracleDataAdapter Sqladpter;
private DataSet ds;
private OracleDataReader Sqlreader;
```

在 department 构造函数中，对所有的实例分配内存空间，获得 Oracle 连接字符串，具体代码如下。

```
public department()
{//初始化所有的实例
    connstr = ConfigurationManager.ConnectionStrings ["Mispersonalconn"].
        ConnectionString;
Sqlconn = new OracleConnection(connstr);
Sqlcmd = new OracleCommand();
Sqladpter = new OracleDataAdapter();
ds = new DataSet();
}
```

Login 成员函数主要是执行调用者传来的 SQL 语句，并返回结果，结果放置在 OracleDataReader 实例对象中，代码如下。

```
public OracleDataReader Login(string sql)
{
Sqlcmd.CommandText = sql;
Sqlcmd.Connection = Sqlconn;
if (Sqlconn.State == ConnectionState.Closed) { Sqlconn.Open(); }
Sqlreader = Sqlcmd.ExecuteReader(CommandBehavior.CloseConnection);
return Sqlreader;
}
```

Insert 函数将传来的数据通过构造 SQL 语句插入数据表中，代码如下。

```
public void Insert(string D_ID, string D_Name,string D_Tel, string
D_Address, string D_Chief, string D_Belong)
{//执行添加动作    (E_ID,E_Name,E_Sex,E_Birth,E_Tel,E_Address)
    Sqlcmd.CommandText = "insert into [Tb_department] values('" + D_ID +
        "','" + D_Name + "','" + D_Tel + "','" + D_Address + "', '" + D_Chief
        + "','" + D_Belong + "')";
Sqlcmd.Connection = Sqlconn;
Sqlconn.Open();
Sqlcmd.ExecuteNonQuery();
}
```

## 12.3.2　员工信息管理

员工信息管理是人力资源管理系统中的重要组成部分，此管理模块提供对员工信息的维护和管理，由以下四个页面组成。

● Add_employee.aspx：添加员工信息页面。

● DisplayEmployee.aspx：显示员工详细信息页面。

● List_employee.aspx：以列表形式显示所有员工详细信息页面。

- Search_employee.aspx：查找员工信息页面。

### 1. 页面显示层

当客户端发起页面访问时，最先看到的相关页面信息即为页面显示层，而页面显示层所执行的动作响应、控件设置等是在页面显示层的类中完成的。下面让我们一起来分析各页面显示层的代码，最后理解所有页面共用的数据库操作部分。

1) Add_employee.aspx

Add_employee.aspx 页面用于添加员工信息到数据表，在 Mispersonal 开发环境中，选择"文件"→"新建"→"文件"命令，在弹出的窗体中选择 Web 窗体，并命名为 Add_employee.aspx，窗口布局如图 12-11 所示。

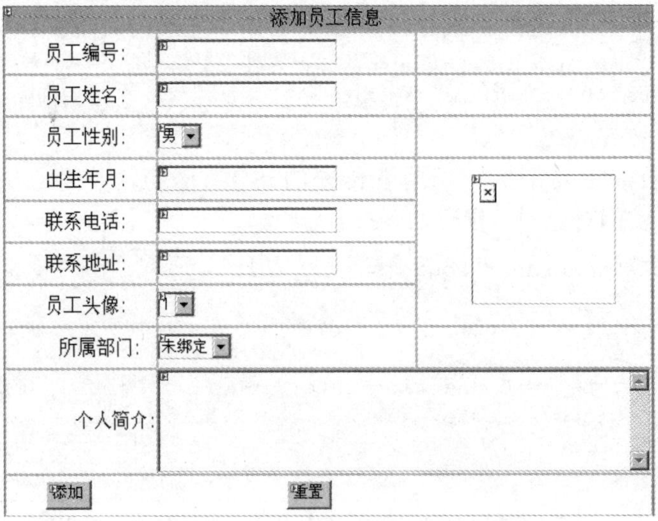

图 12-11    "添加员工信息"页面

"添加员工信息"页面的控件及属性设置如表 12-13 所示。

表 12-13    "添加员工信息"页面的控件及属性设置

| 控  件 | 属  性 | 属 性 值 | 对应 Text |
|---|---|---|---|
| System.Web.UI.WebControls.TextBox | ID | Tb_id | 员工编号 |
| System.Web.UI.WebControls.TextBox | ID | Tb_name | 员工姓名 |
| System.Web.UI.WebControls.TextBox | ID | Tb_birth | 出生日期 |
| System.Web.UI.WebControls.TextBox | ID | Tb_tel | 负责人 |
| System.Web.UI.WebControls.TextBox | ID | Tb_intro | 个人简介 |
| System.Web.UI.WebControls.DropDownList | ID | sex | 性别 |
| System.Web.UI.WebControls.DropDownList | ID | picurl | 员工头像 |
| System.Web.UI.WebControls.DropDownList | ID | Agreer | 所属部门 |
| System.Web.UI.WebControls.Button | ID | add | 添加 |
| System.Web.UI.WebControls.Button | ID | cancel | 重置 |

调整控件及页面布局，由于各页面左边的树形控件和表头部分与其他页面共用，因此

在.aspx 文件中需要添加的调用代码如下。

```
<%@ Register Src="../../UserControl/Left_Navlist.ascx"
TagName="Left_Navlist" TagPrefix="uc3" %>
<%@ Register Src="../../UserControl/Header.ascx" TagName="Header"
TagPrefix="uc1" %>
```

从上面的页面布置可以看到更新和删除按钮，在页面显示层的类中添加处理响应事件，还需在页面显示层.aspx 文件中添加按钮的事件声明，具体代码如下。

```
<asp:Button ID="add" runat="server" Text="添加" OnClick="add_Click" />
```

页面显示层中性别、员工头像、所属部门的 ListItem 属性，需要在页面显示层的类中进行功能代码编写。

① Sex 只包含男和女两项，因此 ListItem 属性设置代码如下。

```
<asp:DropDownList ID="sex" runat="server">
    <asp:ListItem>男</asp:ListItem>
    <asp:ListItem>女</asp:ListItem>
 </asp:DropDownList></td>
```

② Picurl 是显示用户头像的控件，用索引号对应不同的图片。因此 ListeItem 属性设置代码如下。

```
<asp:DropDownList ID="picurl" runat="server"
OnSelectedIndexChanged="picurl_SelectedIndexChanged">
    <asp:ListItem>1</asp:ListItem>
    <asp:ListItem>2</asp:ListItem>
    <asp:ListItem>3</asp:ListItem>
    <asp:ListItem>4</asp:ListItem>
    <asp:ListItem>5</asp:ListItem>
</asp:DropDownList>
```

③ Agreer 是部门列表控件对象，它的 ListItem 属性是从数据库中获得，因此 ListeItem 在页面显示层的代码如下。

```
<asp:DropDownList ID="Agreer" runat="server">
    </asp:DropDownList></td>
```

完成页面显示层的设置之后，需要做的就是添加与 Oracle 数据库连接的引用空间声明，因此在 dispalyPart.aspx.cs 文件中添加对 Oracle 数据库操作的引用空间，代码如下。

```
using Oracle.DataAccess.Client;
```

在页面加载时，在页面显示层的类中需对相关控件和数据进行初始化，如显示图片、连接数据库字符串等，代码如下。

```
protected void Page_Load(object sender, EventArgs e)
{
    if (!IsPostBack)
    {
        this.tb_birth.Attributes.Add("onfocus", "javascript:calendar()");
        Image1.ImageUrl = "~/WebFiles/Images/" + picurl.SelectedValue + ".GIF";
        string connstr = ConfigurationManager.ConnectionStrings
            ["Mispersonalconn"].ConnectionString;
```

```
OracleConnection Sqlconn = new OracleConnection(connstr);
DataSet ds = new DataSet();
string Agreerstr = "select D_ID,D_Name from Tb_department order by
    D_ID desc";
OracleDataAdapter SqlAgreer = new OracleDataAdapter(Agreerstr, Sqlconn);
SqlAgreer.Fill(ds, "Agreer");
Agreer.DataSource = ds.Tables["Agreer"].DefaultView;
Agreer.DataTextField = "D_Name";
Agreer.DataValueField = "D_ID";
Agreer.DataBind();
Sqlconn.Close();
    }
}
```

当用户输入员工信息后，单击"添加"按钮触发 add_click 事件处理函数，在此函数中
需要对数据的有效性进行检查，对不满足条件的项弹出提示对话框；在所有输入的数据有
效时，创建数据库操作类 Employ 实例对象，利用此对象将数据插入数据表中，完成后重
定向到页面 List_employee.aspx，具体功能代码如下。

```
protected void add_Click(object sender, EventArgs e)
{
    if (tb_id.Text.Trim() == "")//检查 ID 的有效性
    {
        Response.Write("<script>alert('员工编号不能为空')</script>");
        return;
    }

    if (tb_birth.Text.Trim() == "")//出生日期不能为空
    {
        Response.Write("<script>alert('出生年月不能为空')</script>");
        return;
    }

    if (tb_tel.Text.Trim() == "")//电话号码不能为空
    {
        Response.Write("<script>alert('联系电话不能为空')</script>");
        return;
    }
    if (tb_address.Text.Trim() == "")
    {
        Response.Write("<script>alert('联系地址不能为空')</script>");
        return;
    }
    Employ Registor = new Employ();//创建实例对象
    string pic= "~/WebFiles/Images/" + picurl.SelectedValue + ".GIF";
Registor.Insert(tb_id.Text.Trim(),tb_name.Text.Trim(),sex.SelectedValue,
tb_birth.Text.Trim(),tb_tel.Text.Trim(),tb_address.Text.Trim(),Agreer.
SelectedValue,tb_intro.Text.Trim(),pic);//构造 SQL 语句，并调用函数将数据插入表
    Response.Redirect("~/WebFiles/Employee/List_employee.aspx");
}
```

重置按钮事件处理函数 cancle_click 的功能较为简单，只是将相关控件的内容置空，
具体代码如下。

```
protected void cancel_Click(object sender, EventArgs e)
{
    tb_id.Text = "";
    tb_name.Text = "";
    tb_birth.Text = "";
    tb_tel.Text= "";
    tb_address.Text = "";
    tb_intro.Text = "";

}
```

2)　DisplayEmployee.aspx

DisplayEmployee.aspx 页面用于显示、更新和删除当前员工编号的详细信息，在 Mispersonal 开发环境中，选择"文件"→"新建"→"文件"命令，在弹出的窗体中选择 Web 窗体，并命名为 DisplayEmployee.aspx，窗口布局如图 12-12 所示。

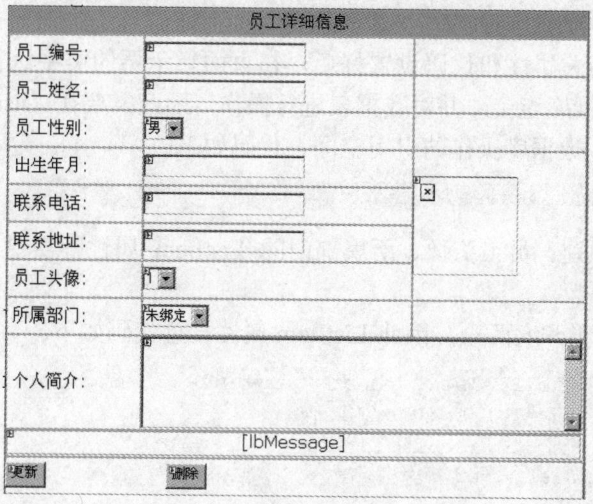

**图 12-12　"员工详细信息"页面**

页面上所用到的控件及属性设置如表 12-14 所示。

**表 12-14　"员工详细信息"页面的控件及属性设置**

| 控　件 | 属　性 | 属 性 值 | 对应 Text |
|---|---|---|---|
| System.Web.UI.WebControls.TextBox | ID | Txt_id | 员工编号 |
| System.Web.UI.WebControls.TextBox | ID | Txt_name | 员工姓名 |
| System.Web.UI.WebControls.TextBox | ID | Txt_birth | 出生日期 |
| System.Web.UI.WebControls.TextBox | ID | Txt_tel | 负责人 |
| System.Web.UI.WebControls.TextBox | ID | Txt_intro | 个人简介 |
| System.Web.UI.WebControls.DropDownList | ID | sex | 性别 |
| System.Web.UI.WebControls.DropDownList | ID | picurl | 员工头像 |
| System.Web.UI.WebControls.DropDownList | ID | Agreer | 所属部门 |
| System.Web.UI.WebControls.Button | ID | add | 添加 |
| System.Web.UI.WebControls.Button | ID | cancel | 重置 |

调整控件及页面布局，由于每页面左边的树形控件和表头部分，与其他页面共用，因此在.aspx 文件中需要添加的调用代码如下。

```
<%@ Register Src="../../UserControl/Left_Navlist.ascx"
TagName="Left_Navlist" TagPrefix="uc3" %>
<%@ Register Src="../../UserControl/Header.ascx" TagName="Header"
TagPrefix="uc1" %>
```

从上面的页面布置可以看到更新和删除按钮，在页面显示层的类中处理响应事件，还需在页面显示层.aspx 文件中添加按钮的事件声明，具体代码如下。

```
<td colspan="3" style="height: 35px">
  <asp:Button ID="btn_edit" runat="server" OnClick="btn_edit_Click"
    Text="更新" />
                   
  <asp:Button ID="btn_delete" runat="server" Text="删除"
OnClick="btn_delete_Click" /></td>
```

在页面显示层相关属性和代码设置好后，在页面显示层的类中进行功能代码编写。此系统是与 Oracle 数据库连接，并对数据表进行操作，因此需要在 DisplayEmployee.aspx.cs 文件中添加对 Oracle 数据库操作的引用空间，代码如下。

```
using Oracle.DataAccess.Client;
```

页面显示层中性别、员工头像、所属部门的 ListItem 属性，需要在页面显示层类中进行功能代码编写。

① Sex 只包含男和女两项，因此 ListItem 属性设置代码如下。

```
<asp:DropDownList ID="sex" runat="server">
  <asp:ListItem>男</asp:ListItem>
  <asp:ListItem>女</asp:ListItem>
</asp:DropDownList></td>
```

② Picurl 是显示用户头像的控件，用索引号对应不同的图片。因此，ListeItem 属性设置代码如下。

```
<asp:DropDownList ID="picurl" runat="server"
OnSelectedIndexChanged="picurl_SelectedIndexChanged">
  <asp:ListItem>1</asp:ListItem>
  <asp:ListItem>2</asp:ListItem>
  <asp:ListItem>3</asp:ListItem>
  <asp:ListItem>4</asp:ListItem>
  <asp:ListItem>5</asp:ListItem>
</asp:DropDownList>
```

③ Agreer 是部门列表控件对象，它的 ListItem 属性是从数据库中获得，因此 ListeItem 在页面显示层的代码如下。

```
<asp:DropDownList ID="Agreer" runat="server">
  </asp:DropDownList></td>
```

在页面加载时，在页面显示层的类中需要对相关控件和数据进行初始化，如显示图片、连接数据库字符串等，代码如下。

```
protected void Page_Load(object sender, EventArgs e)
{
   if (!IsPostBack)
   {
      this.TxtBirth.Attributes.Add("onfocus", "javascript:calendar()");
          //获得连接字符串
      string id = Request["E_ID"];
      string name = Request["E_Name"];
      Session["E_ID"] = id;
      Session["E_Name"] = name;
      Bond();//调用此成员函数将数据与控件绑定

      string connstr = ConfigurationManager.ConnectionStrings
          ["Mispersonalconn"].ConnectionString;
      OracleConnection Sqlconn = new OracleConnection(connstr);
      DataSet ds = new DataSet();
      string Agreerstr = "select D_ID,D_Name from Tb_department order by
          D_ID desc";
      OracleDataAdapter SqlAgreer = new OracleDataAdapter(Agreerstr, Sqlconn);
      SqlAgreer.Fill(ds, "Agreer");
      Agreer.DataSource = ds.Tables["Agreer"].DefaultView;
      Agreer.DataTextField = "D_Name";
      Agreer.DataValueField = "D_ID";
      Agreer.DataBind();
      Sqlconn.Close();
   }
}
```

在上面的代码中可以注意到一私有成员函数 Bond()，此函数主要用于将数据显示到控件中，成员函数代码如下。

```
private void Bond()
{
   string id = (string)Session["E_ID"];
   string sql = "select * from [Tb_employee] where E_ID='" + id + "'";
   string connstr = ConfigurationManager.ConnectionStrings
       ["Mispersonalconn"].ConnectionString;
   OracleConnection Sqlconn = new OracleConnection(connstr);//建立连接
   Sqlconn.Open();
   OracleCommand sc = new OracleCommand(sql, Sqlconn);//执行 SQL 查询命令
   OracleDataReader myreader = sc.ExecuteReader();
   if(myreader.Read())//读数据
   {
   TxtID.Text =myreader[0].ToString();     //数据删除空格后放置于控件中
   TxtName.Text =myreader[1].ToString();
   TxtBirth.Text = myreader[3].ToString();
   TxtTel.Text =myreader[4].ToString();
   TxtAddress.Text =myreader[5].ToString();
   TxtIntro.Text = myreader[6].ToString();
   Pic.ImageUrl = myreader[7].ToString();
   Sqlconn.Close();
   }
}
```

数据在页面加载后，用户单击更新按钮，调用在页面显示层类中的 btn_edit_click 事件

处理函数,在此函数中首先判断用户的权限是否为管理员,满足此条件时连接数据库,并将更新后的数据放入数据库,否则弹出提示对话框,告知权限不够。相关代码如下。

```
protected void btn_edit_Click(object sender, EventArgs e)
{
    if ((string)Session["Name"] != "")
    {
        if ((string)Session["role"] == "管理员")
        {
            string id = (string)Session["E_ID"];
            string sql = "update [Tb_employee] set E_Name='"
            + TxtName.Text.Trim() + "',E_Sex='"
            + Sex.SelectedValue + "',E_Birth='"
            + TxtBirth.Text + "',E_Tel='"
            + TxtTel.Text.Trim() + "',E_Address='"
            + TxtAddress.Text.Trim() + "',D_Name='"
            +Agreer.SelectedValue + "',E_Intro='"
            + TxtIntro.Text.Trim() + "',E_Picurl='"
            + picurl.SelectedValue + "'"+"where E_ID='"
            +TxtID.Text.Trim()+ "'";
            string connstr = ConfigurationManager.ConnectionStrings
                ["Mispersonalconn"].ConnectionString;
            OracleConnection Sqlconn = new OracleConnection(connstr);
            Sqlconn.Open();
            OracleCommand sc = new OracleCommand(sql, Sqlconn);
            sc.ExecuteNonQuery();
            lbMessage.Text = "您已成功更新 1 条记录!";
            Sqlconn.Close();
        }
        else
        {
            Response.Write("<script>alert('只有管理员才可以进行此操作!')</script>");
        }
    }
    else
    {
        Response.Redirect("Default.aspx"); ;
    }
}
```

当用户单击删除按钮时,将调用在页面显示层的类中的 Delete_click 函数,在此函数中首先判断用户的权限是否为管理员,满足此条件时连接数据库,删除 session 中的 E_ID 对应的员工信息,否则弹出提示对话框,告知权限不够,删除完成后,页面跳转至 List_emplyeeaspx,相关代码如下。

```
protected void btn_delete_Click(object sender, EventArgs e)
{
    if ((string)Session["Name"] != "")
    {
        if ((string)Session["role"] == "管理员")
        {
            string id = (string)Session["E_ID"];
            string sql = "delete from [Tb_employee] where E_ID='" + id + "'";
```

```
            string connstr = ConfigurationManager.ConnectionStrings
                ["Mispersonalconn"].ConnectionString;
            OracleConnection Sqlconn = new OracleConnection(connstr);
            Sqlconn.Open();
            OracleCommand sc = new OracleCommand(sql, Sqlconn);
            sc.ExecuteNonQuery();
            Sqlconn.Close();
            Response.Redirect("~/WebFiles/Employee/List_employee.aspx");
        }
        else
        {
            Response.Write("<script>alert('只有管理员才可以进行此操作!')</script>");
        }
    }
    else
    {
        Response.Redirect("Default.aspx");
    }
}
```

3) List_employee.aspx

List_employee.aspx 页面利用 GridView 控件显示所有员工的详细信息，为实现其功能需要在 Mispersonal 开发环境中，选择“文件”→“新建”→“文件”命令，在弹出的窗体中选择 Web 窗体，并命名为 List_employee .aspx，窗口布局如图 12-13 所示。

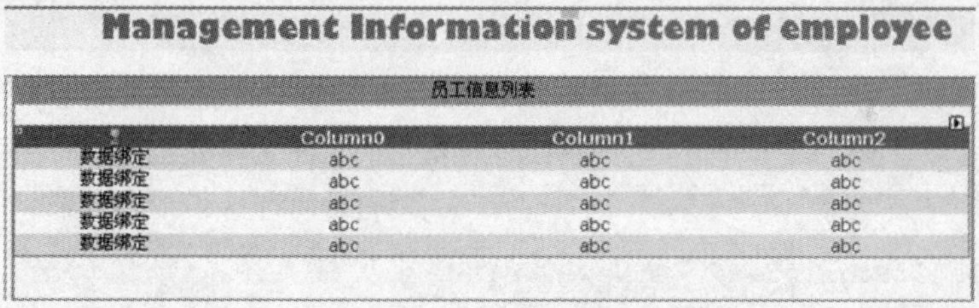

图 12-13　“员工信息列表”页面

在页面中添加一个 GridView 控件，且保留 GirdView 的其他设置，不做更改，在.aspx 源文件中设置了 GridView 相关列和背景部分颜色，并将 GridView 的 ID 属性设置为 ListDepart，具体代码如下。

```
<asp:GridView ID="list1" runat="server" Height="48px" Width="779px"
CellPadding="4" ForeColor="#333333" GridLines="None"
OnPageIndexChanging="list1_PageIndexChanging" >
    <FooterStyle BackColor="#507CD1" Font-Bold="True" ForeColor="White" />
    <RowStyle BackColor="#EFF3FB" />
    <EditRowStyle BackColor="#2461BF" />
    <SelectedRowStyle BackColor="#D1DDF1" Font-Bold="True" ForeColor="#333333" />
    <PagerStyle BackColor="#2461BF" ForeColor="White" HorizontalAlign="Center" />
    <HeaderStyle BackColor="#507CD1" Font-Bold="True" ForeColor="White" />
    <AlternatingRowStyle BackColor="White" />
    <Columns>
    <asp:HyperLinkField DataNavigateUrlFields="员工编号,员工姓名"
        DataNavigateUrlFormatString="~/WebFiles/Employee/DisplayEmployee.
        aspx?E_ID={0}&amp;E_Name={1}"
```

```
    DataTextField="员工姓名" HeaderImageUrl="~/WebFiles/Images/user.gif" />
    </Columns>
```

```
</asp:GridView>
```

在此页面显示层的类中需要对 Oracle 数据库进行操作,因此同样需要在.cs 文件引用空间中添加如下代码。

```
using Oracle.DataAccess.Client;
```

添加完引用空间声明,接下来就要手动设置 GridView 的数据源并完成数据绑定,本页面通过 OracleDataAdapter 对象暂存 SQL 查询的结果作为数据集,将此数据集作为 GridView 的数据源,并绑定数据。具体代码如下。

```
private void Bind()
{
    OracleConnection con = new OracleConnection(ConfigurationManager.
        ConnectionStrings["Mispersonalconn"].ConnectionString);
    string sql = "select E_ID 员工编号,E_Name 员工姓名,E_Sex 员工性别, E_Tel 联系电话,
        E_Address 联系地址,E_Birth 出生年月,D_Name 所属部门 from [Tb_employee]";
    OracleDataAdapter sda = new OracleDataAdapter(sql,con);
    DataSet ds = new DataSet();
    sda.Fill(ds, "temp");
    con.Close();
    list1.DataSource =ds.Tables["temp"].DefaultView;
    list1.DataBind();
}
```

当使用翻页时,需要处理的事件函数代码如下。

```
protected void list1_PageIndexChanging(object sender,
GridViewPageEventArgs e)
    {
        list1.PageIndex = e.NewPageIndex;
        DataBind();

    }
```

4) Search_employee.aspx

Search_employee.aspx 页面可通过员工编号、员工姓名向数据表进行查询,并通过 GridView 控件显示部门信息,为实现其功能,需要在 Mispersonal 开发环境中,选择"文件"→"新建"→"文件"命令,在弹出的窗体中选择 Web 窗体,并命名为 Search_employee.aspx,窗口布局如图 12-14 所示。

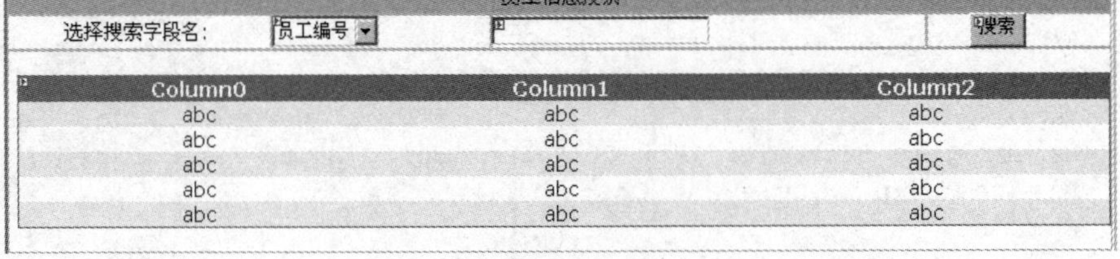

图 12-14 "员工信息搜索"页面

"员工信息搜索"页面的控件及属性设置如表 12-15 所示。

表 12-15 "员工信息搜索"页面的控件及属性设置

| 控 件 | 属 性 | 属 性 值 |
|---|---|---|
| System.Web.UI.WebControls.DropDownList | ID | role |
| System.Web.UI.WebControls.GridView | ID | List_employee |
| System.Web.UI.WebControls.TextBox | ID | TextContent |
| System.Web.UI.WebControls.Button | ID | brn_search |

调整相关控件布局，并为 DropDownList 添加 ListItem 项目，代码如下。

```
<asp:DropDownList ID="role" runat="server">
    <asp:ListItem>员工编号</asp:ListItem>
    <asp:ListItem>员工姓名</asp:ListItem>
</asp:DropDownList></td>
```

与前一页面相似，不需要在页面上设置 GridView 的数据源和数据绑定，这些工作在页面显示层的类中完成，在此层只需设置 GridView 显示页面，具体代码如下。

```
<asp:GridView ID="List_employee" runat="server" Height="28px"
Width="768px" CellPadding="4" ForeColor="#333333" GridLines="None">
    <FooterStyle BackColor="#507CD1" Font-Bold="True" ForeColor="White" />
    <RowStyle BackColor="#EFF3FB" />
    <EditRowStyle BackColor="#2461BF" />
    <SelectedRowStyle BackColor="#D1DDF1" Font-Bold="True" ForeColor="#333333" />
    <PagerStyle BackColor="#2461BF" ForeColor="White" HorizontalAlign="Center" />
    <HeaderStyle BackColor="#507CD1" Font-Bold="True" ForeColor="White" />
    <AlternatingRowStyle BackColor="White" />
</asp:GridView>
```

页面设置完成后，需要在页面显示层的类中响应 brn_search_Click 事件，并创建 user 对象，再根据输入的字段内容，构造 SQL 语句，用 User 对象进行数据查询，得到的结果存放在 OracleDataReader 对象返回给调用者，并作为 GridView 对象 List_employee，将结果显示在页面上，不满足条件时弹出警告对话框。具体代码如下。

```
protected void btn_search_Click(object sender, EventArgs e)
{
    if (role.SelectedValue == "员工编号")//判断是否按员工编号查询
    {
        if (TxtContent.Text.Trim() == "")
        {
            Response.Write("<script>alert('员工编号不能为空!')</script>");
        }
        else
        {
            string sql = "select E_ID 员工编号,E_Name 员工姓名,E_Sex 员工性别,
                E_Birth 出生年月,E_Tel 联系电话,E_Address 联系地址 from
                [Tb_employee] where E_ID='" + TxtContent.Text.Trim() + "'";
            user Search = new user();//创建中 User 类的实例对象
            OracleDataReader myreader = Search.Login(sql);
                //调用 SQL 语句，完成查询
```

```
            List_employee.DataSource = myreader;//设置数据源
            List_employee.DataBind();//绑定数据
        }
    }
    else//否则按员工姓名查询
    {
        if (TxtContent.Text.Trim() == "")
        {
            Response.Write("<script>alert('员工姓名不能为空!')</script>");
        }
        else
        {
            string sql = "select E_ID 员工编号,E_Name 员工姓名,E_Sex 员工性别,
                E_Birth 出生年月,E_Tel 联系电话,E_Address 联系地址 from
                [Tb_employee] where E_Name='" + TxtContent.Text.Trim() + "'";
            user Search = new user();
            OracleDataReader myreader=Search.Login(sql);
            List_employee.DataSource=myreader;
            List_employee.DataBind();
        }
    }
}
```

### 2. 员工信息管理数据库操作类

员工信息管理的数据库操作都放置到 Employ.cs 中，可以执行返回 OracleDataReader 对象的 SQL 语句，还可以通过 Insert 函数向数据表中插入数据、通过 Delete 函数删除数据、通过 Update 函数更新数据。为建立数据库操作类 Employ.cs，可参照 Department.cs 创建步骤完成 Employ.cs 的添加工作。

1) Employ 构造函数

Employ 构造函数用于初始化所有的实例，并获得连接字符串，具体代码如下。

```
public Employ()
{//初始化所有的实例
connstr = ConfigurationManager.ConnectionStrings ["Mispersonalconn"].
    ConnectionString;
Sqlconn = new OracleConnection(connstr);
Sqlcmd = new OracleCommand();
Sqladpter = new OracleDataAdapter();
ds = new DataSet();
}
```

2) TDataSet 成员函数

TDataSet 成员函数用于创建内存数据库并作为返回结果。

```
public DataSet TdataSet(string sql)
{//返回内存数据库
    Sqladpter.SelectCommand = new OracleCommand(sql, Sqlconn);
    Sqladpter.Fill(ds, "temp");
    return ds;
}
```

### 3) Delete 成员函数

Delete 成员函数用于删除指定员工 ID 的记录，具体代码如下。

```
public void Delete(string ID)
{//执行删除动作
    Sqlcmd.CommandText = "delete from [Tb_employee] where [员工号]='" + ID+ "'";
    Sqlcmd.Connection = Sqlconn;
    Sqlconn.Open();
    Sqlcmd.ExecuteNonQuery();
}
```

### 4) Insert 成员函数

Insert 成员函数主要是将调用函数传过来的值插入数据库中，具体代码如下。

```
public void Insert(string E_ID, string E_Name, string E_Sex, string
E_Birth, string E_Tel, string E_Address,string D_Name, string E_Intro,
string E_Picurl)
{//执行添加动作
    Sqlcmd.CommandText = "insert into [Tb_employee] values('" + E_ID + "',
        '" + E_Name + "','" + E_Sex + "','" + E_Birth + "','" + E_Tel + "','"
        + E_Address + "','" +D_Name+ "', '" + E_Intro + "','" + E_Picurl + "')";
    Sqlcmd.Connection = Sqlconn;
    Sqlconn.Open();
    Sqlcmd.ExecuteNonQuery();
}
```

### 5) Update 成员函数

Update 成员函数用调用函数传递过来的值更新数据库中的内容，具体代码如下。

```
public void Update(string 员工号, string 姓名, string 性别, DateTime 出生日期,
string 联系电话, string 联系地址)
{//执行更新动作
    Sqlcmd.CommandText = "update [Tb_employee] set [姓名]=@e_name, [性别]=
        @e_sex,[出生日期]=@e_birth,[联系电话]=@e_tel,[联系地址]=@e_address where
        [员工号]=@e_id";
    Sqlcmd.Parameters.Add("@e_name", 姓名);
    Sqlcmd.Parameters.Add("@e_sex", 性别);
    Sqlcmd.Parameters.Add("@e_birth", 出生日期);
    Sqlcmd.Parameters.Add("@e_tel", 联系电话);
    Sqlcmd.Parameters.Add("@e_address", 联系地址);
    Sqlcmd.Parameters.Add("@e_id", 员工号);
    Sqlcmd.Connection = Sqlconn;
    Sqlconn.Open();
    Sqlcmd.ExecuteNonQuery();
}
```

# 12.4　考　勤　管　理

考勤是公司管理工作的基础，是计发工资奖金、劳保福利等待遇的主要依据，各公司一般比较重视，同时它也是人力资源管理中的重要组成部分。

## 12.4.1　考勤规则管理

考勤规则管理主要是根据实际需要动态调整考勤时间，同时可随时供工作人员浏览工作时间设置以及考勤结果。此管理模块共由以下三个页面组成。

- Attendance_rule_Edit.aspx：考勤规则编辑页面。
- Attendance_rule.aspx：考勤规则页面。
- Attendance_result.aspx：考勤结果页面。

**1．页面显示层**

1）　Attendance_rule_Edit.aspx

Attendance_rule_Edit.aspx 页面用于显示、更新和删除当前员工编号的详细信息，在 Mispersonal 开发环境中，选择"文件"→"新建"→"文件"命令，在弹出的窗体中选择 Web 窗体，并命名为 Attendance_rule_Edit.aspx，窗口布局如图 12-15 所示。

| 考勤时间设置 | | |
|---|---|---|
| 上班时间： 时 | 分 | 秒 |
| 下班时间： 时 | 分 | 秒 |
| 上班时间： 时 | 分 | 秒 |
| 下班时间： 时 | 分 | 秒 |
| [lbMessage] | | |
| 设置 | | |
| 注意:时间必须为数字 | | |

**图 12-15　"考勤时间设置"页面**

在页面中添加 12 个 TextBox 和一个按钮，并设置按钮的 ID 为 BtnOK，Text 为"设置"，OnClick 为 BtnOK_Click，具体代码如下。

```
<asp:Button ID="BtnOK" runat="server" Text="设置" OnClick="BtnOK_Click" />
```

以"上班时间"为例，设置 TextBox 的属性代码如下。

```
<td align="center" style="height: 30px; width: 163px;">
上班时间:</td>
<td style="width: 104px; height: 30px;">
<asp:TextBox ID="TextBox1" runat="server" Columns="2"
MaxLength="2"></asp:TextBox>时</td>
<td style="width: 115px; height: 30px;">
<asp:TextBox ID="TextBox2" runat="server" Columns="2"
MaxLength="2"></asp:TextBox>分</td>
<td style="width: 121px; height: 30px;">
<asp:TextBox ID="TextBox3" runat="server" Columns="2"
MaxLength="2"></asp:TextBox>秒</td>
```

完成页面显示层的设置后，需要在页面显示层的类中处理相关事件，如页面加载时需要进行数据库连接，获得原有上下班时间设置，具体代码如下。

```
protected void Page_Load(object sender, EventArgs e)
{
    string connstr = ConfigurationManager.ConnectionStrings
        ["Mispersonalconn"].ConnectionString;
    OracleConnection Sqlconn = new OracleConnection(connstr);
    OracleCommand cmm = new OracleCommand("select * from Tb_attendece_rule",
        Sqlconn);
    OracleDataReader read;
    Sqlconn.Open();
    read=cmm.ExecuteReader();
    if (read.Read())
    {
        TextBox1.Text = read[0].ToString().Split(':')[0];
        TextBox2.Text = read[0].ToString().Split(':')[1];
        TextBox3.Text = read[0].ToString().Split(':')[2];
        TextBox4.Text = read[1].ToString().Split(':')[0];
        TextBox5.Text = read[1].ToString().Split(':')[1];
        TextBox6.Text = read[1].ToString().Split(':')[2];
        TextBox7.Text = read[2].ToString().Split(':')[0];
        TextBox8.Text = read[2].ToString().Split(':')[1];
        TextBox9.Text = read[2].ToString().Split(':')[2];
        TextBox10.Text = read[3].ToString().Split(':')[0];
        TextBox11.Text = read[3].ToString().Split(':')[1];
        TextBox12.Text = read[3].ToString().Split(':')[2];
    }
    read.Close();
    Sqlconn.Close();
}
```

当用户单击"设置"按钮时，在页面显示层的类中响应此事件，在事件处理函数中判断操作者身份，只有管理员方可获得控件数据，并更新数据库的上下班时间设置，否则给出警告对话框，具体代码如下。

```
protected void BtnOK_Click(object sender, EventArgs e)
{
    if ((string)Session["Name"] != "")
    {
        if ((string)Session["role"] == "管理员")
        {
            string sql= "Update Tb_attendece_rule set Onwork_Ahead='"
                +TextBox1.Text.ToString().Trim()+":"
                +TextBox2.Text.ToString().Trim()+":"
                +TextBox3.Text.ToString().Trim()+ "',Onwork_Normal='"
                +TextBox4.Text.ToString().Trim()+":"
                +TextBox5.Text.ToString().Trim()+":"
                +TextBox6.Text.ToString().Trim()+ "',Offwork_Delay='"
                +TextBox7.Text.ToString().Trim()+":"
                +TextBox8.Text.ToString().Trim()+":"
                +TextBox9.Text.ToString().Trim()+ "',Offwork_Normal='"
                +TextBox10.Text.ToString().Trim()+":"
                +TextBox11.Text.ToString().Trim()+":"
                +TextBox12.Text.ToString().Trim()+ "'";
            string connstr = ConfigurationManager.ConnectionStrings
                ["Mispersonalconn"].ConnectionString;
```

```
        OracleConnection Sqlconn = new OracleConnection(connstr);
        Sqlconn.Open();
        OracleCommand sc = new OracleCommand(sql, Sqlconn);
        sc.ExecuteNonQuery();
        lbMessage.Text = "设置成功!";
        Sqlconn.Close();
    }
    else
    {
        Response.Write("<script>alert('只有管理员才可以进行此操作!')
            </script>");
    }
    }
    else
    {
        Response.Redirect("Default.aspx");
    }
}
```

2) Attendance_rule.aspx

考勤规则显示页面的功能，是将所有设置的时间显示到 GridView 控件中，在 Mispersonal 开发环境中，选择"文件"→"新建"→"文件"命令，在弹出的窗体中选择 Web 窗体，并命名为 Attendance_rule.aspx，窗口布局如图 12-16 所示。

| 考勤规则 | | |
|---------|---------|---------|
| Column0 | Column1 | Column2 |
| abc | abc | abc |
| abc | abc | abc |
| abc | abc | abc |
| abc | abc | abc |
| abc | abc | abc |

**图 12-16　"考勤规则"页面**

此页面只需要添加一个 GridView 控件即可，在页面显示层的类中也只需从数据库获得数据与控件绑定并显示在页面上，具体代码如下。

```
OracleConnection con = new OracleConnection(ConfigurationManager.
ConnectionStrings["Mispersonalconn"].ConnectionString);
string sql = "select Onwork_Ahead 上班时间一,Onwork_Normal 下班时间一,
Offwork_Delay 上班时间二,Offwork_Normal 下班时间二 from[Tb_attendece_rule]";
OracleDataAdapter sda = new OracleDataAdapter(sql, con);
DataSet ds = new DataSet();
sda.Fill(ds, "temp");
con.Close();
list.DataSource = ds.Tables["temp"].DefaultView;
list.DataBind();
```

3) Attendance_result.aspx

考勤结果页面的功能是将所有出勤记录显示在 GridView 中，为实现其功能，在 Mispersonal 开发环境中，选择"文件"→"新建"→"文件"命令，在弹出的窗体中选择

Web 窗体，并命名为 Attendance_result.aspx，窗口布局如图 12-17 所示。

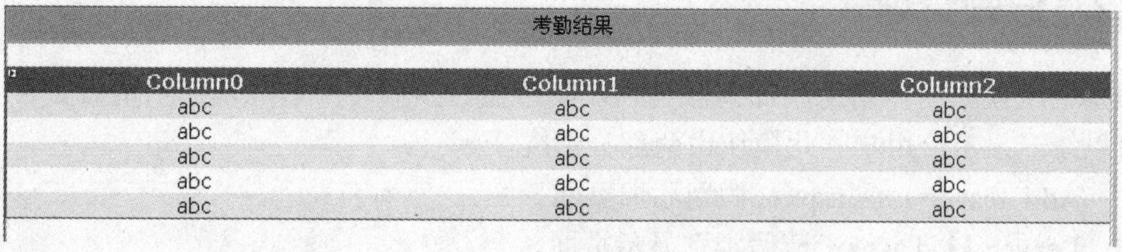

| 考勤结果 | | |
| --- | --- | --- |
| Column0 | Column1 | Column2 |
| abc | abc | abc |
| abc | abc | abc |
| abc | abc | abc |
| abc | abc | abc |
| abc | abc | abc |

图 12-17 "考勤结果"页面

此页面只需要添加一个 GridView 控件并设置 ID 为 ListAttendece 即可，在页面显示层的类中，只需从数据库获得数据，与控件绑定并显示在页面上，具体代码如下。

```
OracleConnection con = new OracleConnection(ConfigurationManager.
ConnectionStrings["Mispersonalconn"].ConnectionString);
string sql = "select A_ID 考勤编号,E_Name 员工姓名,A_WorkTime 总工时,
A_Onwork1 上班时间一,A_Offwork1 下班时间一,A_Onwork2 上班时间二,A_Offwork2
下班时间二 from [Tb_attendece_result],[Tb_employee] where
[Tb_attendece_result].E_ID=[Tb_employee].E_ID";
OracleDataAdapter sda = new OracleDataAdapter(sql, con);
DataSet ds = new DataSet();
sda.Fill(ds, "temp");
con.Close();
ListAttendece.DataSource = ds.Tables["temp"].DefaultView;
ListAttendece.DataBind();
```

### 2. 数据库操作类

考勤规则管理部分的数据库操作类是用 attendece.cs 实现，在此类中只有两个成员函数，一个是构造函数，另一个是 SQL 语句执行成员函数 List。

构造函数用于实例的初始化。具体代码如下。

```
public attendece()
{//初始化所有的实例
    connstr = ConfigurationManager.ConnectionStrings
["Mispersonalconn"].ConnectionString;
    Sqlconn = new OracleConnection(connstr);
    Sqlcmd = new OracleCommand();
    Sqladpter = new OracleDataAdapter();
    ds = new DataSet();
}
```

成员函数 List 执行调用函数传递的 SQL 语句，并返回 OracleDataReader 对象。代码如下。

```
public OracleDataReader List(string sql)
{
    Sqlcmd.CommandText = sql;
    Sqlcmd.Connection = Sqlconn;
    if (Sqlconn.State == ConnectionState.Closed) { Sqlconn.Open(); }
    Sqlreader = Sqlcmd.ExecuteReader(CommandBehavior.CloseConnection);
    return Sqlreader;
}
```

### 12.4.2 假别管理

假别管理模块的作用是添加请假类别，如事假、婚假、产假等，说明请假是否带薪，并且可以统一显示给用户。此模块由两部分组成。

- Add_leaver_kind.aspx：假别添加页面。
- Leaver_kind.aspx：请假类别显示页面。

1) Add_leaver_kind.aspx

添加假别页面的功能是添加假别编号、假别名称和是否带薪添到数据库中，在 Mispersonal 开发环境中，选择"文件"→"新建"→"文件"命令，在弹出的窗体中选择 Web 窗体，并命名为 Add_leaver_kind.aspx，窗口布局如图 12-18 所示。

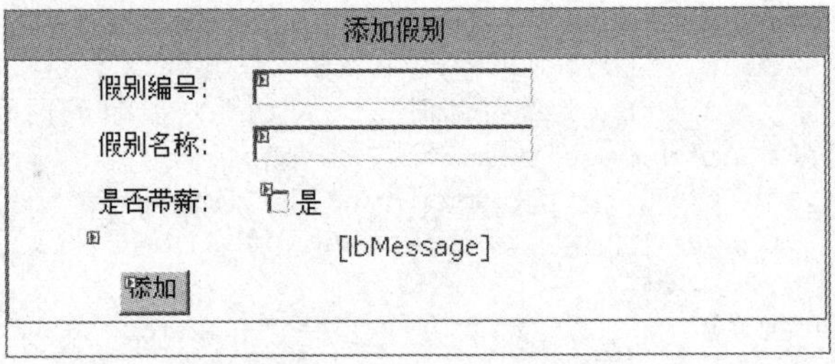

| 添加假别 |
|---|
| 假别编号： [_____] |
| 假别名称： [_____] |
| 是否带薪： ☐ 是 |
| [lbMessage] |
| [添加] |

图 12-18 "添加假别"页面

"添加假别"页面的控件类型及属性设置，如表 12-16 所示。

表 12-16 "添加假别"页面的控件类型及属性设置

| 控　件 | 属　性 | 属　性　值 | 对应 Text |
|---|---|---|---|
| System.Web.UI.WebControls.TextBox | ID | Txtid | 假别编号 |
| System.Web.UI.WebControls.TextBox | ID | Txtname | 假别名称 |
| System.Web.UI.WebControls. CheckBox | ID | IsSalaryorNot | 是否带薪 |
| System.Web.UI.WebControls.Button | ID | btnAdd | 添加 |

在页面显示层按照上表设置控件属性后，对按钮的设置项较多，具体代码如下。

```
<asp:Button ID="btnAdd" runat="server" Text="添加"
OnClick="btnAdd_Click" /></td>
```

在页面类文件中，主要实现的是对添加按钮事件的响应，在响应函数中首先判断用户的权限，只有管理员才可以添加请假类别，添加成功后弹出提示对话框，否则弹出警告对话框，具体代码如下。

```
protected void btnAdd_Click(object sender, EventArgs e)
{
    if(TxtID.Text.Trim()=="")
    {
        Response.Write("<script>alert('假别编号不能为空!')</script>");
    }
    if(TxtName.Text.Trim()=="")
```

```
    {
        Response.Write("<script>alert('假别名称不能为空!')</script>");
    }
    if ((string)Session["Name"] != "")
    {
        if ((string)Session["role"] == "管理员")
        {
            if (IsSalaryOrNot.Checked)
            {
                string connstr = ConfigurationManager.ConnectionStrings
                    ["Mispersonalconn"].ConnectionString;//获得连接字符串
                OracleConnection Sqlconn = new OracleConnection(connstr);
                    //建立连接
                OracleCommand Sqlcmd = new OracleCommand();//构造 Command 对象
                Sqlcmd.CommandText = "insert into [Tb_leaver_kind] values
                    ('" + TxtID.Text.Trim() + "','" + TxtName.Text.Trim() +
                    "','" + IsSalaryOrNot.Text + "')";//构造 SQL 语句
                Sqlcmd.Connection = Sqlconn;
                Sqlconn.Open();
                Sqlcmd.ExecuteNonQuery();
            }
            else
            {
                string connstr = ConfigurationManager.ConnectionStrings
                    ["Mispersonalconn"].ConnectionString;
                OracleConnection Sqlconn = new OracleConnection(connstr);
                OracleCommand Sqlcmd = new OracleCommand();
                Sqlcmd.CommandText = "insert into [Tb_leaver_kind] values
                    ('" + TxtID.Text.Trim() + "','" + TxtName.Text.Trim() +
                    "','否 ')";
                Sqlcmd.Connection = Sqlconn;
                Sqlconn.Open();//打开连接
                Sqlcmd.ExecuteNonQuery();//执行添加操作
                lbMessage.Text = "您已成功添加 1 条记录!";
            }
        }
        else
        {
            Response.Write("<script>alert('只有管理员才可以进行此操作!')</script>");
        }
    }
    else
    {
        Response.Redirect("Default.aspx");
    }
}
```

2)　Leaver_kind.aspx

Leaver_kind.aspx 页面的功能是将所有设置的请假类型显示到 GridView 控件中，在 Mispersonal 开发环境中，选择"文件"→"新建"→"文件"命令，在弹出的窗体中选择 Web 窗体，并命名为 Leaver_kind.aspx，窗口布局如图 12-19 所示。

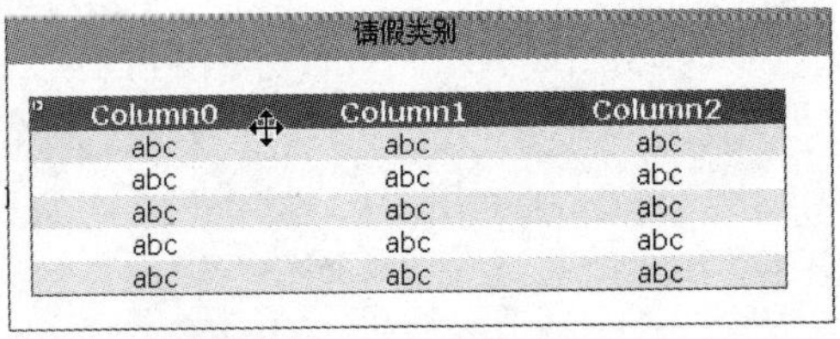

图 12-19    "请假类别"页面

页面显示层只需添加一个 GridView 控件即可,它的数据源设置、数据绑定都在页面显示层的类中完成,通过构造 SQL 查询语句,将所得的查询结果作为 GridView 控件的数据源,并绑定数据,具体代码如下。

```
private void Bind()
{
  OracleConnection con = new OracleConnection(ConfigurationManager.
    ConnectionStrings["Mispersonalconn"].ConnectionString);
  string sql = "select L_ID 类型编号,L_Kind 请假类型,L_IsSalary_Not 是否带薪
    from [Tb_leaver_kind]";
  OracleDataAdapter sda = new OracleDataAdapter(sql, con);
  DataSet ds = new DataSet();
  sda.Fill(ds, "temp");
  con.Close();
  ListLeaverKind.DataSource = ds.Tables["temp"].DefaultView;
  ListLeaverKind.DataBind();
}
```

## 12.4.3    请假管理

请假管理模块的作用是添加员工请假信息,并统一显示所有的请假信息给用户。此模块共由两部分组成:

● Add_leaver.aspx;

● Leaver_recordset.aspx。

1)    Add_leaver.aspx

Add_leaver.aspx 页面的功能是给指定考勤对象添加考勤相关信息到数据库中,在 Mispersonal 开发环境中,选择"文件"→"新建"→"文件"命令,在弹出的窗体中选择 Web 窗体,并命名为 Add_leaver.aspx,窗口布局如图 12-20 所示。

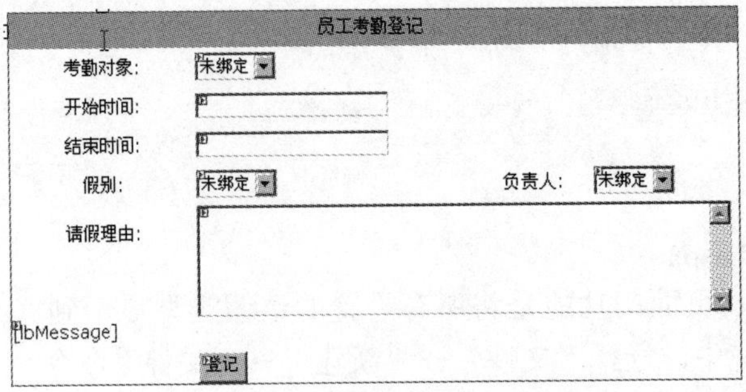

图 12-20    "员工考勤登记"页面

页面上所用到的控件及属性设置如表 12-17 所示。

表 12-17 "员工考勤登记"页面的控件及属性说明

| 控 件 | 属 性 | 属 性 值 | 对应 Text |
|---|---|---|---|
| System.Web.UI.WebControls.TextBox | ID | TxtStartTime | 开始时间 |
| System.Web.UI.WebControls.TextBox | ID | TxtEndTime | 结束时间 |
| System.Web.UI.WebControls.TextBox | ID | TxtReason | 请假理由 |
| System.Web.UI.WebControls.DropDownList | ID | Person | 请假人 |
| System.Web.UI.WebControls.DropDownList | ID | kind | 假别 |
| System.Web.UI.WebControls.DropDownList | ID | Agreer | 负责人 |
| System.Web.UI.WebControls.Button | ID | BtnOk | 登记 |

在页面显示层的类中实现 BtnOK 的事件响应函数，在此函数中首先判断用户的权限，不满足权限时给出提示。当用户是管理员时，获得数据库连接字符串，将控件相对应的内容插入数据库中，具体代码如下。

```
protected void BtnOK_Click(object sender, EventArgs e)
{
    if ((string)Session["Name"] != "")
    {
        if ((string)Session["role"] == "管理员")
        {

            string connstr = ConfigurationManager.ConnectionStrings
                ["Mispersonalconn"].ConnectionString;
            OracleConnection Sqlconn = new OracleConnection(connstr);
            Sqlconn.Open();
            OracleCommand cmm = new OracleCommand("insert into [Tb_leaver_
                recordrest] (E_Name,L_Kind,L_Reason,L_Agreer,L_StartTime,
                L_EndTime) values('" + Person.SelectedValue + "','" +
                Kind.SelectedValue + "','" + TxtReason.Text.Trim() + "','"
                + Agreer.SelectedValue + "','" + TxtStartTime.Text.Trim() +
                "','" + TxtEndTime.Text.Trim() + "')", Sqlconn);
            cmm.ExecuteNonQuery();
            Sqlconn.Close();
            lbMessage.Text = "登记成功!";
        }
        else
        {
            Response.Write("<script>alert('只有管理员才可以进行此操作!')</script>");
        }
    }
    else
    {
        Response.Redirect("Default.aspx");
    }
}
```

2) Leaver_recordset.aspx
此页面主要用于所有用户请假信息的显示，在 Mispersonal 开发环境中，选择"文

件"→"新建"→"文件"命令,在弹出的窗体中选择 Web 窗体,并命名为 Leaver_
recordset.aspx,窗口布局如图 12-21 所示。

| 请假记录 | | |
|---------|---------|---------|
| Column0 | Column1 | Column2 |
| abc | abc | abc |
| abc | abc | abc |
| abc | abc | abc |
| abc | abc | abc |
| abc | abc | abc |

图 12-21  "请假记录"页面

在页面显示层只添加用户信息显示的 GridView 控件,并将 ID 设置为 ListLeaverRs,
主要功能放在页面显示层的类中,关于数据源的设置和控件绑定与前相同,具体代码
如下。

```
private void Bind()
{
    OracleConnection con = new
OracleConnection(ConfigurationManager.ConnectionStrings["Mispersonalconn
"].ConnectionString);
    string sql = "select E_Name 员工姓名,L_Kind 请假类别,L_Reason 请假理由,
L_Agreer 批假人,L_StartTime 开始时间,L_EndTime 结束时间 from
[Tb_leaver_recordrest]";
    OracleDataAdapter sda = new OracleDataAdapter(sql, con);
    DataSet ds = new DataSet();
    sda.Fill(ds, "temp");
    con.Close();
    ListLeaverRs.DataSource = ds.Tables["temp"].DefaultView;
    ListLeaverRs.DataBind();
}
```

考勤管理的数据库操作与访问部分较为简单,代码如下。

```
public attendece()
{//初始化所有的实例
    connstr = ConfigurationManager.ConnectionStrings
        ["Mispersonalconn"].ConnectionString;
    Sqlconn = new OracleConnection(connstr);
    Sqlcmd = new OracleCommand();
    Sqladpter = new OracleDataAdapter();
    ds = new DataSet();
}
public OracleDataReader List(string sql)
{
    Sqlcmd.CommandText = sql;
    Sqlcmd.Connection = Sqlconn;
    if (Sqlconn.State == ConnectionState.Closed) { Sqlconn.Open(); }
    Sqlreader = Sqlcmd.ExecuteReader(CommandBehavior.CloseConnection);
    return Sqlreader;
}
```

# 12.5　系　统　管　理

系统管理部分是人力资源管理系统中的辅助功能部分，包括对用户的添加、所有用户的显示，下面分别介绍各组成部分的设计和实现。

## 12.5.1　用户注册

添加用户模块是为系统增加管理员或者普通用户，在 Mispersonal 开发环境中，选择"文件"→"新建"→"文件"命令，在弹出的窗体中选择 Web 窗体，并命名为 User_registor.aspx，窗口布局如图 12-22 所示。

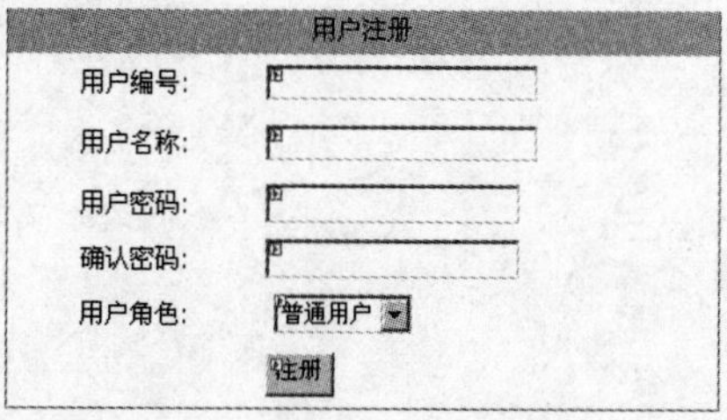

图 12-22　"用户注册"页面

"用户注册"页面的控件及属性设置如表 12-18 所示。

表 12-18　"用户注册"页面的控件及属性设置

| 控　件 | 属　性 | 属　性　值 | 对应 Text |
|---|---|---|---|
| System.Web.UI.WebControls.TextBox | ID | TxtUserID | 用户编号 |
| System.Web.UI.WebControls.TextBox | ID | TxtUser | 用户名称 |
| System.Web.UI.WebControls.TextBox | ID | TxtPass | 用户密码 |
| System.Web.UI.WebControls.TextBox | ID | TxtPass1 | 确认密码 |
| System.Web.UI.WebControls.DropDownList | ID | Role | 用户角色 |
| System.Web.UI.WebControls.Button | ID | Bt_add | 注册 |

从上面的实现页面中可以看到，需要为用户角色的 DropDownList 添加相关的选项，在 aspx 源中的代码设计如下。

```
<asp:DropDownList ID="role" runat="server">
   <asp:ListItem Selected="True">普通用户</asp:ListItem>
   <asp:ListItem>管理员</asp:ListItem>
</asp:DropDownList>
```

在用户逻辑层主要是响应注册按钮的事件，并在事件处理函数中对输入的有效性和用户权限进行检查，只有符合条件时，方可将相关信息添加到数据表中，添加完成后，跳转到用户列表显示页面，具体代码如下。

```
protected void bt_add_Click(object sender, EventArgs e)
{
```

```
if(TxtUser.Text.Trim()=="")
{
    Response.Write("<script>alert('用户名不能为空')</script>");
    return;
}
if (TxtPass.Text.Trim()=="")
{

    Response.Write("<script>alert('用户密码不能为空')</script>");
    return;
}
if (TxtPass1.Text.Trim()=="")
{

    Response.Write("<script>alert('确认密码不能为空')</script>");
    return;

}
if (TxtPass.Text.Trim()!=""&&TxtPass1.Text.Trim()!="")//密码是否一致
{
    if ((TxtPass.Text.Trim()) != (TxtPass1.Text.Trim()))
    {
        Response.Write("<script>alert('两次密码不一致!')</script>");
        //警告对话框
        return;
    }
    else
    {
    user Registor=new user();//调用数据库操作类
    Registor.Insert(TxtUserID.Text,TxtUser.Text,TxtPass.Text,
        Role.SelectedValue);//插入数据
    }
}
Response.Redirect("~/WebFiles/User/User_List.aspx");//页面跳转到用户显示页面
}
```

## 12.5.2 用户详细资料显示

用户详细资料显示页面可以根据用户编号显示用户的详细信息，并可以修改其相关内容，同时可删除此记录，在 Mispersonal 开发环境中，选择"文件"→"新建"→"文件"命令，在弹出的窗体中选择 Web 窗体，并命名为 DisplayUser.aspx，窗口布局如图 12-23 所示。

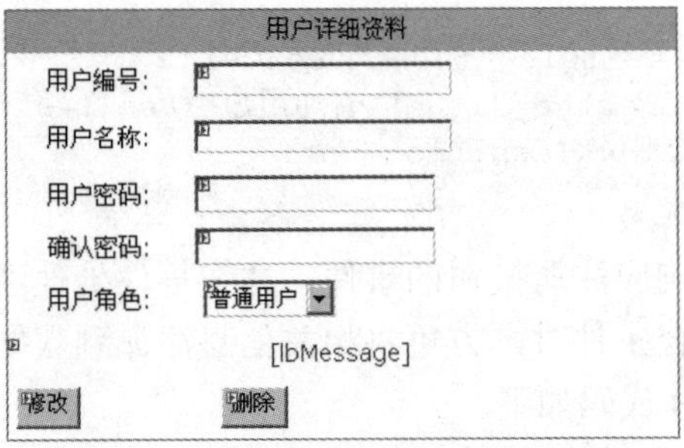

图 12-23 "用户详细资料"页面

"用户详细资料"页面的控件及属性设置如表 12-19 所示。

表 12-19　"用户详细资料"页面的控件及属性设置

| 控　件 | 属　性 | 属 性 值 | 对应 Text |
|---|---|---|---|
| System.Web.UI.WebControls.TextBox | ID | TxtUserID | 用户编号 |
| System.Web.UI.WebControls.TextBox | ID | TxtUser | 用户名称 |
| System.Web.UI.WebControls.TextBox | ID | TxtPass | 用户密码 |
| System.Web.UI.WebControls.TextBox | ID | TxtPass1 | 确认密码 |
| System.Web.UI.WebControls.DropDownList | ID | Role | 用户角色 |
| System.Web.UI.WebControls.Button | ID | Edit | 修改 |
| System.Web.UI.WebControls.Button | ID | Delete | 删除 |

调整控件布局并按照用户注册页面的角色 DropDownList 添加相关代码，完成页面显示层的设计。

在页面显示层类中，主要是对修改和删除按钮的事件进行响应。下面分别介绍两个事件响应函数。

1）　Edit_Click 事件处理函数

在此事件处理函数中，主要是根据当前控件中更改的内容更新数据表中的数据，具体代码如下。

```
protected void Edit_Click(object sender, EventArgs e)
{
    if ((string)Session["Name"] != "")
    {
        if ((string)Session["role"] == "管理员")
        {
            try
            {
                string id = (string)Session["ID"];
                //string name=Session["userName"];
                string sql = "select * from [Tb_User_Login] where ID='" + id + "'";
                string connstr = ConfigurationManager.ConnectionStrings
                    ["Mispersonalconn"].ConnectionString;
                OracleConnection Sqlconn = new OracleConnection(connstr);
                OracleDataAdapter sda = new OracleDataAdapter(sql, Sqlconn);
                OracleCommandBuilder sc = new OracleCommandBuilder(sda);
                DataSet ds = new DataSet();

                sda.Fill(ds, "temp");
                ds.Tables["temp"].DefaultView.Sort = "id";
                int index = ds.Tables["temp"].DefaultView.Find(id);
                ds.Tables["temp"].Rows[index]["ID"] = TxtUserID.Text.Trim();
                ds.Tables["temp"].Rows[index]["userName"] = TxtUser.Text.Trim();
                ds.Tables["temp"].Rows[index]["userPass"] = TxtPass.Text.Trim();
                ds.Tables["temp"].Rows[index]["userRole"] =
                    role.SelectedValue.Trim();
                int rows = sda.Update(ds, "temp");
                lbMessage.Text = "您已成功更新" + rows + "条记录!";
            }
```

```
        catch(Exception ex)
        {

        }
    }
    else
    {
        Response.Write("<script>alert('只有管理员才可以进行此操作!')
            </script>");
    }
    }
    else
    {
        Response.Redirect("Default.aspx");
    }
}
```

2) Delete_Click 事件处理函数

在此事件处理函数中判断用户权限是否为管理员,只有管理员权限,方可根据用户名对表中符合条件的记录进行删除。

```
protected void Delete_Click(object sender, EventArgs e)
{
    if ((string)Session["Name"] != "")
    {
        if ((string)Session["role"] == "管理员")
        {
            string id = (string)Session["ID"];

            string sql = "delete from [Tb_User_Login] where ID='" + id + "'";
            string connstr = ConfigurationManager.ConnectionStrings
                ["Mispersonalconn"].ConnectionString;
            OracleConnection Sqlconn = new OracleConnection(connstr);
            Sqlconn.Open();
            OracleCommand sc = new OracleCommand(sql, Sqlconn);
            sc.ExecuteNonQuery();
            Sqlconn.Close();
            Response.Redirect("~/WebFiles/User/User_List.aspx");
        }
        else
        {
            Response.Write("<script>alert('只有管理员才可以进行此操作!')
                </script>");
        }
    }
    else
    {
        Response.Redirect("Default.aspx");
    }
}
```

## 12.5.3 用户查询

该页面可通过用户编号、用户姓名向数据表进行查询,并通过 GridView 控件显示部门信息,为实现其功能,需要在 Mispersonal 开发环境中,选择"文件"→"新建"→

"文件"命令，在弹出的窗体中选择 Web 窗体，并命名为 User_Search.aspx，窗口布局如图 12-24 所示。

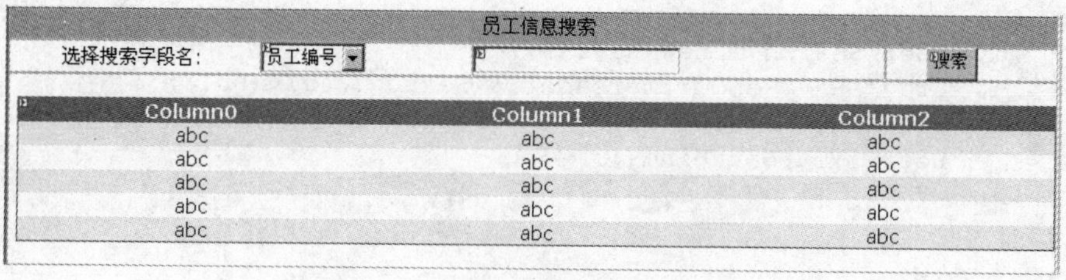

图 12-24 "员工信息搜索"页面

"员工信息搜索"页面的控件及属性设置如表 12-20 所示。

表 12-20 "员工信息搜索"页面的控件及属性设置

| 控 件 | 属 性 | 属 性 值 |
| --- | --- | --- |
| System.Web.UI.WebControls.DropDownList | ID | role |
| System.Web.UI.WebControls.GridView | ID | User_List |
| System.Web.UI.WebControls.TextBox | ID | TextContent |
| System.Web.UI.WebControls.Button | ID | brn_search |

页面显示层的设置完成后，在页面显示层类中需要添加单击搜索按钮事件响应函数代码，在此响应函数中，根据用户编号对数据表进行访问，将得到的结果集作为 GridView 的数据源，并绑定数据显示，具体代码如下。

```
protected void Btn_Search_Click(object sender, EventArgs e)
{
    if (role.SelectedValue == "用户编号")
    {
        if (TxtContent.Text.Trim() == "")
        {
            Response.Write("<script>alert('用户名不能为空!')</script>");
        }
        else
        {
            string sql = "select ID 用户编号,userName 用户名,userRole 用户权限
                from [Tb_User_Login] where ID='" + TxtContent.Text.Trim() + "'";
            user Search = new user();
            OracleDataReader myreader = Search.Login(sql);
            User_List.DataSource = myreader;
            User_List.DataBind();
        }
    }
    else
    {
        if (TxtContent.Text.Trim() == "")
        {
            Response.Write("<script>alert('用户名不能为空!')</script>");
        }
        else
```

```
        {
            string sql = "select ID 用户编号,userName 用户名,userRole 用户权限 from
                [Tb_User_Login] where userName='" + TxtContent.Text.Trim() + "'";
            user Search = new user();
            OracleDataReader myreader = Search.Login(sql);
            User_List.DataSource = myreader;
            User_List.DataBind();
        }
    }
}
```

## 12.5.4　用户列表显示

该页面利用 GridView 控件显示所有员工的详细信息，为实现其功能，需要在
Mispersonal 开发环境中，选择"文件"→"新建"→"文件"命令，在弹出的窗体中选择
Web 窗体，并命名为 User_list .aspx，窗口布局如图 12-25 所示。

| 用户列表 | | | |
| --- | --- | --- | --- |
| | Column0 | Column1 | Column2 |
| 数据绑定 | abc | abc | abc |
| 数据绑定 | abc | abc | abc |
| 数据绑定 | abc | abc | abc |
| 数据绑定 | abc | abc | abc |
| 数据绑定 | abc | abc | abc |

图 12-25　"用户列表"页面

此页面只需要在页面显示层类中，将查询到的结果数据集作为 GridView 控件的数据
源，绑定数据可使数据集显示在页面上。

```
OracleConnection con = new OracleConnection(ConfigurationManager.
ConnectionStrings["Mispersonalconn"].ConnectionString);
string sql = "select ID 用户编号,userName 用户姓名,userRole 用户角色 from
[Tb_User_Login]";
OracleDataAdapter sda = new OracleDataAdapter(sql, con);
DataSet ds = new DataSet();
sda.Fill(ds, "temp");
con.Close();
List.DataSource = ds.Tables["temp"].DefaultView;
List.DataBind();
```

## 12.5.5　数据库操作类

用户管理部分数据库访问和操作部分主要用 user 类实现，在此类中可以通过调用者传
递过来的值进行查询、更新、删除和插入，具体的实现方法如下所述。

1)　Search 函数

Search 函数通过调用者传递过来的 SQL 语句，将查询到的结果作为数据集返回给调用
者，具体代码如下。

```
public DataSet Search(string sql)
{//返回内存数据库

    Sqladpter.SelectCommand = new OracleCommand(sql, Sqlconn);
    Sqladpter.Fill(ds, "temp");
    return ds;
}
```

2)  Update 函数

Update 函数将调用者传递过来的值作为更新数据库的字段值，构造 SQL 语句并执行，具体代码如下。

```
public void Update(string ID,string userName,string userPass,string
userRole)
{//执行更新动作
    Sqlcmd.CommandText = "update [Tb_User_Login] set [ID]=@e_ID,[userName]
        =@e_userName,[userPass]=@e_userPass,[userRole]=@e_userRole";
    Sqlcmd.Parameters.Add("@e_ID",ID);
    Sqlcmd.Parameters.Add("@e_userName",userName);
    Sqlcmd.Parameters.Add("@e_userPass",userPass);
    Sqlcmd.Parameters.Add("@e_userRole",userRole);
    Sqlcmd.Connection = Sqlconn;
    Sqlconn.Open();
    Sqlcmd.ExecuteNonQuery();
}
```

3)  Delete 函数

Delete 函数根据传来的 ID 号构造删除 SQL 语句并执行，具体代码如下。

```
public void Delete(string ID)
{//执行删除动作
    Sqlcmd.CommandText = "delete from [Tb_User_Login] where [ID]='" +ID+ "'";
    Sqlcmd.Connection = Sqlconn;
    Sqlconn.Open();
    Sqlcmd.ExecuteNonQuery();
}
```

4)  Insert 函数

Insert 函数将调用者传递过来的值作为数据库中对应的字段值，构造 SQL 语句并执行，完成新数据的插入，具体代码如下。

```
public void Insert(string ID, string userName, string userPass, string
userRole)
{//执行添加动作
    Sqlcmd.CommandText = "insert into [Tb_User_Login] values('" + ID + "',
        '" + userName + "','" + userPass + "','" + userRole + "')";
    Sqlcmd.Connection = Sqlconn;
    Sqlconn.Open();
    Sqlcmd.ExecuteNonQuery();
}
```

# 本 章 小 结

本章按软件开发过程讲解设计方法，即按需求分析、总体设计、功能模块划分、数据库设计以及详细设计的顺序，在介绍详细设计时，按功能模块分别加以介绍，介绍的顺序是从页面代码到后台代码、从页面显示层到业务逻辑层再到数据访问层。通过对这些内容的讲解，使读者能清晰地了解本实例的结构，熟悉开发流程。

# 习　　题

## 一、填空题

1. 人事管理系统的主要功能有：＿＿＿＿＿＿、＿＿＿＿＿＿、＿＿＿＿＿＿、＿＿＿＿＿＿、＿＿＿＿＿＿。

2. 记录查询可以显示员工信息列表，通过＿＿＿＿＿＿、＿＿＿＿＿＿和＿＿＿＿＿＿等条件快速查询员工资料。

3. 由人事管理系统的功能可知，需要建立相应的数据表分别登录用户、员工和部门的资料，还需要数据表分别＿＿＿＿＿＿＿＿＿＿＿、＿＿＿＿＿＿＿。

4. 在创建数据表之前，首先要根据系统设计的要求对＿＿＿＿＿＿＿＿＿＿＿，进行逻辑结构设计时，除要考虑系统设计阶段提出的需求，还须考虑数据库设计的相关规则。

5. 部门属于行政机构之下，提供对部门信息的维护和管理，模块共包括 4 个页面：＿＿＿＿＿＿＿、＿＿＿＿＿＿＿、＿＿＿＿＿＿、＿＿＿＿＿＿。

## 二、选择题

1. 人事管理系统的员工信息表主要记录(　　)以及所在部门等相关信息。

    A. 员工 ID　　　　B. 姓名　　　　C. 性别　　　　D. 年龄

2. 部门信息表用于存放(　　)相关信息。

    A. 部门的 ID　　B. 部门名称　　C. 部门电话　　　D. 地址

3. 考勤规则管理模块由(　　)页面组成。

    A. 考勤规则编辑页面　　　　　　B. 考勤规则页面

    C. 考勤结果页面　　　　　　　　D. 考勤任务页面

4. 假别管理模块由(　　)页面组成。

    A. 假别添加页面　　　　　　　　B. 请假类别显示页面

    C. 假别删除页面　　　　　　　　D. 请假页面

5. 在人事管理系统中，用户管理部分数据库访问和操作部分主要用 user 类实现，在此类中可以通过调用者传递过来的值进行查询、更新、删除和插入。

    A. users　　　　　B. user　　　　C. WebGameRes　　　D. use

### 三、上机实验

实验一：内容要求

查询公司中按年份、月份统计各地的录用职工数量。

实验二：内容要求

查询列出各部门的部门名称和部门经理姓名。

# 参 考 文 献

[1]  陆云帆. Oracle 数据库设计与实现[M]. 北京：机械工业出版社，2011.

[2]  张凤荔，王瑛. Oracle 11g 数据库基础教程[M]. 2 版. 北京：人民邮电出版社，2012.

[3]  明日科技. Oracle 从入门到精通[M]. 北京：清华大学出版社，2012.

[4]  马忠贵，宁淑荣. 数据库原理与应用(Oracle 版)[M]. 北京：人民邮电出版社，2013.

[5]  孔蕾蕾. 数据库设计与开发：基于 Oracle 数据库[M]. 北京：清华大学出版社，2013.

[6]  陈承欢. Oracle 11g 数据库应用、设计与管理[M]. 北京：电子工业出版社，2013.

[7]  刘亚姝，严寒冰. Oracle 11g 数据库设计与维护[M]. 北京：清华大学出版社，2013.

[8]  霜月琴寒. Oracle 数据库性能优化实践指南[M]. 北京：电子工业出版社，2015.